财经类新形态创新示范系列教材

大数据
应用基础

微课版 | 第2版

李建军／主编

黄颖 张娟娟／副主编

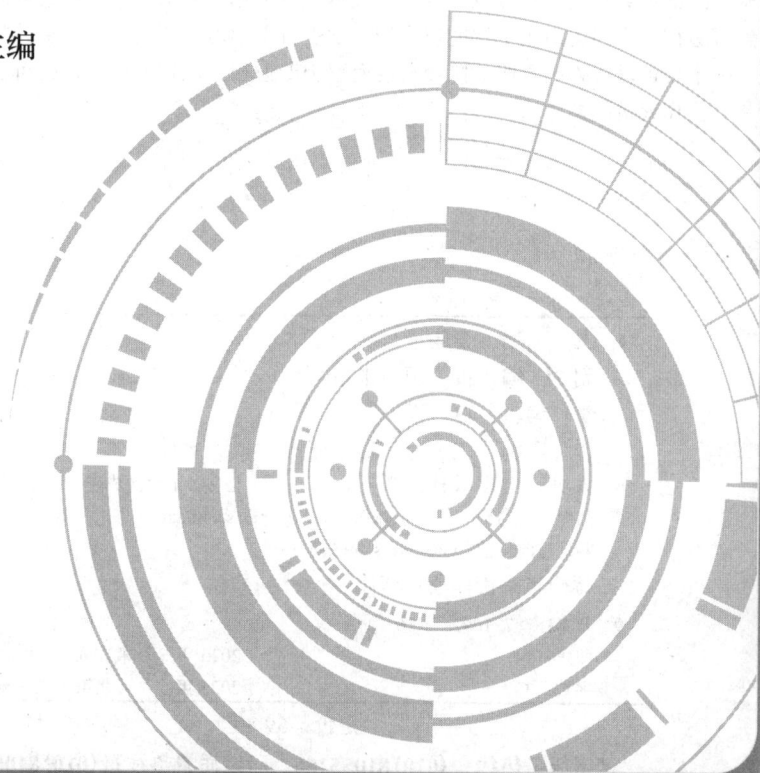

人民邮电出版社

北 京

图书在版编目（CIP）数据

大数据应用基础：微课版 / 李建军主编. -- 2 版.
北京：人民邮电出版社，2025. --（财经类新形态创新
示范系列教材）. -- ISBN 978-7-115-67087-8

Ⅰ. TP274

中国国家版本馆 CIP 数据核字第 2025XN4352 号

内 容 提 要

数据是非常重要的资产，是"数字经济"时代的核心生产要素。本书主要面向财经商贸类专业的学生，旨在培养学生的大数据处理能力。本书重点讲解 MySQL 数据库基础、Python 程序基础、浪潮可视化大数据三大核心内容，根据大数据分析岗位的典型工作任务，详细讲解 MySQL 数据库的库表操作、结构化查询部分，以及 Python 中的数据采集、数据处理与数据分析等，同时拓展讲解浪潮可视化大数据工具应用的实操技能。

本书共 6 个项目，包括认知大数据系统、MySQL 数据库设计、MySQL 数据查询操作、Python 应用基础、Python 数据处理与浪潮可视化大数据工具应用。本书选择真实的商业案例进行讲解，内容新颖，解析透彻。本书运用人工智能技术辅助学生自主学习与拓展练习，培养学生的学习力与创新力。

本书不仅可以作为高等职业院校财经商贸类专业相关课程的教材，也可以作为从事大数据处理与分析相关工作人员的参考书。

◆ 主　　编　李建军
　　副主编　黄　颖　张娟娟
　　责任编辑　白　雨
　　责任印制　王　郁　彭志环
◆ 人民邮电出版社出版发行　　北京市丰台区成寿寺路 11 号
　　邮编　100164　电子邮件　315@ptpress.com.cn
　　网址　https://www.ptpress.com.cn
　　涿州市京南印刷厂印刷
◆ 开本：787×1092　1/16
　　印张：14　　　　　　　　2025 年 6 月第 2 版
　　字数：397 千字　　　　　2025 年 6 月河北第 1 次印刷

定价：59.80 元

读者服务热线：(010)81055256　印装质量热线：(010)81055316
反盗版热线：(010)81055315

前　言

面对大数据、人工智能、区块链等新技术对行业、企业和职业的影响，2021年，教育部在职业教育专业目录中对财经商贸类专业进行了重大改革，如将会计更名为大数据与会计、将财务管理更名为大数据与财务管理等，各职业院校"主动求变"，调整课程内容，拥抱新技术。人才培养方案原则性指导意见中明确要求，所有专业应加强对学生数据处理素质与能力的培养，并开设"大数据应用基础"公共基础课程。如何进行专业数字化改革，培养财经商贸类数字化人才，培育新时代新质人才，支持国家数字经济发展，是学校面临的重要课题。

党的二十届三中全会审议通过的《中共中央关于进一步全面深化改革、推进中国式现代化的决定》指出："推进教育数字化，赋能学习型社会建设，加强终身教育保障。"本书积极响应这一号召，引入先进的信息技术和数据思维框架，推进财经商贸类专业的教育创新和学科融合。本书立足于财经商贸类专业岗位群工作职责与职业素养，从大数据分析岗位应用技能出发，采用体现活页式特色的编写方法，凸显中小企业数据可视化、低代码化特点，重点讲解MySQL数据库基础、Python程序基础、浪潮可视化大数据三大核心内容，并根据财经商贸类专业岗位工作内容梳理和组织教学内容。

本书编写特色

- **校企合作、共同研发。**本书由企业提供技术指导与脱敏数据源，解决大数据课程数据量少、关联逻辑弱等问题。

- **案例主导、学以致用。**本书立足于大数据知识，通过对大量案例数据的操作和分析，使读者能够真正掌数据采集、存储与分析的方法与技巧。

- **图解教学、强化应用。**本书采用图解教学的形式，图文并茂，使读者能够在学习过程中更直观、更清晰地掌握大数据的实际应用技巧，全面提升学习效果。

- **同步微课、资源丰富。**本书配套微课视频，读者扫描二维码，即可观看微课视频；扫描书中二维码，即可查看拓展阅读。本书还提供PPT、教案、数据源素材文件、参考答案等学习资源，读者可登录人邮教育社区（www.ryjiaoyu.com）自行下载获取。

微课视频

本书编写组织

　　本书为校企"双元"合作开发的活页式教材。本书的编写得到了浪潮铸远教育（厦门）科技有限公司、浪潮卓数大数据产业发展有限公司、成都华为技术有限公司、成都四方伟业软件股份有限公司等企业专家的大力支持，各企业为本书的编写提供了教师培训、技术支持、脱敏案例等。本书由四川财经职业学院李建军担任主编，四川商务职业学院黄颖、四川财经职业学院张娟娟担任副主编，四川财经职业学院郑代富、马莲、余海、马京晶等老师参与了编写工作。由于编者水平有限，书中难免存在疏漏之处，恳请广大读者批评指正。

编　者

2025年2月

目 录

项目一
认知大数据系统

学习目标 ↓

◢ 知识目标

1. 掌握大数据概念、特征
2. 掌握大数据系统架构
3. 了解大数据思维
4. 了解大数据相关技术
5. 掌握大数据处理流程

◢ 能力目标

1. 能够阐述大数据概念与特征
2. 能够理解企业大数据架构
3. 能够理解大数据处理流程
4. 能够安装与配置大数据存储与分析系统环境

◢ 素养目标

1. 培养精益求精的工匠精神和爱岗敬业的劳动态度
2. 树立良好的数据安全意识和较强的数据判断能力
3. 遵守职业道德，进行数据分析时不弄虚作假

课前自学

科学技术是重要生产力，科技创新改变世界。新的信息技术正在推动人类社会的变革，也被称为"第四次工业革命"。在信息技术发展历程中，大数据是社会走向智能化的重要驱动力，正在重塑传统产业结构和形态，催生众多新产业、新业态、新模式，推动数字经济迅速发展。党的二十大报告中提到，"坚持把发展经济的着力点放在实体经济上，推进新型工业化，加快建设制造强国、质量强国、航天强国、交通强国、网络强国、数字中国。""推动战略性新兴产业融合集群发展，构建新一代信息技术、人工智能、生物技术、新能源、新材料、高端装备、绿色环保等一批新的增长引擎。""加快发展数字经济，促进数字经济和实体经济深度融合，打造具有国际竞争力的数字产业集群。"党的二十届三中全会指出："要健全因地制宜发展新质生产力体制机制，健全促进实体经济和数字经济深度融合制度，完善发展服务业体制机制，健全现代化基础设施建设体制机制，健全提升产业链供应链韧性和安全水平制度。"共享经济、智能制造、数字化营销、电子采购等都离不开信息技术的支撑。在数字经济时代，新质生产力以科技创新为先导，推动产业创新为核心，旨在大幅提升全要素生产率。这离不开人工智能、大数据、物联网及工业互联网等数字技术的深度融合。

一、大数据概述

1．大数据概念

大数据（Big Data）又称为巨量资料，是指需要采用新处理模式处理后才能具有更强的决策力、洞察力和流程优化能力的海量、高增长率和多样化的信息资产。

大数据分析的概念最早由维克托·迈尔-舍恩伯格（Viktor Mayer-Schönberger）和肯尼思·库克耶（Kenneth Cukier）在《大数据时代》中提出，指不用随机分析法（抽样调查），而是对所有数据进行分析处理。

2．大数据特征

大数据特征表现为"4V"，即大量（Volume）、高速（Velocity）、多样（Variety）、价值（Value），具体介绍如下。

（1）数据量大。大数据的计量单位是PB（1000TB）、EB（100万TB）或ZB（10亿TB）。

（2）处理速度快、时效性要求高。这是大数据区别于传统数据最显著的特征。既有的技术架构和路线已经无法高效处理海量数据，而对于相关组织来说，如果投入巨大，而所采用的信息无法通过及时处理得到有效信息，那将是得不偿失的。可以说，"大数据时代"对人类的数据驾驭能力提出了新的挑战，也为人类获得更为深刻、全面的洞察能力提供了前所未有的空间与潜力。

（3）数据类型繁多。其数据类型包括网络日志、音频、视频、图片、地理位置信息等，多类型的数据对数据的处理能力提出了更高的要求。

（4）数据价值密度相对较低。例如，随着物联网的广泛应用，信息感知无处不在，虽然有海量信息，但其价值密度较低。如何通过强大的机器算法更迅速地完成数据的价值"提纯"，是大数据时代亟待解决的难题。

3．大数据发展历程

大数据不是凭空产生的，它有自己的发展历程。从最早的Google公司解决搜索引擎业务，到目前非常热门的人工智能技术，大数据的发展历程大致分为3个阶段，如图1-1所示。

第一阶段：萌芽期（20世纪90年代至21世纪初）。随着数据挖掘理论和数据库技术的逐步成熟，一些商业智能工具和知识管理技术开始被应用，如数据仓库、专家系统、知识管理系统等。

阶段	时间	内容	标志性技术	数据产生
第一阶段：萌芽期。运营式系统阶段	20世纪90年代至21世纪初	随着数据挖掘理论和数据库技术的逐步成熟，一批商业智能工具和知识管理技术开始被应用，如数据仓库、专家系统、知识管理系统等	 数据库系统	被动
第二阶段：成熟期。用户原创内容阶段	21世纪前10年	Web2.0应用迅猛发展，非结构化数据大量产生，传统处理方法难以应对，带动了大数据技术的快速发展，大数据解决方案逐渐走向成熟，形成了并行计算与分布式系统两大核心技术，Google公司的GFS和MapReduce等大数据技术受到追捧，Hadoop开始大行其道	 智能终端	主动
第三阶段：大规模应用期。感知式系统阶段	2010年以后	大数据应用渗透到各行各业，数据驱动决策，信息社会智能化程度大幅提高	 感知系统	感知式

图1-1　大数据技术发展史

第二阶段：成熟期（21世纪前10年）。非结构化数据大量产生，传统处理方法难以应对，带动了大数据技术的快速发展，大数据解决方案逐渐走向成熟，形成了并行计算与分布式文件系统两大核心技术，Google公司的GFS和MapReduce等受到追捧，Hadoop开始被应用。

第三阶段：大规模应用期（2010年以后）。大数据应用渗透各行各业，企业依赖数据进行决策，信息社会智能化程度大幅提高，同时出现跨行业、跨领域的数据整合，甚至是全社会的数据整合，从各种各样的数据中找到对于社会治理、产业发展更有价值的应用。

目前，我国大数据产业发展在经历初期探索、市场启动等阶段后，大数据的技术、应用等方面逐步趋于成熟，社会公众的接受度较高，整个产业开始步入快速发展阶段，行业规模增长迅速。中国电子信息产业发展研究院发布的数据显示，2018年我国大数据产业的市场规模约为4384.5亿元，同比增长23.50%。随着国家政策激励及大数据应用模式的逐步成熟，我国大数据市场仍将保持快速增长，2020年我国大数据产业规模达6388亿元。"'十四五'时期是我国加快建设制造强国、质量强国、网络强国、数字中国的关键时期，对大数据产业发展提出了新的更高要求，产业将步入集成创新、快速发展、深度应用、结构优化的新阶段。"工业和信息化部发布的《"十四五"大数据产业发展规划》，规划中提出了"十四五"时期大数据产业发展的总体目标："创新力强、附加值高、自主可控的现代化大数据产业体系基本形成，年均复合增长率保持25%左右、2025年产业测算规模突破3万亿元。"

在我国，大数据正在被越来越广泛地应用到政府公共管理、金融、交通、零售、医疗、工业制造等领域，随着大数据应用范围的不断扩大，大数据的市场价值将不断提升。

随着官方数据开放程度逐渐提高，行业联盟兴起，第三方数据服务蓬勃发展，各大企业（以互联网企业为主）也开始逐步开放群体画像数据，不同口径单一数据的跨界融合将成倍放大数据价值。从整体趋势上讲，数据来源已较为多元化，数据呈"爆炸式"增长，可供分析的数据维度也越来越丰富。Forrester公司的研究结果显示，目前在线或移动金融交易、社交媒体、全球定位系统（Global Positioning System，GPS）等数据源每天要产生超过2.5EB（$1EB=2^{60}B$）的海量数据。国际数据公司统计显示，全球近90%的数据将在这几年内产生，预计到2025年，全球数据量将达到163ZB（1ZB=1024EB），如图1-2所示。其中，中国的数据产生量约占全球数据产生量的23%。

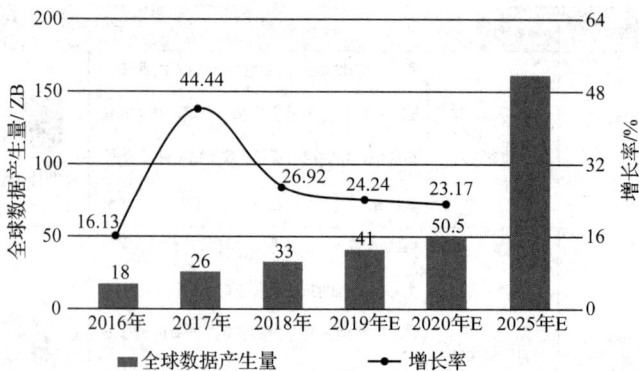

图1-2　2016—2025年全球数据产生量统计及增长前景预测

4．大数据系统架构

大数据服务系统领域涌现出了大量不同的架构和具体系统，图1-3所示为典型的大数据系统构架。这样的系统是几个子系统的组合，它可显示管理信息和提供数据服务（包括商业智能应用程序）的组件之间的关联。

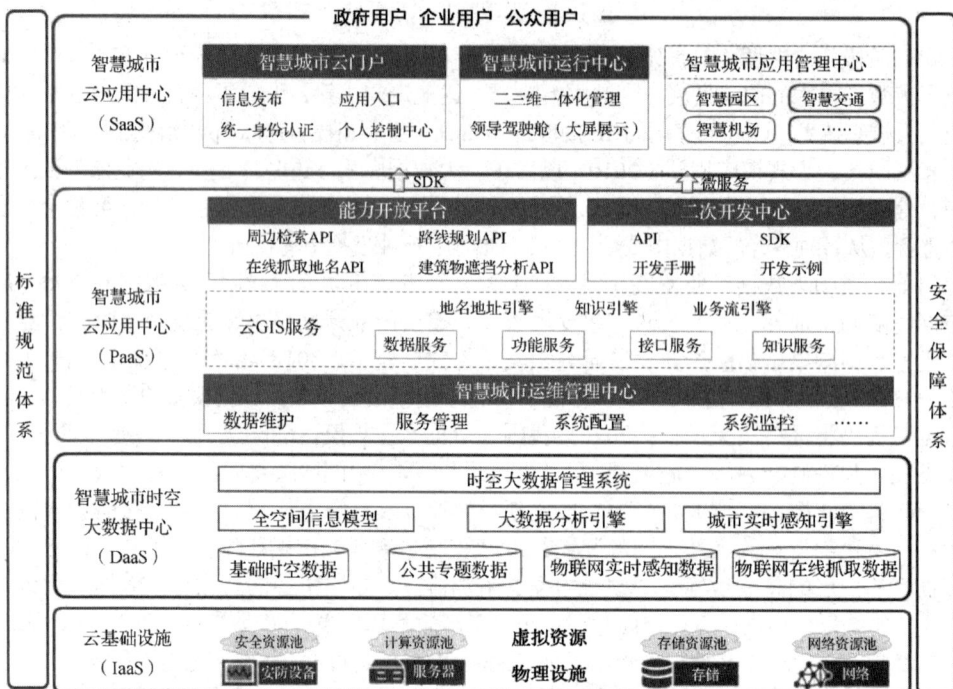

图1-3　典型的大数据系统构架

大数据系统与传统数据库技术具有密切的关联。传统数据库保证用户可以高效访问各种形式的数据信息，大数据系统则可以让用户从中总结出知识。大数据系统一般被称为大数据生态系统，它由3层子生态系统构成。底层连接到各种数据源，为系统提供所有类型的数据，即结构化数据和非结构化数据。它还包括动态数据源，例如社交媒体、企业系统、交易系统，其中不同格式的数据以数据流的形式传输。中间层负责数据管理，包括数据预处理、数据建模、数据集成、数据保护、数据隐私和审计等。大数据虚拟系统具有虚拟化功能，使其可以与云技术结合，确保数据可用性更具弹性。顶层主要为利益相关者提供运行应用程序的工具和接口。从广义上讲，该层包括应用程序并行化、信息检索、智能化和可视化等功能。工具和技术是大数据处理系统成功的关键。通过使用适当的技术，系统的可用性会增强。大数据处理系统如图1-4所示。

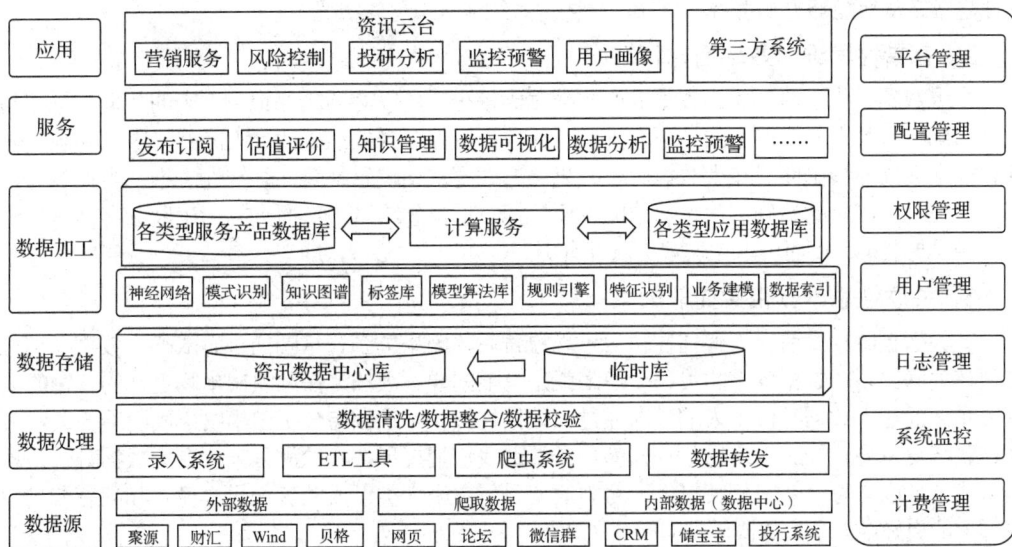

图1-4　大数据处理系统

系统功能边界如下：大数据基础平台和其他业务数据中心负责对数据进行采集、存储、计算，大数据可视化平台负责对数据处理结果进行分析、展现（大数据可视化平台仅进行数据读取工作，不涉及数据存储工作），同时将展现结果输送至计算机、平板电脑和手机等。

二、大数据思维

随着近年来大数据技术的快速发展，大数据所创造的价值深刻改变了我们的生活、工作和思维方式。

维克托·迈尔-舍恩伯格指出，大数据时代最大的转变就是，放弃对因果关系的渴求，而关注相关关系。也就是说，只要知道"是什么"，而不需要知道"为什么"。这就颠覆了千百年来人类的思维惯例，对人类的认知及与世界交流的方式提出了全新的挑战。人们对待数据的思维方式会发生如下3个变化。

第一，人们处理的数据从单一样本数据变成全量数据（全样本数据）。

第二，海量数据和全样本数据使得人们不得不接受数据的混杂性，而放弃对精确性的追求。

第三，人们通过对大数据进行处理，放弃对因果关系的渴求，转而关注关系（即数据的关联关系）。

事实上，大数据时代带给人们的思维方式的深刻转变远不止上述3个方面。机器的思维方式最关键的转变在于从自然思维转向智能思维，使得大数据像具有生命力一样，获得类似于"人脑"的智能，甚至智慧。大数据思维如图1-5所示。

图1-5　大数据思维

1．总体性思维：全样而非抽样

在大数据时代，人们可以获得与分析更多的数据，甚至是相关的所有数据，而不再依赖于采样，从而可以带来更全面的认识，可以更清楚地发现样本无法揭示的细节信息。随着数据采集、处理、存储、分析技术的发展，人们可以更加方便、快捷、动态地获得与研究对象有关的所有数据，而不再因诸多限制不得不采用样本研究方法，思维方式从之前的样本思维转向总体性思维，从而能够更加直观、全面、立体、系统地认识总体状况。

2．容错性思维：效率而非精确

在大数据时代之前，由于收集的样本数据比较少，所以必须确保记录下来的数据尽量结构化、精确化，否则分析得出的结论在推及总体数据时就会导致准确性大大降低，因此必须十分注重样本数据的精确性。在大数据时代，思维方式要从精确思维转向容错性思维，当拥有海量即时数据时，绝对的精确不再是追求的主要目标，适当忽略微观层面上的精确度，容许一定程度的错误与混杂，反而可以在宏观层面拥有更好的知识和洞察力。

3．关联性思维：相关而非因果

在大数据时代之前，人们往往执着于现象背后的因果关系，试图通过有限样本数据来剖析其内在关联关系。数据量小的另一个缺陷就是有限的样本数据无法反映出事物之间的普遍的关联关系。而在大数据时代，人们可以通过大数据挖掘技术挖掘与分析出事物之间隐蔽的关联关系，获得更多的认知，运用这些认知就可以帮助我们捕捉现在和预测未来。在大数据时代，思维方式要从因果思维转向相关思维，努力改变千百年来人类形成的传统思维模式和固有偏见，这样才能更好地分享大数据带来的深刻认知。

4．智能化思维：以数据为中心

自进入信息社会以来，人类社会的自动化、智能化水平已得到明显提升，但机器的思维方式仍属于线性、简单、物理的自然思维，智能化水平仍不尽如人意。大数据时代的到来，为提升机器智能带来了契机，通过机器学习可以从数据中获取有价值的学习数据。大数据将机器思维方式由自然思维转向智能化思维，这才是大数据思维转变的关键。随着物联网、云计算、社会计算、可视化技术等的发展，大数据系统也能够自动地搜索出所有相关的数据信息，进而和"人脑"一样主动、立体、有逻辑地分析数据，做出判断，提供认知。智能、智慧是大数据时代的显著特征。

📑 **素养拓展**

在数字时代，大数据思维是企业与用户沟通的桥梁，是创新的源泉。利用大数据技术洞察和改变世界。它不仅仅是一种技术手段，更是一种深入骨髓的创新思维方式。得用户者得天下，企业只有真正理解用户，才能在激烈的竞争中脱颖而出，赢得用户的心。大数据思维的广泛应用如下所示。

◆ **电商领域**：通过大数据分析用户行为，精准推送用户感兴趣的商品，提高转化率。

◆ **社交媒体**：设计易于分享和互动的功能，让用户在平台上找到归属感，增强用户黏性。

◆ **游戏行业**：根据玩家反馈调整游戏内容，让玩家在游戏中获得更好的体验。

三、大数据技术

大数据需要特殊的技术，以有效地处理大量的容忍经过时间内的数据。适用于大数据的技术包括大规模并行处理（Massively Parallel Processing，MPP）数据库、数据挖掘、分布式文件系统、分布式数据库、云计算平台、互联网和可扩展的存储系统。近年来，大数据相关技术和应用引起了研究人员、商业人士等越来越广泛的关注。云计算、物联网、人工智能等技术的发展极大地推动了大数据服务的发展。

1．云计算

云计算（Cloud Computing）是分布式计算的一种，指的是通过网络"云"将巨大的数据计算处理程序分解成无数个小程序，然后通过多个服务器组成的系统处理和分析这些小程序并将得到的结果返回给用户。

云计算早期是指简单的分布式计算，解决任务分发，并进行计算结果的合并。现阶段所说的云服务已经不单单是一种分布式计算，而是分布式计算、效用计算、负载均衡、并行计算、网络存储、热备份冗余和虚拟化等计算机技术混合演变并跃升的结果。

云计算服务分为3种，即基础设施即服务、平台即服务和软件即服务。这3种云计算服务有时称为云计算堆栈。它们位于彼此之上。

（1）基础设施即服务（Infrastructure as a Service，IaaS）。基础设施即服务是主要的云计算服务，它可向个人或组织提供虚拟化计算资源，如虚拟机、存储、网络和操作系统。

（2）平台即服务（Platform as a Service，PaaS）。平台即服务也是一种云计算服务，可为开发人员提供通过全球互联网构建应用程序和服务的平台。平台即服务还可为开发、测试和管理软件应用程序提供按需开发环境。

（3）软件即服务（Software as a Service，SaaS）。软件即服务也是一种云计算服务，可通过互联网提供按需软件付费应用程序、云计算提供商托管和管理软件应用程序，允许其用户连接到应用程序并通过全球互联网访问应用程序。

目前，市面上主流的云计算平台有微软云、IBM云、阿里云、金融云、教育云、智慧城市等。

2．物联网

物联网（Internet of Things，IoT）即"万物相连的互联网"，是在互联网基础上延伸和扩展的网络，是将各种信息传感设备与网络结合起来而形成的一个巨大网络，用于实现任何时间、任何地点，人、机、物的互联互通。

物联网有两层含义：第一，物联网的核心和基础仍然是互联网，它是在互联网基础上延伸和扩展的网络；第二，其用户端延伸和扩展到了任何物品与物品之间，进行信息交换和通信。因此，物联网的定义是通过射频识别、红外传感器、全球定位系统、激光扫描器等，按约定的协议，把物品与互联网相连接，进行信息交换和通信，以实现对物品的智能化识别、定位、跟踪、监控和管理的一种网络。物联网关键技术有以下两种。

（1）射频识别（Radio Frequency Identification，RFID）技术。射频识别系统是一种简单的无线系统，由一个询问器（或阅读器）和很多应答器（或标签）组成。标签由耦合元件及芯片组成，每个标签具有扩展词条唯一的电子编码，附着在物体上标识目标对象。射频识别通过天线将射频信息传递给阅读器，阅读器就是读取射频信息的设备。

（2）M2M（Machine-to-Machine/Man）。M2M是一种以机器终端智能交互为核心的、网络化的应用与服务，它将使对象实现智能化的控制。

目前，物联网已广泛应用于智能交通、智慧医疗、智能家居、环保监测、智能安防、智慧农业、智能工业等领域。

3．人工智能

人工智能（Artificial Intelligence，AI）是研究、开发用于模拟、延伸和扩展人的智能的理论、方法、技术及应用系统的一门新的技术科学。人工智能是一门边缘学科，属于自然科学和社会科学的交叉。人工智能涉及面广，它由不同的技术组成，如机器学习、计算机视觉等。

目前，人工智能已广泛应用于机器人、语言识别、图像识别、自然语言处理和专家系统等领域。我国自主研发出安全可控的盘古、通义千问、星火大模型、文心一言、豆包、DeepSeek等大模型。

4. 大、智、云、物技术关系

大数据、人工智能、云计算、物联网（简称大、智、云、物）是信息领域新的技术，四者既有区别又有联系。

（1）大、智、云、物的区别。大数据侧重于海量数据的存储、处理和分析，从海量数据中发现价值，服务于生产和生活；人工智能是一种计算形式，它允许机器执行认知功能；云计算重在整合和优化各种IT资源并通过网络以服务的方式提供给用户；物联网的目标是实现物物相连，应用创新是发展核心。

（2）大、智、云、物的联系。大数据根植于云计算，大数据分析的很多技术都来自云计算，云计算的分布式数据存储和管理系统可提供海量数据的存储和管理能力，分布式并行处理框架可提供海量数据分析能力，没有这些云计算技术作为支撑，大数据分析就无从谈起。而大数据可为云计算提供计算能力。物联网中的传感器不断产生的大量数据，构成大数据的重要来源，物联网需要借助云计算和大数据技术，实现物联网大数据的存储、分析和处理。大数据技术可为人工智能提供强大的存储能力和计算能力，人工智能需要数据实现其智能，特别是机器学习。

四、大数据处理流程

研究大数据技术时，首先需要了解大数据的基本处理流程，从数据分析全流程的角度来看，大数据技术主要包括数据采集与预处理、数据存储与管理、数据处理与分析、数据可视化等几个层面的内容。

1. 数据采集与预处理

数据无处不在，网站、政务系统、零售系统、办公系统、生产系统、监控摄像头、传感器等，每时每刻都在不断产生数据，需要相应的设备或软件进行采集。采集到的数据由于来源众多、类型多样，数据缺失和语义模糊等问题不可避免，所以必须通过"数据预处理"把数据变成可用的状态。

（1）数据采集

数据采集又称数据获取，是指利用各种技术手段，从系统外部采集数据并输入系统内部的一个接口。被采集的数据类型复杂多样，包括结构化数据、非结构化数据、半结构化数据。

- **结构化数据**：就是保存在关系数据库中的数据。
- **非结构化数据**：就是数据结构不规则或不完整，没有预定义的数据，包括所有格式的传感器数据、办公文档、文本、图片、XML文档、HTML文档、各类报表、音频、视频等。
- **半结构化数据**：就是介于结构化数据和非结构化数据之间的数据。半结构化数据是结构化数据的一种形式，它并不符合关系数据库或其他数据表的形式关联起来的数据结构，但包含相关标记，用来分隔语义元素，以及对记录和字段进行分层。因此，它也被称为自描述的结构化数据，包括日志文件、XML文档、JSON文档、E-mail等。

数据采集的三大要点如下。

- **全面性**：数据量足够大，具有分析价值；数据面足够全，可满足分析需求。
- **多维性**：必须能够灵活、快速自定义数据的多种属性和不同类型，满足不同的分析需求。
- **高效性**：数据采集一定要明确采集目的，带着问题搜集信息，使信息采集更高效、更有针对性。高效性包含技术执行的高效性、团队协作的高效性与数据分析需求及目标实现的高效性。

大数据环境下数据来源非常丰富且数据类型多样，依据采集的数据来源，数据采集有以下几种方法。

- **系统日志采集方法**：系统日志用于记录系统中硬件、软件和系统问题的信息，同时还可以监视系统中发生的事件。用户可以通过它来检查错误发生的原因，或者寻找受到攻击时攻击者留下的痕迹。目前基于Hadoop开发的Chukwa、Cloudera公司的Flume及Facebook公司的Scribe均是系统日志采集方法的典范。

- **网络数据采集方法**：为了满足项目的实际需求，需要对网页中的数据进行采集、预处理和保存。目前网络数据采集有两种方法，一种是应用程序接口（Application Program Interface，API）方法，另一种是网络爬虫方法。网络爬虫（简称爬虫），是一种按照一定的规则，自动地抓取网络信息的程序或者脚本。最常见的爬虫便是我们经常使用的搜索引擎，如百度、360搜索等。此类爬虫统称为通用型爬虫，用于对所有的网页进行无条件采集。

- **数据库采集方法**：结构化数据库采集方法支持异构数据库之间的实时数据同步和复制。

📑 **素养拓展**

数据采集应遵守国家法律。《中华人民共和国数据安全法》已由中华人民共和国第十三届全国人民代表大会常务委员会第二十九次会议于2021年6月10日通过，现予公布，自2021年9月1日起施行。

在总则第八条中明确指出："开展数据处理活动，应当遵守法律、法规，尊重社会公德和伦理，遵守商业道德和职业道德，诚实守信，履行数据安全保护义务，承担社会责任，不得危害国家安全、公共利益，不得损害个人、组织的合法权益。"第三十二条指出："任何组织、个人收集数据，应当采取合法、正当的方式，不得窃取或者以其他非法方式获取数据。"

拓展阅读

《中华人民共和国数据安全法》

（2）数据预处理

数据预处理是指对所采集的数据进行分类或分组前所做的审核、筛选、排序等必要的处理，主要采用数据清洗、数据集成、数据转换、数据规约等方法来完成数据的预处理任务。

- **数据清洗**：指将大量原始数据中的"脏"数据"洗掉"，包括检查数据一致性、处理无效值和缺失值等。需要清洗的数据主要包括残缺数据、错误数据、重复数据等。数据清洗的内容主要包括一致性检查、无效值和缺失值的处理等。

- **数据集成**：将不同应用系统、不同数据形式，在原应用系统不做任何改变的条件下，进行数据采集、转换好储存的数据的过程。通常采用联邦式、基于中间件和数据仓库等方法来构造集成的系统。

⚙ **拓展阅读**

数据仓库技术（Extract-Transform-Load，ETL）用来描述将数据从来源端经过抽取（Extract）、转换（Transform）、加载（Load）至目的端的过程。通俗的说法就是将从数据源抽取出数据，进行清洗、加工、转换，然后加载到定义好的数据仓库中。常用的ETL工具有RestCloud、Informatica、Kettle等。

- **数据转换**：指采用线性或非线性的数学变换方法将多维数据压缩成较少维的数据，消除它们在时间、空间、属性及精度等特征表现方面的差异。

- **数据规约**：指在尽可能保持数据原貌的前提下，最大限度地精简数据量。数据规约可以分为3类，分别是特征规约、样本规约、特征值规约。

2．数据存储与管理

人类社会的数据产生方式发生了变化，社会数据正以前所未有的速度增加，海量、异构的数据不仅改变了人们的生活，也带来了数据存储和管理技术的变革与发展。

传统的数据存储和管理技术主要包括文件系统、关系数据库、数据仓库、并行数据库等；大数据时代的数据存储和管理技术主要包括分布式文件系统、NoSQL数据库、云存储等。数据仓库如图1-6所示。

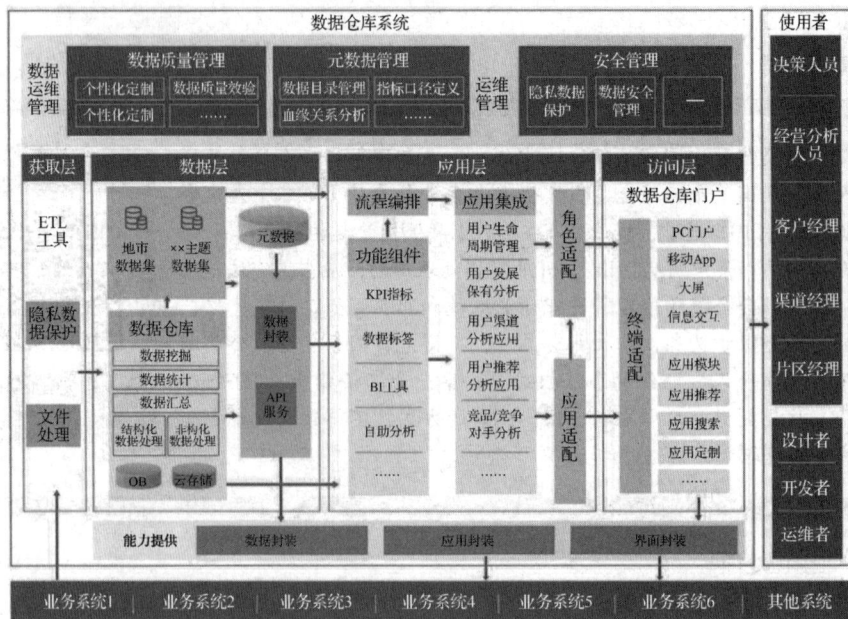

图1-6　数据仓库

（1）传统的数据存储和管理技术

- **文件系统**：是命名文件及放置文件的逻辑存储和恢复的系统。平常使用的Word、PPT、文本、音频等文件，都由操作系统中的文件系统进行统一管理。
- **关系数据库**：以一定方式存储在一起、能为多个用户共享、具有尽可能小的冗余度、与应用程序彼此独立的数据集合。目前常见的关系数据库产品有Oracle、SQL Server、MySQL、DB2等。
- **数据仓库**：面向主题的、集成的、相对稳定的、反映历史变化的数据集合，用于支持管理决策。
- **并行数据库**：在无共享的体系结构中进行数据操作的数据库系统。并行数据库通常采用关系数据模型并且支持SQL语句，还采用两项关键技术，即关系表的水平划分和SQL语句的分区执行。

（2）大数据时代的数据存储和管理技术

大数据时代必须解决海量数据的高效存储问题，为了应对大数据给存储系统带来的挑战，数据存储系统必须提升3个方面的性能：系统的存储容量、系统的吞吐量、系统的容错性。当前主流大数据存储方式为分布式文件系统、NoSQL数据库和云存储。

- **分布式文件系统（Distributed File System，DFS）**：文件系统管理的物理存储资源不一定直接连接在本地节点上，而是通过计算机网络与节点（可简单地理解为一台计算机）相连；或由若干不同的逻辑磁盘分区或卷标组合在一起而形成完整的有层次的文件系统。分布式文件系统把大量数据分散到不同的节点上存储，可大大减小数据丢失的风险。分布式文件系统具有冗余性，部分节点的故障并不影响整体的正常运行，而且即使出现故障的计算机中存储的数据已经损坏，也可以由其他节点将损坏的数据恢复出来。因此，安全性是分布式文件系统最主要的特征。分布式文件系统通过网络将大量零散的计算机连接在一起，形成一个巨大的计算机集群，使各计算机均可以充分发挥其价值。此外，集群之外的计算机经过简单的配置就可以加入分布式文件系统中，因此分布式文件系统具有极强的可扩展能力。

- **NoSQL（Not Only SQL）数据库**：泛指非关系数据库，不同于关系数据库，它们不保证关系数据的ACID特性。ACID是指数据库管理系统具备的4个特性：原子性（Atomicity，或称不可分割性）、一致性（Consistency）、隔离性（Isolation，又称独立性）、持久性（Durability）特性。NoSQL数据库有易扩展的优点。NoSQL数据库种类繁多，但是一个共同的特点就是无关系数据库的关系特性。数据之间无关系，这样就非常容易扩展，无形中也在架构的层面上带来了可扩展的能力。NoSQL数据库具有非常好的读写性能，尤其在大量数据下，同样表现优秀。这得益于它的无关系性，使数据库的结构简单。开源的NoSQL数据库有Membase、MongoDB。
- **云存储（Cloud Storage）**：是一种网上在线存储的模式，即把数据存放在通常由第三方托管的多台虚拟服务器，而非专属的服务器上。数据中心运营商运营大型数据中心，需要数据存储托管的人，可通过向其购买或租赁存储空间的方式，来满足数据存储的需求。数据中心运营商根据客户的需求，在后端准备存储虚拟化的资源，并将其以存储资源池的方式提供给客户，客户便可自行使用此存储资源池来存放文件或对象。云存储等可用于数据备份、归档和灾难恢复等。

3．数据处理与分析

大数据处理最重要的一个环节就是数据分析，其目的是提取数据中隐藏的信息，提供有意义的建议以辅助制定正确的决策。通过数据分析，可以从杂乱无章的数据中提炼有价值的信息，进而找出所研究对象的内在规律。

（1）数据分析

数据分析是指收集、处理数据并获取数据中隐藏的信息的过程。具体来说，数据分析就是建立数据分析模型，对数据进行核对、筛查、复算、判断等操作，将目标数据的实际情况与理想情况进行对比分析，从而发现审计线索，搜集审计证据的过程。

数据分析的目的是从和主题相关的数据中提取尽可能多的信息，其作用包括以下几点。

- 推测或解释数据并确定如何使用数据。
- 检查数据是否合法。
- 给决策制定提供合理建议。
- 诊断或推断错误原因。
- 预测未来要发生的事情。

（2）数据挖掘

数据挖掘是指从大量的数据中通过算法搜索隐藏于数据中的信息的过程。数据挖掘算法包括分类分析、聚类分析、回归分析、关联分析和特征分析等。

- **分类分析**：找出数据库中的一组数据对象的共同特点并按照分类模式将其划分为不同的类，其目的是通过分类模型，将数据库中的数据项映射到某个给定的类别。
- **聚类分析**：针对数据的相似性和差异性将一组数据分为几个类别。属于同一类别的数据间的相似性很大，但不同类别的数据间的相似性很小，跨类别的数据关联性很低。

课前自学

- **回归分析**：反映数据库中数据的属性值的特性，通过函数表达数据映射的关系来发现属性值之间的依赖关系。
- **关联分析**：是发现存在于大量数据集中的关联性或相关性，从而描述一个事物中某些属性同时出现的规律和模式。
- **特征分析**：从数据库中的一组数据中提取出关于这些数据的特征，这些特征即此数据库的总体特征。

4．数据可视化

在大数据时代，人们面对海量数据难免会显得无所适从。如何从海量数据中获取想要的信息，并以一种直观、形象的方式展现出来？这就是数据可视化要解决的核心问题。

（1）数据可视化的概念。数据可视化是指将大型数据以图形、图像形式表示，并利用数据分析和开发工具发现其中未知信息的处理过程。具体指利用图形和图像处理、计算机视觉及用户界面，通过表达、建模和对立体、表面、属性和动画的显示，对数据加以可视化解释。

（2）数据可视化的作用。在大数据时代，数据量和复杂性的不断增加，限制了用户从大数据中直接获取知识，因此可视化的需求越来越大，依靠可视化进行数据分析已成为大数据处理流程的主要环节。在大数据时代，可视化技术可以支持实现多种不同的目标。网络数据看板大屏如图1-7所示。

- **观测、跟踪数据**。利用变化的数据生成实时变化的可视化图表，可以让人们看出各种参数的动态变化过程，有效地跟踪各种参数。
- **分析数据**。利用可视化技术，可以实时呈现当前分析结果，引导用户参与分析过程，根据用户的反馈信息执行后续分析操作，完成用户与分析算法的全程交互，实现数据分析算法与用户领域知识结合。
- **辅助理解数据**。帮助普通用户更快、更准确地理解数据背后的含义，如用不同的颜色区分不同对象、用动画显示变化过程、用图结构展示对象之间的复杂关系等。

增强数据吸引力。枯燥的数据被制作成具有强大视觉冲击力和说服力的图像，可以增强读者的阅读兴趣。

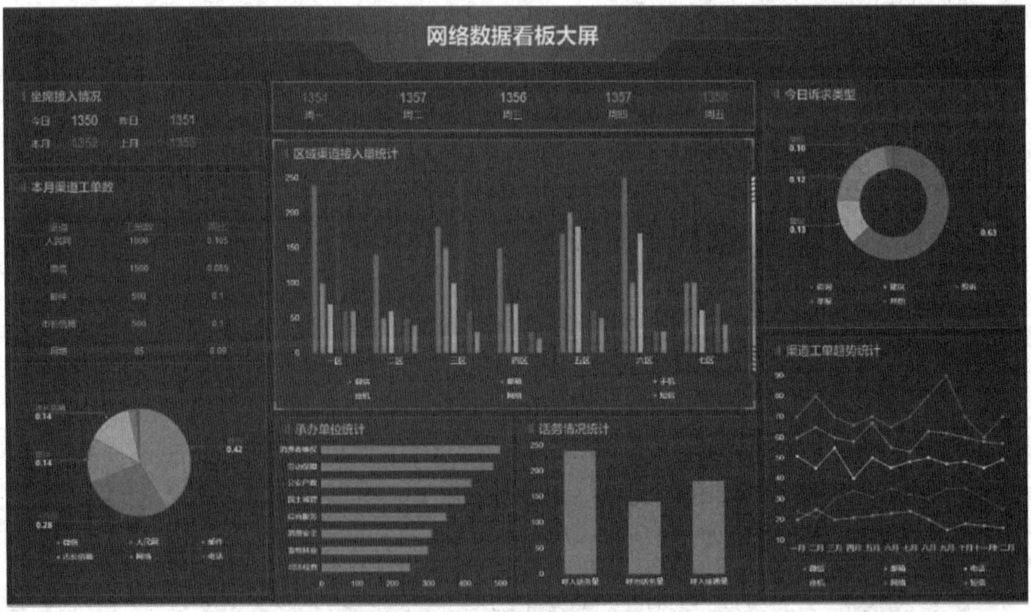

图1-7 网络数据看板大屏

5．常用大数据工具比较

当前大数据核心技术有大数据存储数据库技术、数据采集与整理技术、数据分析与挖掘技术、数据可视化技术，分别对应不同的大数据工具。大数据课程鱼骨图如图1-8所示。

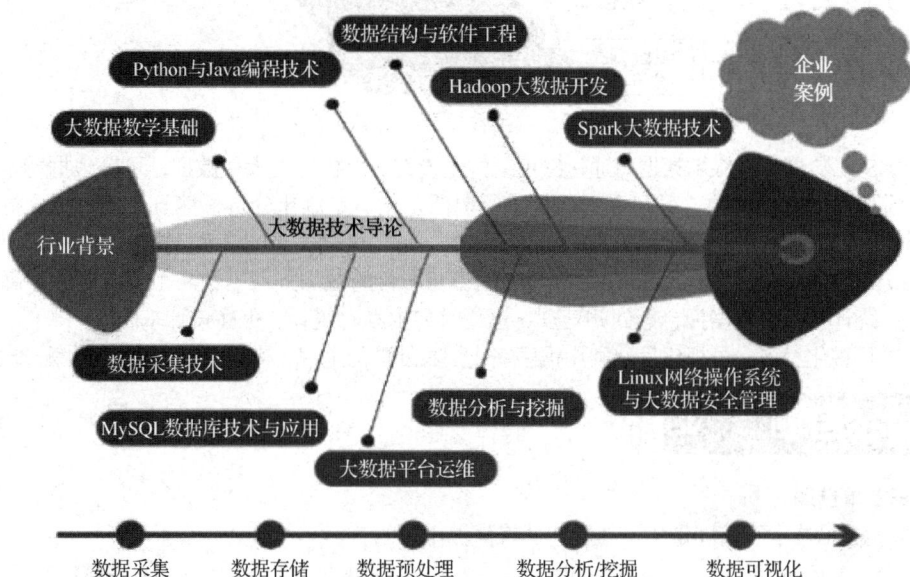

图1-8　大数据课程鱼骨图

与传统数据"数据简单、算法复杂"的计算不同，大数据计算是数据密集型计算，对计算单元和存储单元间的数据吞吐率要求极高，对性价比和扩展性要求也非常高。因此传统大型机和小型机的并行计算不能满足大数据时代数据量、规模、类型的要求。由此，分布式计算系统被大规模应用到大数据领域。分布式计算系统是一组自治的计算机集合，通过通信网络相互连接，实现资源共享和协同工作，从而呈现给用户的是单个完整的计算机系统。

2004年，Google公司公布了MapReduce分布式并行编程架构，而后，Yahoo公司提出了S4系统，Twitter公司提出Storm系统（实时处理系统），Google公司又提出了将MapReduce内存化以提高实时性的Spark。

（1）Hadoop。Hadoop是一个由Apache软件基金会（Apache Software Foundation，ASF）所开源的分布式系统基础架构。用户可以在不了解底层分布式细节的情况下，基于Hadoop开发分布式的大数据存储与处理应用程序，并利用分布式集群进行高速运算和海量存储。其主要特点是扩展能力强、成本低、高效率、可靠。

（2）Storm。Storm是一个分布式的、容错的实时流计算系统，能够逐条接收和处理数据记录，具有很好的实时响应特性。Storm实时计算提供了一组通用原语，可被用于"流处理"之中，实时处理消息并更新数据。借助实时的信息交互与通信组件（如Kafka、ZeroMQ、Netty等），Storm可对记录进行逐条处理，响应实时性可以达到秒级别。

（3）Spark。Spark是MapReduce的一个替代方案，可以在Hadoop文件系统中并行运行。Spark克服了MapReduce在迭代计算和交互式计算方面的不足，同时能够充分利用内存资源提高计算效率。

通过调研，中小企业进行商务数据分析时主要采用下列4类工具，如图1-9所示。

（1）日常数据分析工具——Excel工具。Excel工具通过公式、透视表、透视图进行简单数据分析，但其在数据量大、查询分析复杂数据的情况下功能不足，尤其是多表关联分析能力不足。

图1-9 常用数据分析工具关系

（2）SQL数据库。SQL数据库通过SQL结构化查询、分析处理大量数据，可以根据特定业务需求，定制不同查询条件，并可以对数据进行灵活加工、定制化分析，涉及高级数据分析、统计分析时需要编程处理。

（3）Python、R语言。Python、R语言利用自身所带的数据处理函数与工具可以进行高级数据分析、统计分析、数据拟合、回归处理，运用时要求具有统计、程序设计基础。

（4）可视化呈现。可视化呈现利用程序完成图表处理与呈现，需要强大的可视化编程能力。

自学自测 ↓

（一）单选题

1. 大数据技术的基础是（　　　）公司首先提出来的。

    A. Microsoft   B. Google   C. 腾讯   D. IBM

2. 下列选项中，（　　　）属于非结构化数据。

    A. 企业ERP数据   B. 财务系统数据   C. 视频监控数据   D. 日志数据

3. 将原始数据进行集成、变换、维度规约、数据规约是（　　　）步骤的任务。

    A. 数据预处理   B. 分类和预测   C. 频繁挖掘   D. 数据流挖掘

（二）多选题

1. 大数据思维包含（　　　）。

    A. 总体性思维   B. 容错性思维   C. 关联性思维   D. 以数据为中心

2. 从数据分析全流程的角度来看，大数据技术主要包括（　　　）。

    A. 数据采集与预处理   B. 数据可视化分析

    C. 关联性思维   D. 数据增、删、改操作

3. 数据挖掘是指从大量的数据中通过算法搜索隐藏于数据中的信息的过程。数据挖掘算法包括（　　　）等。

    A. 分类分析   B. 聚类分析   C. 回归分析   D. 关联分析

（三）简答题

1. 请阐述大数据的"4V"特征。

2. 请举例说明大数据的应用。

课中实训

【实训资料】

成都智数云网软件股份有限公司于2014年5月在成都市高新工商管理局登记成立，法定代表人为李先生，公司经营范围包括计算机软硬件及辅助设备开发与销售及技术服务等。

公司致力于超大规模的数据处理和智能分析服务，是大数据、人工智能产品及服务提供商。公司聚焦于数据业务和应用软件开发，构建了大数据Data Discovery分析平台、数据处理平台、数据挖掘平台等业务平台，向电信、政府、企业及军工单位提供数据咨询、数据管理、数据分析可视化展示定制开发、软件产品销售、系统集成、IT运维等一体化应用解决方案，致力于为通信运营商、企事业单位、科研机构提供专业的IT解决方案咨询和服务。

公司下设市场部、生产部、研发部、技术部、销售部、财务部、人力资源部、行政部等。其中技术部对外负责网络服务，对内负责企业信息化平台建设、管理工作，同时为公司内部相关部门提供技术支持。

你作为公司大客户营销管培生，主要职责有以下几点：学习公司产品知识，了解政府、金融、运营商、交通、军工等行业的解决方案；厘清思路并编写自己的拜访话语，为拜访客户做准备；协助完成招投标工作，了解招投标流程；跟随导师或自行拜访客户，积累经验，了解行情及客户需求。

【实训目标】

本实训为认识大数据基础训练，首先通过学习相关大数据公司脱敏后的建设方案，了解企业基于管理需求构建大数据平台进行数据分析、数据治理等，学习构建大数据系统涉及的数据采集与预处理、数据存储、数据分析与挖掘等各流程，对比相关的核心技术等系列任务，帮助学生基本掌握大数据处理的相关方法与工具，建议以小组为单位共同讨论并完成实训报告。

【实训步骤】

（1）根据下发的实训资料，运用文心一言大模型完成课前自学，以对大数据有基本认知。

（2）学习大数据财务中共享中心大数据系统脱敏建设方案，依次完成系统方案分析、系统构建、分析工具对比等实训任务。

（3）实训过程中可以采用线上线下混合学习方式，实训一以团队为单位协同合作完成，实训二、实训三、实训四由个人独立完成。

（4）请将每项任务的实训结果整理至相关表格或制作成分析报告，利用豆包大模型进行内容优化。

实训一 浪潮 A 集团财务共享服务中心大数据系统分析

浪潮通过建设财务共享平台，满足A集团财务共享建设的要求，实现报账、收入与支出结算、预算控制、税务、核算、影像及异构系统集成等的一体化应用，建立管控与服务并重、业财资税一体化的财务共享信息化平台，实现财务资源的有效配置和高效利用，完成管控前移和业务财务深度融合，形成管理闭环，提高对业务的监督和指导能力，倒逼业务的规范化和精细化管理，实现财务管理模式创新，推动管理的细化和优化。

通过财务共享平台为所有成员单位提供规范、高效、专业的财务共享服务，同时加快战略财务、业务财务、共享财务模式的落地应用，实现财务会计与管理会计职能的分离，加快管理会计的应用实践，完善并规范财务管理体系，使更多的人员、时间投入管理、分析、控制、建议工作中，发挥管理会计的职能和价值，为集团管理和领导决策提供及时、准确的数据，有效提升企业核心竞争力。

任务一：搜索查阅财务共享中心的概念与功能

【任务描述】

搜索查阅财务共享中心的概念与功能，分析财务共享中所涉及的资金流、物流、信息流，将结果填写在实训报告单中。

【操作步骤】

步骤1：分析财务共享中所涉及的资金流、物流、信息流。

步骤2：将分析结果填写在实训报告单中。

任务二：财务共享中心框架分析

【任务描述】

浪潮基于A集团对财务共享的建设需求，规划搭建一套标准化、集中化、集成化的财务共享平台，为战略财务、运营财务、共享财务提供支撑，最终实现财务信息的大数据决策支持。请你收集其他财务共享中心框架，完成财务共享中心框架分析，将结果填写在实训报告单中。

拓展阅读

建设财务共享中心

【操作步骤】

步骤1：收集财务共享中心框架。财务共享中心框架如图1-10所示。

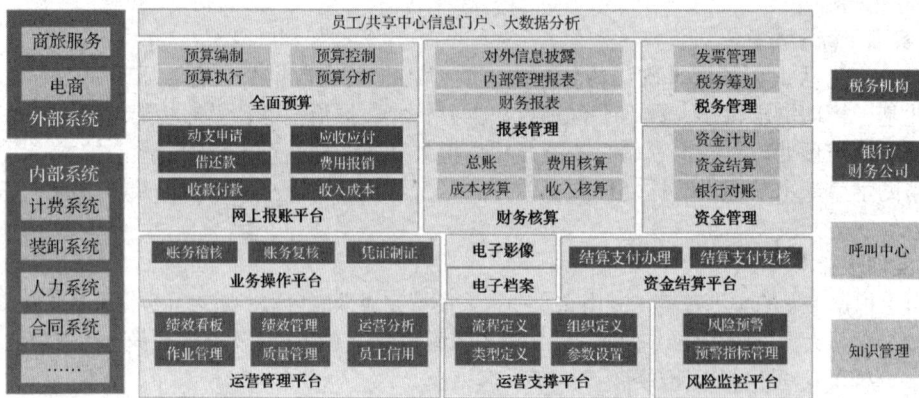

图1-10　财务共享中心框架

步骤2：分析财务共享中心框架中集成的模块功能。

步骤3：分析财务共享中心框架中对接的内部系统与外部系统。

步骤4：分析财务共享中心可实现的数据共享、数据分析与数据挖掘功能。

步骤5：分析财务共享中心有助于A集团提升数据管理与数据治理的效能。

步骤6：撰写实训报告。

任务三：财务共享中心数据采集功能分析

【任务描述】

基于A集团对财务共享的数据采集与档案管理需求，搭建电子影像系统。电子影像系统可以帮助A集团构建统一的协同影像管理平台，将各类单据、票据传入影像中心进行集中分类管理，并利用图像数字化技术进行电子化处理，实现异地原始单据实时扫描、集中在线审核。请你收集数据采集方法与数据采集工具，将结果填写在实训报告单中。

【操作步骤】

步骤1：分析财务共享中心数据采集模块的功能，财务共享中心数据采集模块如图1-11所示。

课中实训

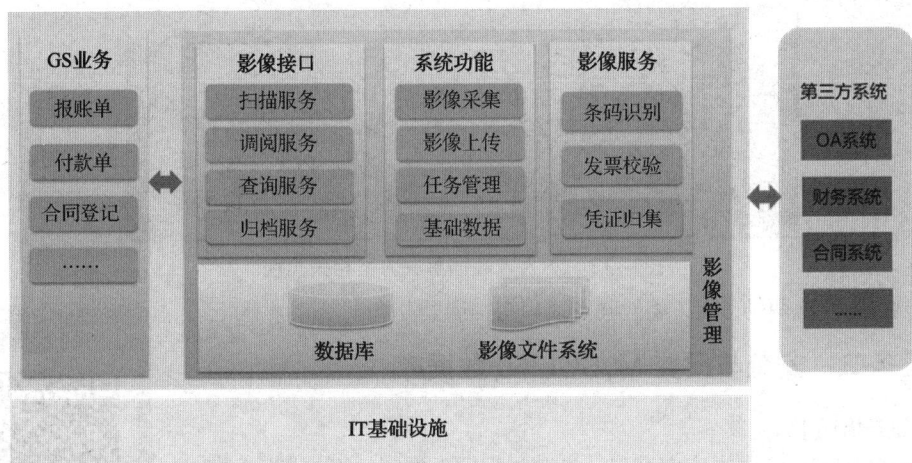

图1-11　财务共享中心数据采集模块

步骤2：分析财务共享中心数据文档常见格式。

步骤3：分析常用影像采集方式与采集工具。

步骤4：在网上搜集网页数据抓取知识，了解使用Python程序抓取网页数据。

步骤5：撰写实训报告。

实训二　大数据存储与分析工具环境配置

在进行数据存储与分析前，请你查阅浪潮与华为的大数据存储相关技术文档，了解企业大数据存储环境配置方式，并尝试在自己的计算机上安装MySQL数据库；同时收集常见的大数据分析工具，并尝试在自己的计算机上安装Python。

任务一：查阅企业大数据存储方案

【任务描述】

搜索查阅"浪潮大数据解决方案"与"华为大数据解决方案"，学习头部企业方案中大数据存储的相关工具与方法，将结果填写在实训报告单中。

【操作步骤】

步骤1：搜索查阅"浪潮大数据解决方案"，其官网相关页面如图1-12所示，分析方案中存储方案涉及的工具与方法。

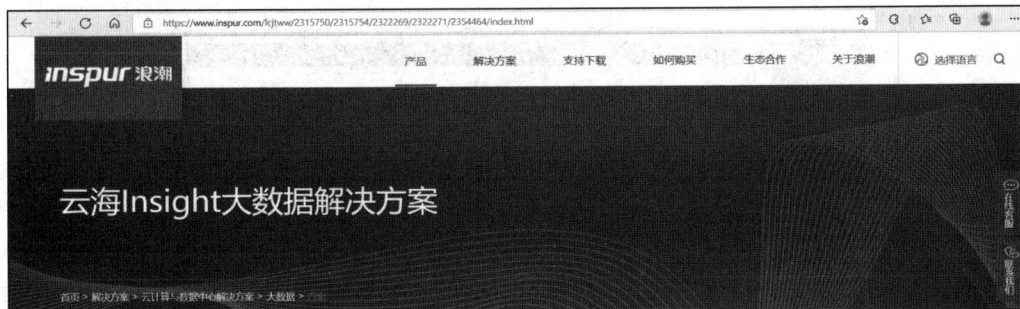

图1-12　浪潮大数据解决方案相关页面

步骤2：搜索查阅"华为大数据解决方案"，其官网相关页面如图1-13所示，分析方案中存储方案涉及的工具与方法。

图1-13 华为大数据解决方案相关页面

步骤3：对比两种方案，将异同点填写在实训报告单中。

任务二：安装与配置 MySQL8.0 数据库

【任务描述】

根据MySQL8.0数据库安装包，安装与配置数据库，将结果填写在实训报告单中。

【操作步骤】

步骤1：双击mysql-installer-community-8.0.11.0.msi文件，打开数据库安装窗口进行安装，如图1-14所示。

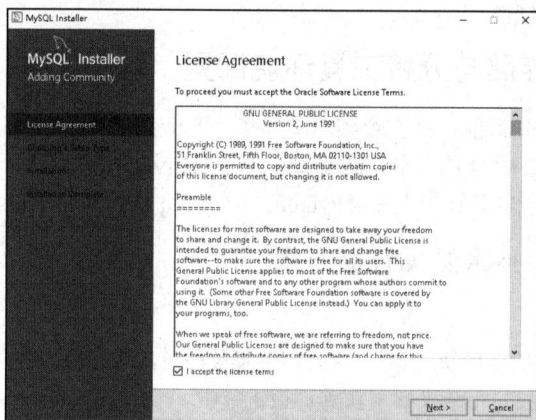

图1-14 数据库安装窗口

步骤2：配置环境变量。打开"编辑环境变量"对话框（按组合键Win+Pause Break，单击"高级系统设置"→"高级"→"环境变量"→"编辑"）进行配置，如图1-15所示。

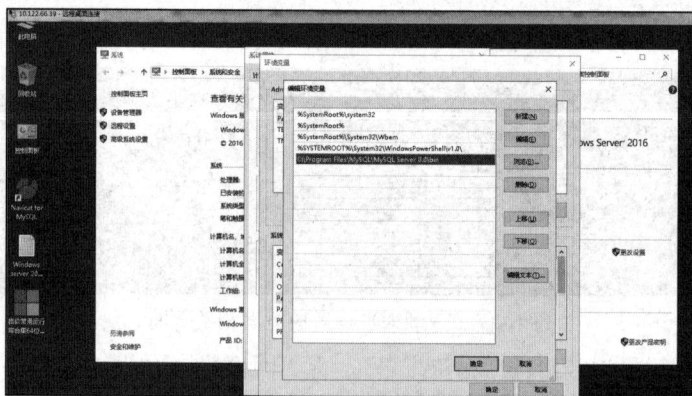

图1-15 配置环境变量

步骤3：设置远程访问。以管理员的身份运行命令提示符窗口，执行mysql-u root-p命令登录MySQL。

步骤4：安装Navicat for MySQL。双击Navicat_for_MySQL_11.0.10_XiaZaiBa.exe文件，在打开的窗口中选择"自定义安装"，如图1-16所示。

课中实训

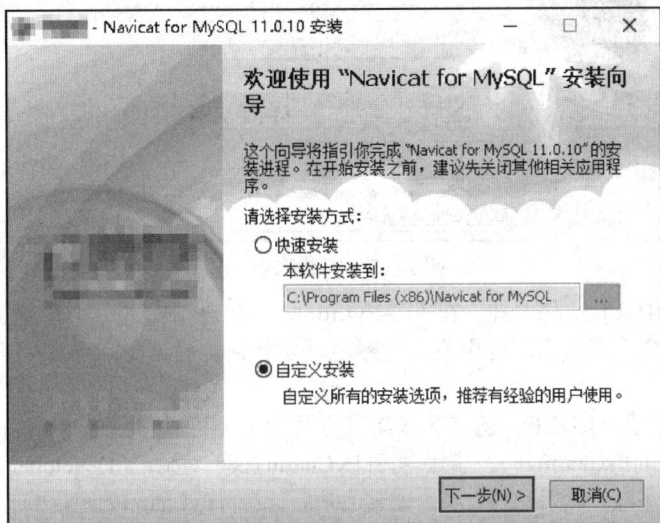

图1-16　安装数据库Navicat for MySQL

任务三：安装与配置 Python

【任务描述】

完成Python开发环境安装与配置，将结果填写在实训报告单中。在正式学习Python开发前，需要先安装Python开发环境。由于Python是解释型编程语言，所以需要安装解释器，这样才能运行编写的代码。Python开发环境的安装，主要是指Python解释器的安装。

【操作步骤】

步骤1：下载Python安装包。在Python官方网站下载最新的Python 3.9.7（截至本书完稿）安装包，如图1-17所示。

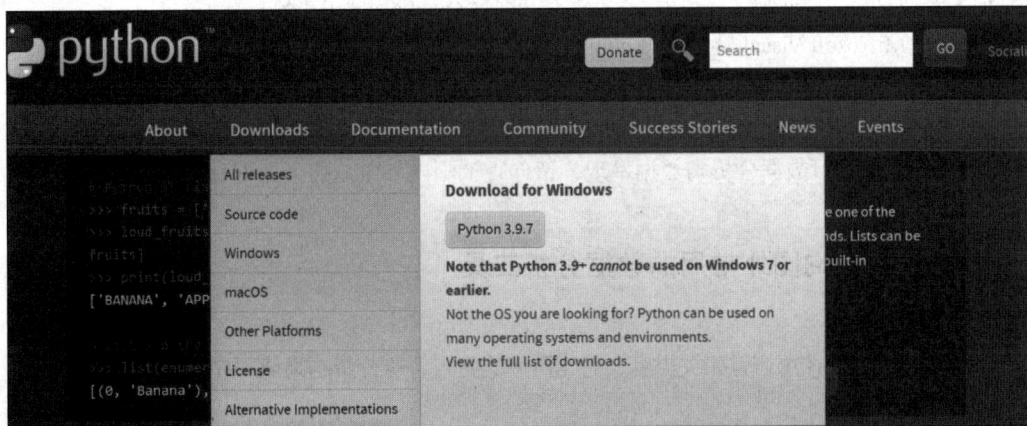

图1-17　下载Python安装包

步骤2：安装Python。下载完成后，双击安装文件进行安装，建议自定义安装，并选中相应复选框，如图1-18所示。

图1-18　安装Python

步骤3：启动IDLE开发工具。在安装Python时，会自动安装一个开发工具IDLE，它是Python的简易开发工具之一，可用不同的颜色显示代码。在开始菜单中可以打开IDLE，如图1-19所示。

除了Python自带的IDLE，还有很多第三方开发工具可以作为Python的开发工具，例如JetBrains公司开发的PyCharm开发工具。打开PyCharm官网，选择"Developer Tools"菜单下的"PyCharm"进行下载，然后进行安装。安装成功后，运行PyCharm如图1-20所示。

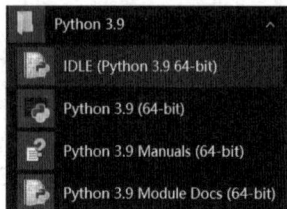

图1-19　打开开发工具IDLE　　　　　图1-20　PyCharm开发工具

此外，Microsoft Visual Studio和Eclipse也是比较好的Python开发工具。

实训三　大数据分析、挖掘与可视化工具对比

为了高效地进行数据分析与数据呈现，请你查询国内外主流的大数据分析与可视化工具，并对比分析工具。

任务一：查询国外常用的数据分析工具

【任务描述】
搜索查阅Python与R语言相关内容，对比两者的特点，将分析结果填写在实训报告单中。
【操作步骤】
步骤1：搜索查阅Python与R语言相关内容。
步骤2：搜索查阅Python与R语言的数据分析与挖掘主要步骤与算法。Python数据分析步骤如图1-21所示。

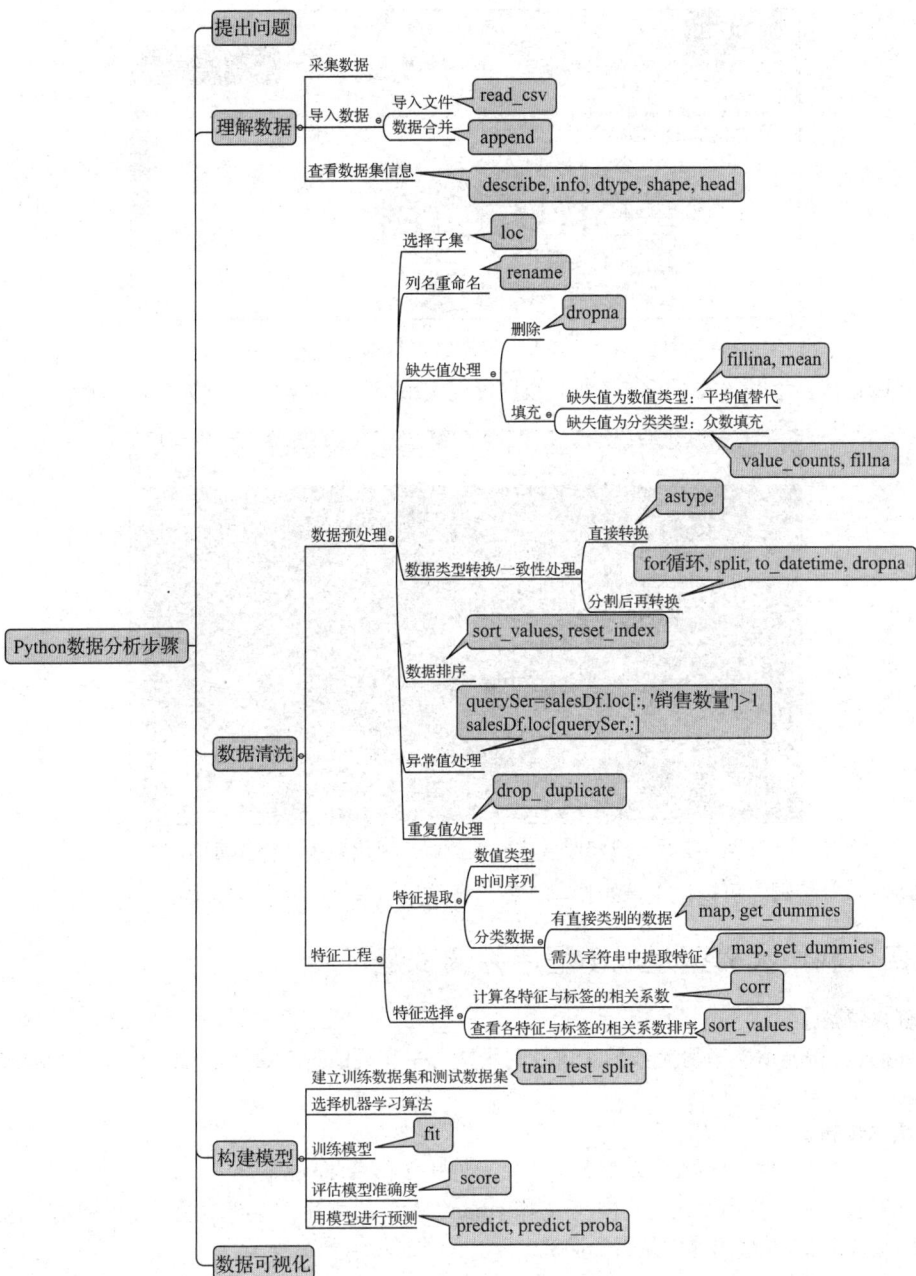

图1-21 Python数据分析步骤

步骤3：对比Python与R语言的特点，将分析结果填写在实训报告单中。

任务二：查询可视化分析工具

【任务描述】

搜索查阅"浪潮大数据分析系统"与"成都四方伟业大数据可视化系统"，学习头部企业方案中大数据可视化分析工具，将结果填写在实训报告单中。

【操作步骤】

步骤1：搜索查阅"浪潮大数据产品介绍"，了解浪潮大数据分析与可视化工具，其相关页面如图1-22所示。

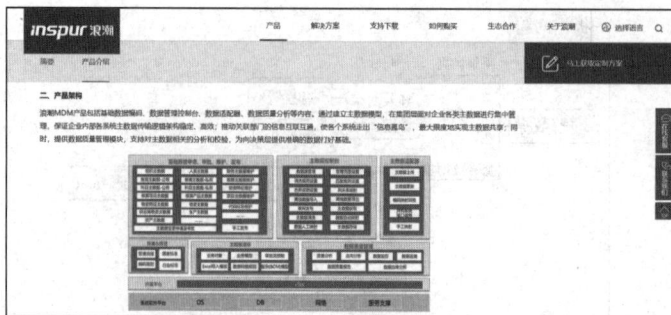

图1-22 "浪潮大数据分析系统"相关页面

步骤2：搜索查阅"成都四方伟业大数据可视化系统"，其相关页面如图1-23所示。

图1-23 "成都四方伟业大数据可视化系统"相关页面

步骤3：分析国内可视化工具的特点，将分析结果填写在实训报告单中。

实训四　利用大模型生成小程序并调试运行

【任务描述】

体验人工智能赋能学习大数据知识，利用文心一言或DeepSeek大模型生成一个Python小程序并运用。

【操作步骤】

步骤1：打开"文心一言"网页（或手机端打开文心一言App）。

步骤2：在对话框中输入提示内容"用Python编写一段程序，主要功能：1. 提醒用户输入一个正整数；2. 判断并输出此数是否为质数？"如图1-24所示。

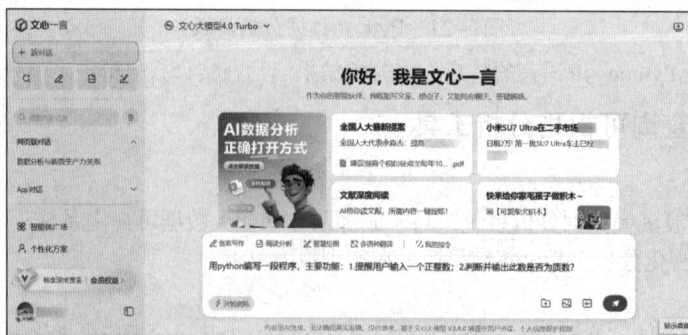

图1-24 在文心一言中输入生成代码需求

步骤3：查看大模型生成源代码，单击"复制代码"，如图1-25所示。

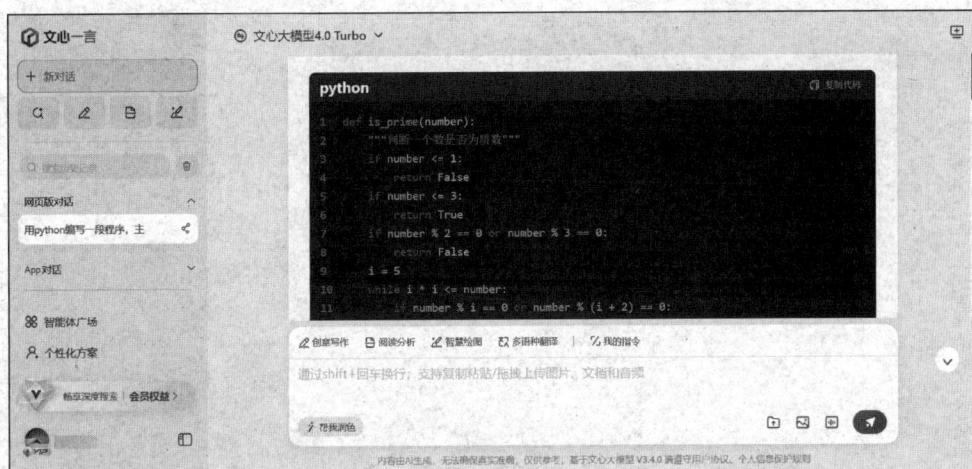

图1-25 文心一言大模型生成源代码

具体源代码如下。

```python
def is_prime(number):
    """判断一个数是否为质数"""
    if number <= 1:
        return False
    if number <= 3:
        return True
    if number % 2 == 0 or number % 3 == 0:
        return False
    i = 5
    while i * i <= number:
        if number % i == 0 or number % (i + 2) == 0:
            return False
        i += 6
    return True


def main():
    try:
        num = int(input("请输入一个正整数："))
        if num <= 0:
            print("请输入一个正整数。")
        else:
            if is_prime(num):
                print(f"{num} 是质数。")
            else:
                print(f"{num} 不是质数。")
    except ValueError:
        print("输入无效，请输入一个正整数。")


if __name__ == "__main__":
    main()
```

步骤4：查看大模型生成源代码，单击"复制代码"，粘贴至"PyCharm"中运行，如图1-26所示。

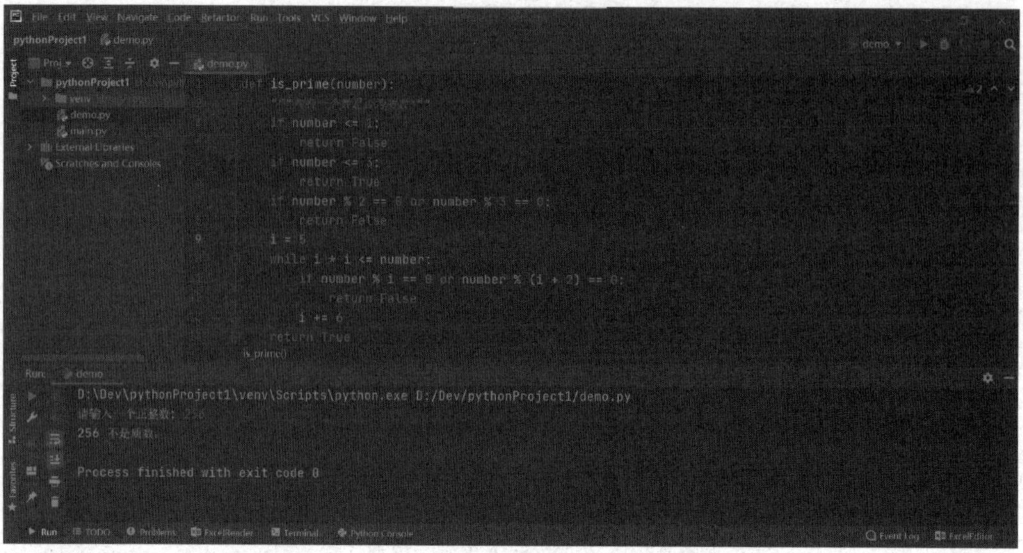

图1-26 代码运行结果

实训项目评价 ↓

表1 学生技能自评表

序号	技能	佐证	达标	未达标
1	能够正确使用大数据相关术语	能够说明企业大数据架构中的专业术语的含义		
2	能够选择合适的大数据工具	能够说明大数据存储、大数据分析工具的功能		
3	能够安装与配置大数据存储、分析工具	能够安装与配置主流数据库、Python		

表2 学生素质自评表

序号	素质	佐证	达标	未达标
1	创新意识	能够运用大数据思维解读生活中的数据应用现象		
2	协作精神	能够和团队成员协作，共同完成实训任务		
3	自我学习能力	能够借助网络资源自主学习大数据相关的知识		

课后提升

案例一 访问华为云主页

访问华为云主页,学习财务共享服务中心实例,撰写实训报告。具体要求如下。

(1)分析华为云财务共享服务中心的功能,如图1-27所示。

图1-27 华为云财务共享服务中心的功能

(2)分析华为云财务共享服务中心的信息流、数据存储方案。

(3)通过华为云商业智能系统架构来分析华为云财务共享服务中心数据分析与挖掘的主要需求,如图1-28所示。

图1-28 华为云商业智能系统架构

(4)撰写实训报告,并利用人工智能工具优化报告内容。

案例二 访问成都四方伟业软件股份有限公司主页

访问成都四方伟业软件股份有限公司主页,学习企业大数据实例,撰写实训报告。具体要求如下。

(1)分析典型企业的简介,如图1-29所示。

图1-29　成都四方伟业软件股份有限公司简介

（2）分析大数据应用场景，如图1-30所示。

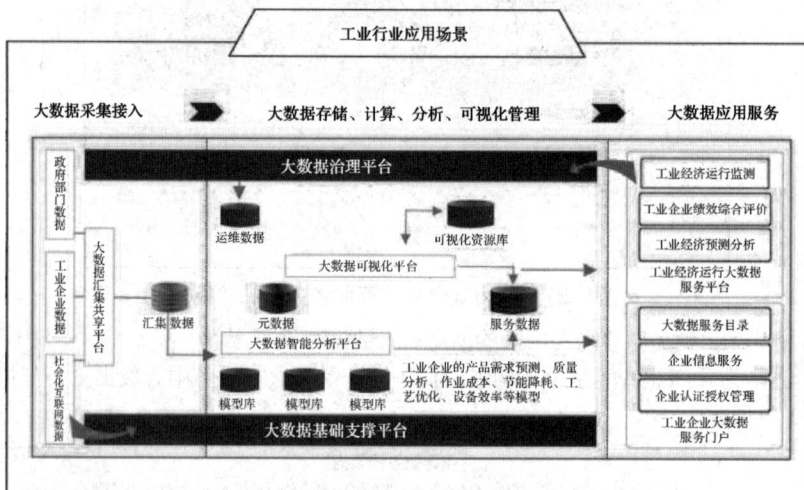

图1-30　大数据应用场景

（3）分析企业数据模型，如图1-31所示。

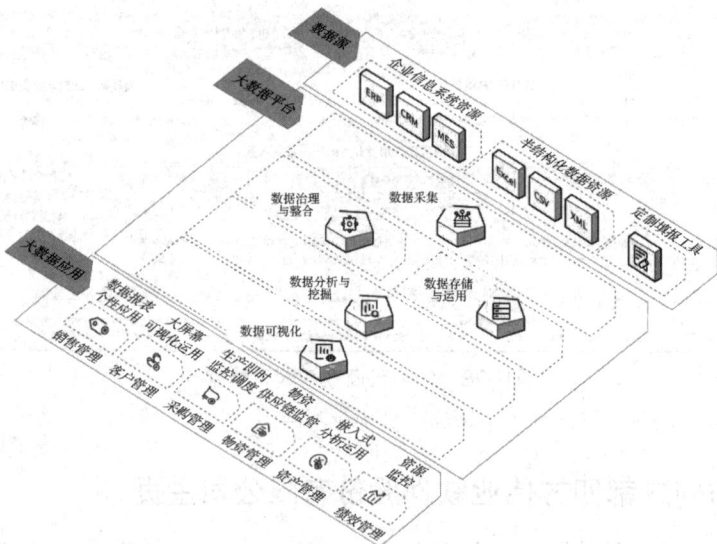

图1-31　企业数据模型

（4）撰写实训报告，并利用人工智能工具优化报告内容。

项目二

MySQL数据库设计

学习目标 ↓

知识目标

1. 掌握关系数据库的设计方法
2. 掌握数据库的建立及管理方法
3. 掌握不同类型数据的使用方法
4. 理解表约束的作用并掌握表约束的创建和管理方法
5. 掌握数据增、改、删的方法
6. 掌握数据导入、导出及数据库的备份与还原方法

能力目标

1. 能完成关系数据库的设计
2. 能熟练完成数据库的创建与管理
3. 能正确地选择数据类型
4. 能实现数据库、表及约束的建立及管理
5. 能熟练进行数据增、改、删操作
6. 能熟练进行数据导入、导出及数据库备份与还原操作

素养目标

1. 培养较强的团队协作意识和高度的责任感
2. 培养良好的数据安全意识和工作流程标准化的职业素养
3. 增强自我技能提升意识和抗压能力
4. 培养学生利用大模型工具解决实际问题的能力

课前自学

一、数据库生命周期概述

数据库生命周期是指数据库从无到有再到消亡的过程，是在现实世界进行抽象，形成数据库并在业务系统中实施、应用，直到被取代或停用的过程。数据库按其生命周期可以划分为需求分析阶段、概念模型设计阶段、逻辑模型设计阶段、物理模型设计阶段、实施阶段及运维阶段。

1. 需求分析阶段

需求分析主要采用问卷调查、跟岗调研、会议调研等方式实现。通过需求分析，可充分了解业务流程、收集相关数据、明确用户需求、新建或优化当前系统。需求分析的充分和准确关乎后续设计的正确性和可用性。

> **素养拓展**
>
> 请利用文心一言、KIMI等大模型工具分析数据库的生命周期及各阶段主要完成的任务。

2. 概念模型设计阶段

在需求分析基础之上，进行概念模型设计。关系数据库概念模型设计常采用E-R图（实体-联系图）的设计方法，该模型包含3个要素，即实体、属性、联系，如图2-1所示。将需求分析的成果抽象成这3个元素，绘制实体之间互相联系的E-R图，即可得到概念模型。

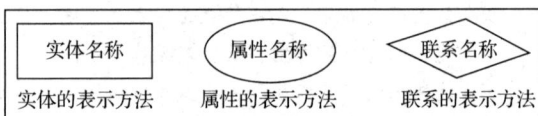

图2-1 E-R图三要素

（1）E-R图三要素的表示方法

实体采用矩形表示，且实体的名称在矩形内标注；属性采用椭圆形表示，且属性的名称在椭圆形内标注；实体之间的联系用菱形表示，且联系的名称在菱形内标注，同时，将联系的类型标注在联系的两侧。

常见的联系类型包括1∶1联系、1∶N联系、N∶M联系。以商品和供货商的联系为例，如果该商品只有一个型号，并且只能在一家供货商处采购，那么商品和供货商两个实体之间的联系类型属于1∶1联系；如果该商品有多个规格，但只能在一家供货商处采购，那么商品和供货商两个实体之间的联系类型属于1∶N联系；如果该商品有多个规格，且可以由多个供货商供货，那么商品和供货商两个实体之间的联系类型属于N∶M联系，如图2-2所示（虽然研究的实体均是"商品"和"供货商"，但在需求分析的结果下，呈现出的联系类型也可能是不同的）。

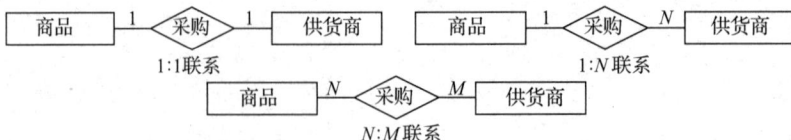

图2-2 联系的类型

（2）E-R图的绘制方法

较为复杂的E-R图常采用自顶向下、自底向上等方法进行绘制。首先进行局部E-R图绘制，再将多个局部E-R图合并成一个全局E-R图，最后消除冗余，形成全局E-R图。

由于本项目涉及的实体少，E-R图的绘制较为简单，因此可以直接完成E-R图的绘制。具体操作方法如下。

首先，绘制实体。将实体用矩形表示，并且将实体名称写在矩形框中。

其次，绘制联系。根据需求分析得到的结果，绘制实体之间的联系，并标注联系类型。

最后，标注属性及主键、外键。根据需求分析得到的结果，在实体和联系上标注属性，并且在作为主键的属性下方标注横线。

以某家纺旗舰店为例，该店主营多品牌家纺类产品，其产品具有多规格的特点，在产品采购过程中需要面向多个供货商。现仅以"商品"和"供货商"两个对象为例，经过需求分析得知，"商品"与"供货商"存在"采购"的联系，且联系的类型为$N:M$联系；"商品"有商品编号、商品名称、规格、零售价格等属性；"供货商"有供货商编号、供货商名称、法人代表、注册地址、联系人、联系人电话等属性；当采购发生后会产生采购日期、进货价格等属性。

由于本案例较为简单，E-R图的绘制不需要采用"先局部后整体"的方式，按照以下操作步骤直接绘制即可。

步骤1：绘制实体。本案例中有两个实体，即"商品"和"供货商"，分别将其进行绘制并标注实体名称，如图2-3所示。

步骤2：绘制联系并标注联系类型。根据需求分析得到实体之间的联系，将有联系的实体通过菱形连接，并标注联系的类型，如图2-4所示。

图2-3　实体的表示方法

图2-4　联系及其类型的表示方法

步骤3：标注属性及主键。对实体、联系的属性进行标注，同时勾画出主键，如图2-5所示。

3．逻辑模型设计阶段

逻辑模型设计是指在概念模型基础之上，进行逻辑模型的转换。本项目所采用的数据库管理系统是MySQL，它属于关系数据库管理系统，其逻辑模型的转换遵循如下转换方法。

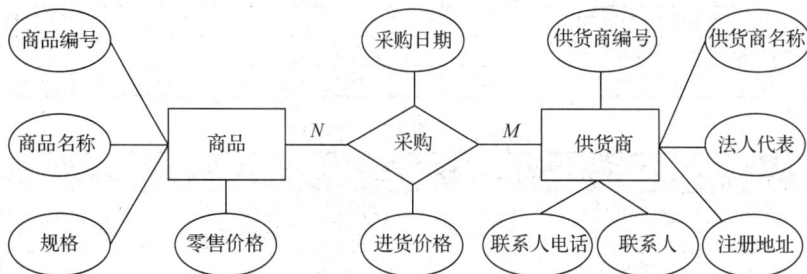

图2-5　"商品采购"E-R图

步骤1：实体的转换。将E-R图中的每个实体分别转换为一个关系，实体的名称为关系的名称，实体的属性为关系的属性。

例如，将"商品采购"E-R图中的实体进行转换，得到的结果如下。

逻辑模型1：商品（商品编号、商品名称、规格、零售价格），其中"商品编号"为主键。

逻辑模型2：供货商（供货商编号、供货商名称、法人代表、注册地址、联系人、联系人电话），其中"供货商编号"为主键。

步骤2：联系的转换。针对不同的联系类型，采用的转换方法不同，如表2-1所示。

表2-1　联系转换方法

联系类型	转换方法
1:1	将1端实体主键加入另一个实体转换的关系中，作为外键
1:N	将1端实体主键加入多端实体转换的关系中，作为外键
$N:M$	单独形成一个模型，并将两端实体的主键加入新关系模型中，作为组合主键，同时分别作为与两个关系关联的外键

依据以上方式进行联系的转换。以"商品采购"E-R图为例，进行如下转换。

鉴于"商品采购"E-R图中的"商品"和"供货商"的联系是$N:M$类型，需要产生新的模型，模型结构如下。

逻辑模型3：采购（商品编号、供货商编号、采购日期、进货价格），其中"商品编号"和"供货商编号"作为组合主键，同时，"商品编号"作为外键，与"商品"模型产生关联，"供货商编号"作为外键，与"供货商"模型产生关联。

4．物理模型设计阶段

物理模型设计是根据给定的计算机系统特性，以及数据库管理系统的特点，设计数据库的存储结构及方法的过程。

以"商品采购"逻辑模型为例进行物理模型设计，商品表物理结构、供货商表物理结构、采购表物理结构分别如表2-2、表2-3、表2-4所示（MySQL数据类型后续介绍）。

表2-2　商品表物理结构

序号	字段名	数据类型	约束	备注
1	cno	int(8)	自动递增，主键	商品编号
2	cname	char(50)	不允许为空，唯一值	商品名称
3	csp	char(8)	不允许为空	规格
4	crp	Decimal(6,2)	取值范围为500～5000（含端点值）	零售价格

表2-3　供货商表物理结构

序号	字段名	数据类型	约束	备注
1	sno	int(8)	自动递增，主键	供货商编号
2	sname	char(50)	唯一约束	供货商名称
3	ELP	char(10)	不允许为空	法人代表
4	CRA	char(50)		注册地址
5	cname	char(10)	不允许为空	联系人
6	cphone	int(8)	不允许为空	联系人电话

表2-4　采购表物理结构

序号	字段名	数据类型	约束		备注
1	cno	int(8)	组合主键	外键，与商品表产生关联	商品编号
2	sno	int(8)		外键，与供货商表产生关联	供货商编号
3	PD	timestamp	默认值为录入时的系统时间		采购日期
4	PP	Decimal(2,1)			进货价格

素养拓展

　　数据库的设计具有标准化、规范化的特点，要求设计过程严格按照需求分析、概念模型设计、逻辑模型设计及物理模型设计几个阶段依次进行；同时，数据库各阶段的设计结果具有承接的关系，前一个阶段的结果将作为后一个阶段的设计依据，因此，在设计过程中应具备较强的规范化意识，以及严谨的工作作风，以确保数据库设计的准确性。

5．实施阶段

依据物理模型设计结果，利用所选数据库管理系统对其进行实现。本项目利用MySQL创建数据库，创建表及约束，进行数据增、删、改等操作。通常有两种实现方式，即界面化工具以及SQL。

（1）Navicat Premium介绍

对数据库进行管理的界面化工具很多，其中Navicat Premium是较常用的一种。本项目将利用Navicat Premium进行数据库的管理。Navicat Premium不仅可以连接MySQL服务器并对服务器中的数据库进行管理与维护，还能够连接SQL Server、Oracle等数据库管理系统的服务器，其使用的范围较广。同时，Navicat Premium提供了界面化的管理工具（见图2-6），使得对数据库的管理更加便捷，可提升数据库实施与运维的效率，大大节省时间成本。

> **注意**
>
> Navicat Premium提供试用版及付费版，如进行商业用途请购买付费版，以保护其知识产权。

（2）SQL介绍

结构查询语言（Structure Query Language，SQL），利用该语言可以完成数据库、表及其他数据库对象的创建及管理；也可以完成数据操作，包括数据的插入、修改、删除及查询；还可以完成数据库的其他管理操作，包括数据库的权限管理、角色管理、备份及还原等。

SQL语句可以在Navicat Premium中编辑和运行。单击"新建查询"按钮，在查询界面输入SQL语句后单击"运行"按钮，将在下方状态栏中显示运行结果，如图2-7所示。

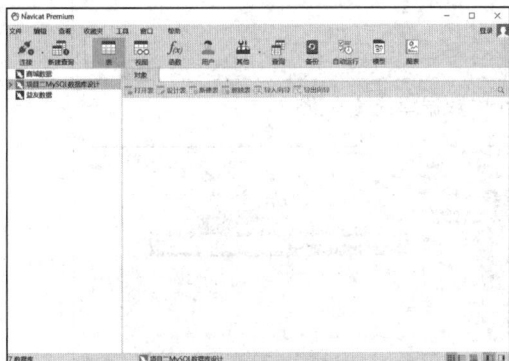

图2-6　Navicat Premium可视化界面　　　　图2-7　SQL语句编辑和运行界面

（3）数据库对象（数据库、表）创建与管理的方法

下面采用两种方法实现MySQL数据库对象的创建与管理。

方法一：利用Navicat Premium创建与管理数据库对象。

• 创建、使用及删除数据库。

将Navicat Premium连接到MySQL服务器后，右键单击项目名称，在弹出的快捷菜单中选择"新建数据库"命令，在弹出的"新建数据库"对话框中输入数据库参数并确认即可，其中，"数据库名"可根据需要填写，"字符集""排序规则"两项可保持默认值，默认为utf8mb4、utf8mb4_0900_ai_ci。

创建数据库后右键单击数据库名称，在弹出的快捷菜单中选择"打开数据库"命令，即可使用该数据库；也可以右键单击数据库名称，在弹出的快捷菜单中选择"删除数据库"命令进行数据库的删除，如图2-8所示。

• 创建、修改及删除表。

完成数据库创建后，可在数据库中创建及管理表，利用Navicat Premium可方便、快捷地进行表的创建与管理。

　　打开需要创建表的数据库，右键单击"表"按钮，在弹出的快捷菜单中选择"新建表"命令，在新建表窗口中输入表结构，单击"保存"按钮即可。右键单击表名，在弹出的快捷菜单中选择"设计表"命令，在出现的表结构窗口中即可完成表结构的修改。同理，右键单击表名，在弹出的快捷菜单中选择"删除表"命令，即可完成表的删除操作，如图2-9所示。

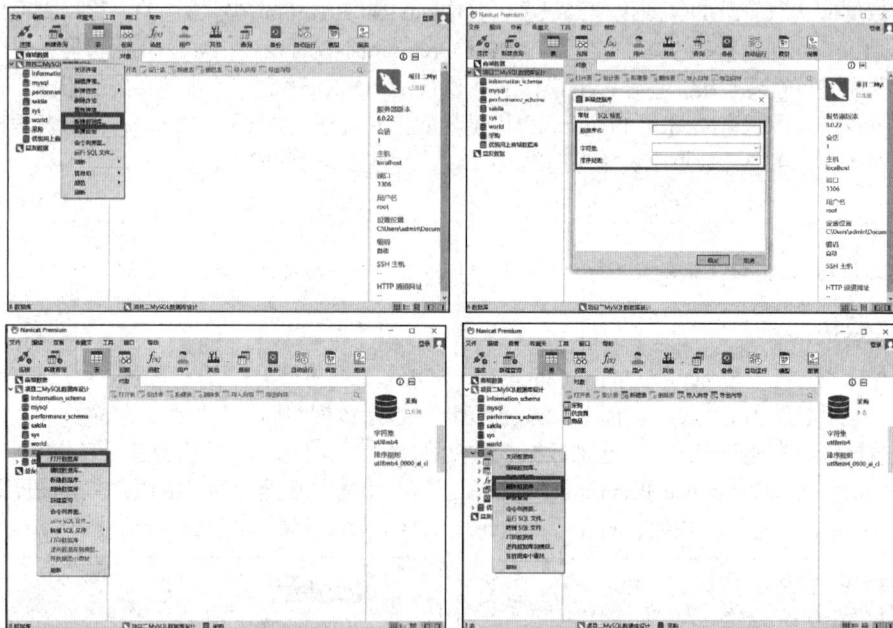

图2-8　Navicat Premium中数据库的基本操作

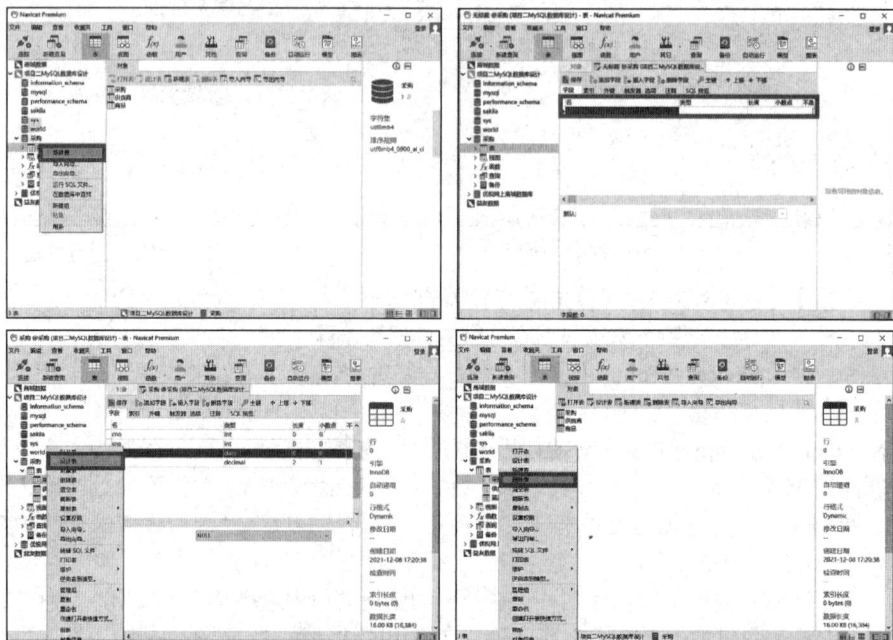

图2-9　Navicat Premium中表的基本操作

方法二：利用SQL创建与管理数据库对象。

· 创建数据库。

创建数据库的语法格式如下。

```
create  database  databasename;
```
其中，**databasename**为数据库的名称。

如创建"采购"数据库，其语句如下。

```
create  database  采购;
```

> **注意**
>
> 采用该语句所创建的数据库的名称为"采购"、字符集为utf8mb4（默认值）、排序规则为utf8mb4_0900_ai_ci（默认值）。

- 使用数据库。

创建数据库后，若需要对该数据库中的对象进行管理，则需要使用该数据库，其语法格式如下：

```
use  databasename;
```
如使用"采购"数据库，其语句如下。

```
use  采购;
```

- 删除数据库。

若数据库被废弃，可以将其从服务器中删除，其语法格式如下。

```
drop  database  databasename;
```
如删除"采购"数据库，其语句如下。

```
drop  database  采购;
```

- 创建数据表。

创建数据库后，可在该数据库中创建表，其语法格式如下。

```
create  table  表名
(
字段名1   数据类型[完整性约束条件],
字段名2   数据类型[完整性约束条件],
…
字段名n   数据类型[完整性约束条件]
);
```

> **注意**
>
> 创建表时可以将表中的字段名、数据类型及完整性约束条件依次罗列，并用逗号分隔。

如"采购"数据库中的"商品"表，可以用如下语句创建。

```
create  table  商品
(
 cno int(8)  primary key  auto_increment,
 cname  char(50)  not null,
 csp char(8)  not null,
 crp decimal(2,1)
 );
```

其中，"primary key"表示该列为主键，"auto_increment"表示该列为自增列，"not null"表示该列不允许为空。

- 修改数据表。

MySQL允许对已存在的表进行修改，如修改表名、增加或者删除某列、增加或者删除某个约束等。如修改"商品"表的名称为"商品信息"，其SQL语句如下。

```
alter  table  商品  rename  to  商品信息
```

> **📝 注意**
>
> to可以省略。

如为"商品"表添加一个字段"remarks"，数据类型为char，长度为50，其SQL语句如下。

```
alter table 商品
add remarks char(50);
```

- 删除数据表。

MySQL数据库中的表可以删除，其语法格式如下。

```
drop table 表名;
```

如删除"采购"数据库中的"商品"表，其语句如下。

```
drop table 商品;
```

> **📄 素养拓展**
>
> 请利用DeepSeek等大模型工具学习创建数据库、管理数据库的方法。

6. 运维阶段

数据库创建后，需要对数据库进行管理与维护，如数据库服务器运行管理、数据库的备份与还原、数据库安全性控制、数据库性能监控等。

下面以"采购"数据库为例介绍数据库导入、导出数据及数据库的备份与还原操作。

（1）数据导入、导出操作

以"采购"数据库中的"商品"表为例，若需将"商品"表中的数据导出，则右键单击表名，在弹出的快捷菜单中选择"导出向导"命令，按照导出向导逐步完成导出操作，如图2-10所示。"导出格式"为".xlsx"（此处可根据需要自行选择导出格式），在导出过程中注意参数的选择和设置即可。

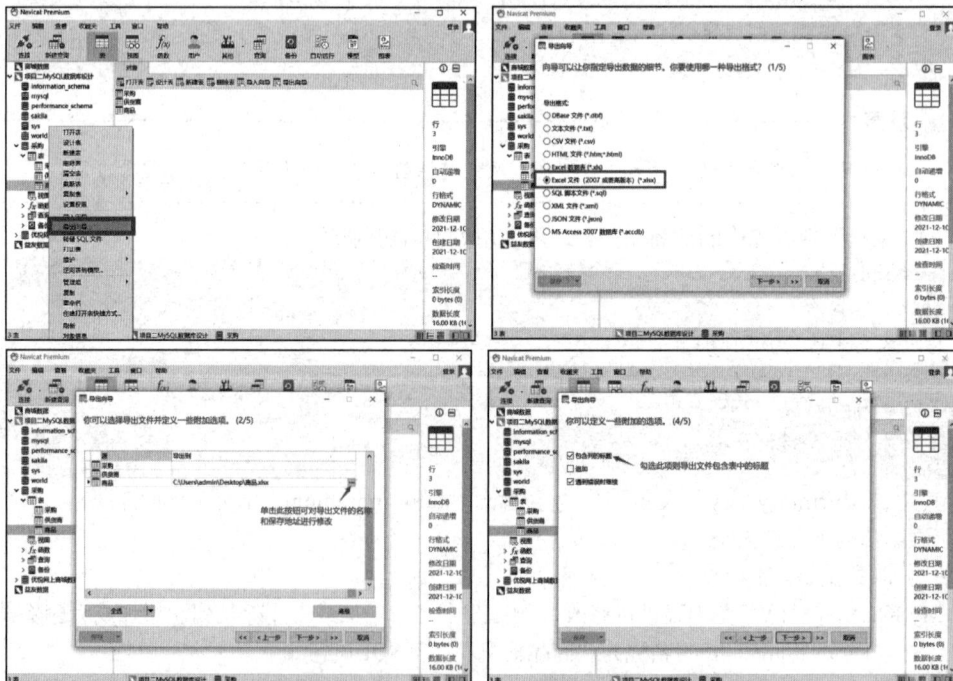

图2-10 Navicat Premium中数据的导出操作

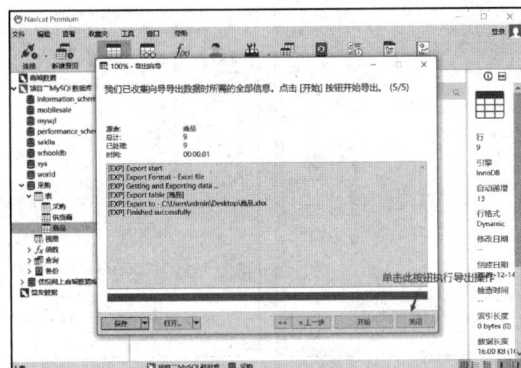

图2-10 Navicat Premium中数据的导出操作（续）

利用Navicat Premium可以很方便地进行数据的导入操作，与数据的导出一样，依据数据导入向导提示的操作逐步完成即可，如图2-11所示。这里以"商品"表为例，实现数据的导入。

图2-11 Navicat Premium中数据的导入操作

图2-11　Navicat Premium中数据的导入操作（续）

数据导入过程中需要注意数据源类型的选择、数据源各列与表的对应关系，以及需要的导入模式，即追加、更新、追加或更新、删除及复制。

（2）数据库的备份与还原操作

数据库的备份与还原可提高数据库的安全性和可靠性，当发生数据丢失时可以利用已备份的文件对数据库进行还原操作。本书以"采购"数据库为例，介绍数据库备份与还原的方法。

数据库的备份可以利用Navicat Premium提供的备份工具实现，即在"新建备份"窗口中进行属性的设置。"常规"选项卡中会显示预备份数据库的名称、注释信息（备份后，注释信息可以在备份详情中查看）；"对象选择"选项卡中可以选择预备份的对象，包括数据库中的表、视图、函数及事件；"高级"选项卡中可以设置是否锁定全部表、是否使用单一事务、是否使用指定文件名（默认状态下，备份文件以系统时间命名）；"信息日志"选项卡中则会显示备份进度等相关信息。完成设置后，单击"备份"按钮进行备份，备份完成后在"信息日志"选项卡中会出现备份成功的提示，同时在"采购"数据库中会生成备份文件，其名称为备份时的系统时间，如图2-12所示。

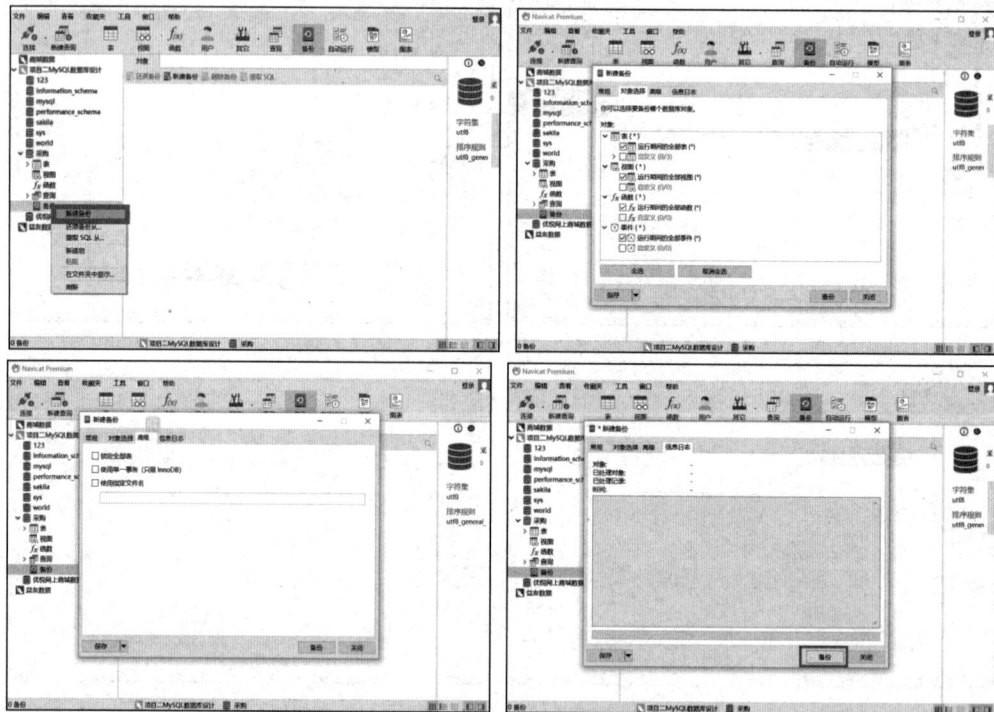

图2-12　Navicat Premium中数据库的备份操作

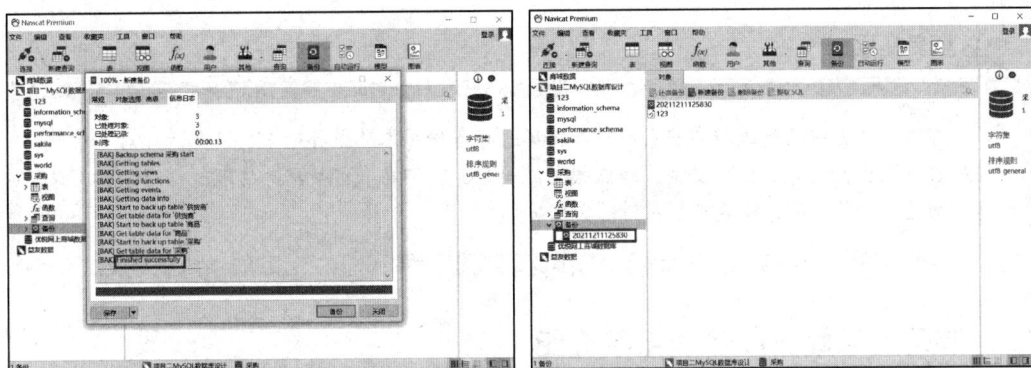

图2-12　Navicat Premium中数据库的备份操作（续）

数据库的还原是对备份的数据库进行还原操作，其操作方法较为简单。下面以"采购"数据库为例，将其下唯一的备份文件进行还原。

首先，右键单击备份数据库，在弹出的快捷菜单中选择"还原备份"命令，在出现的"还原备份"窗口中进行设置。与"新建备份"窗口相似，"还原备份"窗口包含"常规""对象选择""高级"及"信息日志"选项卡。"常规"选项卡中会显示备份的数据库名称、备份的时间等信息；"对象选择"选项卡中会显示要还原的数据库对象；"高级"选项卡中可以对还原操作进行参数设置；"信息日志"中会显示还原进度等信息。设置完成后单击"还原"按钮，即可完成数据库的还原操作，如图2-13所示。

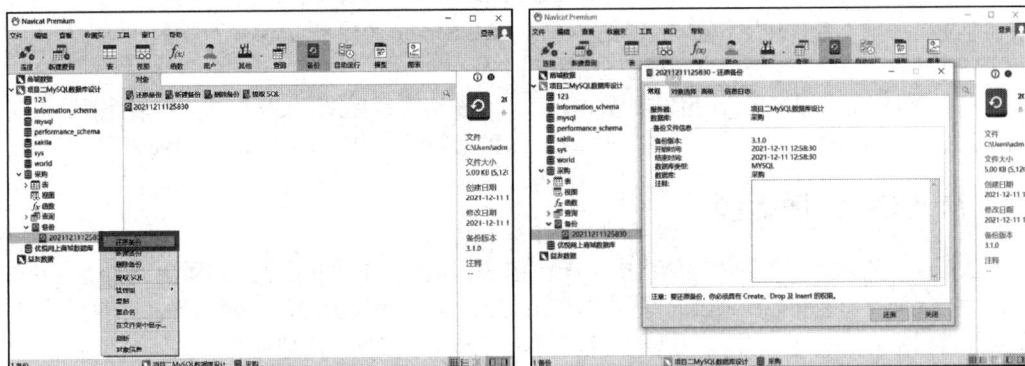

图2-13　Navicat Premium中数据库的还原操作

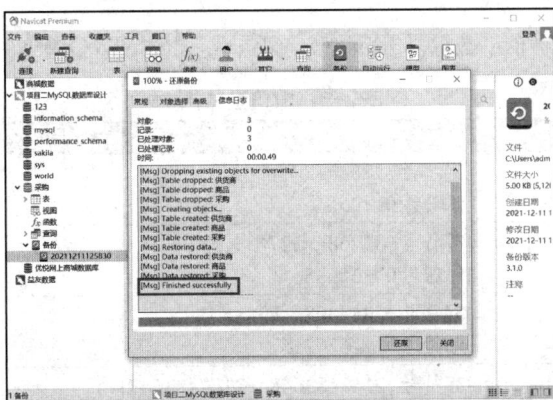

> 🔲 **素养拓展**
>
> 　　在数据库系统运行过程中应及时对数据库进行备份（本地或异地），遭受破坏后可对数据库进行还原，提升数据库安全，降低损失。同时，我们在进行数据库管理过程中应具有认真、细致的工作作风，以免产生人为的数据破坏。

二、常见关系数据库管理系统介绍

　　目前，常见的关系数据库管理系统有MySQL、SQL Server、Oracle等。

　　（1）MySQL属于开源的关系数据库管理系统，其具有较好的稳定性、性能优良、高效的数据查询效率、数据存储量大、支持多种操作系统等特点，被广泛应用，尤其在中小型网站开发中占有一席之地。同时MySQL提供了多种数据库引擎，可满足不同的数据存储需求；并且支持SQL标准，可不断对其进行扩展，以满足更多的功能。MySQL提供了企业版和社区版，企业版为付费版本，可提供官方商业服务。截至本书完稿时，MySQL的最新版本为MySQL 8.0.22。本项目将采用该版本作为数据库管理系统。

　　（2）SQL Server数据库管理系统具有高安全性、高性能、高可用性等特点，并可提供企业级的数据存储及管理性能。其版本不断发展，性能不断增强，截至本书完稿时，其最新版本为SQL Server 2019，并且Microsoft公司提供了SQL Server 2019 Developer的全功能免费版本，其许可在非生产环境下进行开发和测试，同时提供了SQL Server 2019 Express免费版本，可以利用它完成桌面、Web和小型服务器应用程序的开发和生产。

　　（3）Oracle是由甲骨文公司推出的数据库管理系统，其具有数据安全性强、扩展性强、可用性强、稳定性强等特点。截至本书完稿时，Oracle的最新版本为Oracle Database 19c。

三、MySQL 数据类型

　　数据类型用来指定数据的存储格式、有效范围等信息。MySQL提供了多种数据类型，各版本提供的数据类型之间存在细微的差异，本项目以MySQL 8.0为例，介绍其包含的常用的数据类型及其特点。MySQL 8.0的数据类型包含数值型、字符型、日期时间型及复合型。

1．数值型

　　数值型常用于存储数值型数据，包括整型、浮点型、定点型、位类型，其特点如表2-5所示。

表2-5　数值型特点

数值型		所占字节数	数值范围	备注
整型	tinyint()	1	有符号-128～127； 无符号0～255	可以在类型名称后面的括号里指定其长度
	smallint()	2	有符号-32768～32767； 无符号0～65535	
	mediumint()	3	有符号-8388608～8388607； 无符号0～1677215	
	int()	4	有符号-2147483648～2147483647； 无符号0～4294967295	
	bigint()	8	有符号-9223372036854775808～9223372036854775807 无符号0～18446744073709551615	

数值型		所占字节数	数值范围	备注
浮点型	float	4	有符号（−3.402823466E+38，−1.175494351E−38），0，（1.175494351E−38，3.402823466E+38）；无符号0，（1.175494351E−38，3.402823466E+38）	
	double	8	有符号（−1.7976931348623157E+308，−2.2250738585072014E−308），0，（2.2250738585072012014E−308，1.7976931348623157E+308）；无符号0，（2.2250738585072014E−308，1.7976931348623157E+308）	
定点型	decimal(M,D)	取值范围依赖于M、D；未指定精度时，M默认为10，D默认为0		
位类型	BIT(M)	1~8	BIT（1）~BIT（64）	

2．字符型

字符型用于存储字符、字符串等，其特点如表2-6所示。

表2-6　字符型特点

字符型	所占字节数	数值范围	备注
char(M)	0~255	固定长度	
varchar(M)	0~65535	可变长度	
tinyblob	0~255	允许长度为0~255	
blob	0~65535	存储二进制长文本	
mediumblob	0~167772150	存储二进制长文本	
longblob	0~4294967295	存储二进制长文本	
tinytext	0~255	存储短文本	
text	0~65535	存储长文本	
mediumtext	0~167772150	存储中等长度文本	
longtext	0~4294967295	存储极大文本	
varbinary(M)	与char(M)、varchar(M)相似，但其包含字节字符串		
binary(M)			

3．日期时间型

MySQL支持用户存储日期时间型数据，其具体特点如表2-7所示。但要注意如果数据不在其表示的范围内，则会自动显示0。

表2-7　日期时间型特点

日期时间型	所占字节数	数值范围	备注
date	4	1000-01-01~9999-12-31	YYYY-MM-DD
datetime	8	1000-01-01 00:00:00~9999-12-31 23:59:59	YYYY-MM-DD HH:MM:SS
timestamp	4	1970-01-0100:00:00~2037年的某个时刻	YYYY-MM-DD HH:MM:SS
time	3	−838:59:59~838:59:59	HH:MM:SS
year	1	1901~2155	YYYY

4．复合型

enum和set为复合型，其值均可表现为字符型，可表示为enum("选项1""选项2""选项3")、set("选项1""选项2""选项3")。可以看出，两种复合型均可进行多值的选择，区别为enum只能从集中选取一个值，而set可选取多个值。

例如，在"商品"表中，若"cname"（商品名称）列仅有"四件套"或"凉席"，那么在创建"商品"表时，可以将"cname"列的数据类型设置为enum("四件套""凉席")，在输入数据时可直接选择选项。

四、表约束概述

为了保证数据的一致性和完整性，在设计数据库时要充分考虑表约束，MySQL中常见的表约束有主键约束、外键约束、默认值约束、非空约束、唯一约束、检查约束。

1. 主键约束

主键由表中的一个或多个字段组成，其能标识表中唯一的记录。设置为主键的字段要求值唯一且不允许为空。如"商品"表中，设置其"cno"（商品编号）为主键，则要求其值不能为空，且不能重复，即任意一个商品编号只能代表唯一的商品记录。

设置主键约束的方法有如下两种。

方法一：利用Navicat Premium进行设置。

在设计表结构时，在主键列的"键"列单击即可将该列设置为主键；若需要取消主键的设置，再次单击即可。

若多个属性共同组成主键，只需要分别在相应的列进行设置即可。如图2-14所示，该表的主键为"cust_id""cust_name"两个属性。

图2-14　主键的设置

方法二：利用SQL进行设置。

设置主键约束的基本语法格式如下。

```
字段名　数据类型　primary key
```

如设置"商品"表中"cno"为主键，则可在创建"商品"表，定义"cno"列时指定其为主键，语句如下。

```
…
cno  int(8)  primary key,
…
```

2. 外键约束

一个表可以有一个或多个外键，外键是表与表产生联系的关键。在外键列输入数据时，其取值范围参照主键列的取值范围且外键值可以为空。如"采购"表中，设置"cno"为外键，与"商品"表产生关联。设置后对"采购"表中的数据产生约束，要求"采购"表中"cno"列的取值范围参照"商品"表中"cno"列的取值范围，否则值无效。"采购"表中"sno"（供货商编号）为外键，与"供货商"表产生关联，其约束要求同"cno"列。

设置外键约束的方法有以下两种。

方法一：利用Navicat Premium进行设置。

利用Navicat Premium设置外键约束，只需在设计表结构时单击"外键"，设置外键属性，如图2-15所示。

图2-15　利用Navicat Premium设置外键约束

方法二：利用SQL进行设置。

设置外键约束的基本语法格式如下。

```
constraint 外键名 foreign key(外键字段名)reference 主表名(主键字段名)
```

如设置"采购"表的"cno"为外键，其参照"商品"表的主键"cno"，其SQL语句如下。

```
…
constraint  FK_cno  foreign key(cno)reference 商品(cno),
…
```

> **注意**
>
> "FK_cno"为"采购"表的外键名，命名时除了遵循命名规则外，还应能"见名知意"，为编程人员识别该对象性质提供方便；同时请注意，应先设置"商品"表中的"cno"为主键，再设置"采购"表的外键。

3. 默认值约束

为某列设置默认值约束后，当该列未输入任何数值时，系统将自动填充默认值。如"商品"表中，将"cname"列的默认值设置为"四件套"，当未在该列输入数值时，将自动填充为"四件套"。

设置默认值约束的方法有如下两种。

方法一：利用Navicat Premium进行设置。

进行表结构设计时，在相应列的属性中，找到"默认"选项，设置值即可，如图2-16所示。请注意，若默认值为文本，请将文本输入"''"内。

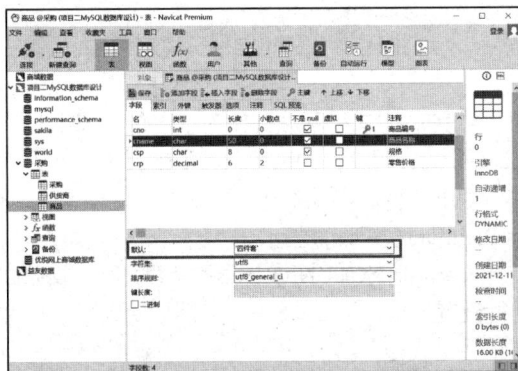

图2-16　利用Navicat Premium设置默认值约束

方法二：利用SQL进行设置。

设置默认值约束的基本语法格式如下。

字段名 数据类型 default 默认值

如"商品"表中，将"cname"列的默认值设置为"四件套"，其SQL语句如下。

```
…
cname  char(50)  default  "四件套",
…
```

4．非空约束

为表中的某列设置非空约束后，该列不允许输入空值。表中可以存在多个非空约束。如"商品"表中，将"cname"列设置为不允许为空，则在进行数据输入时该列必须输入数据。当表中某列设置为主键后，将自动设置其为非空约束，不允许输入空值。

设置非空约束的方法有如下两种。

方法一：利用Navicat Premium进行设置。

利用Navicat Premium设置非空约束，只需要在设计表结构时勾选非空选项，如图2-17所示。

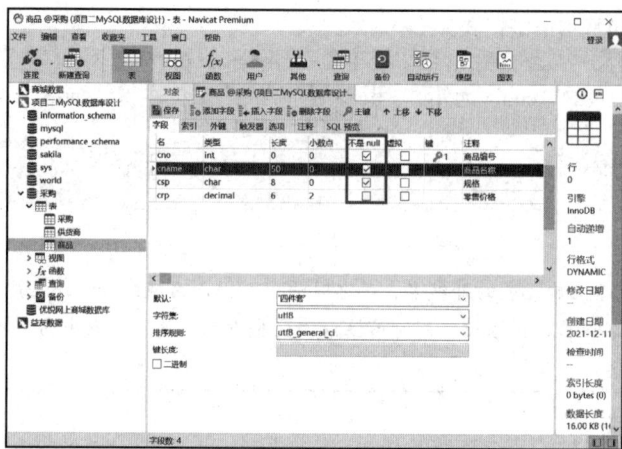

图2-17　利用Navicat Premium设置非空约束

方法二：利用SQL进行设置。

设置非空约束的基本语法格式如下。

字段名 数据类型 not null

如设置"商品"表中"cname"列不为空，语句如下。

```
…
cname  char(50)   not  null,
…
```

5．唯一约束

为表中的某列设置唯一约束后，该列不允许输入重复值。表中可以存在多个唯一约束。以"商品"表为例，为"cname"列设置唯一约束后，其值唯一，不允许重复。

设置唯一约束的方法有如下两种。

方法一：利用Navicat Premium进行设置。

设置唯一约束，在设计表结构时添加UNIQUE索引类型即可，如图2-18所示。

方法二：利用SQL进行设置。

设置唯一约束的基本语法格式如下。

字段名 数据类型 unique

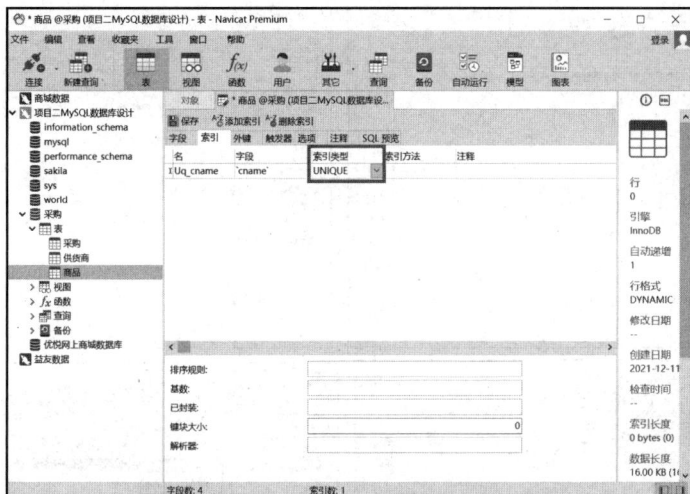

图2-18　利用Navicat Premium设置唯一约束

如为"供货商"表中的"sname"（供货商名称）设置唯一约束，设置后将不允许出现重复值，其语句如下。

```
…
sname  char(50)   unique,
…
```

6．检查约束

为表中的某列设置检查约束后，除设置的可输入字符之外，其他值均为非法值，不能正常插入表中。以"商品"表中的"crp"列（零售价格）为例，为其设置检查约束，要求允许输入的数值范围为500～5000，那么在输入数据时，500～5000是合法数据，允许输入。设置检查约束可在一定程度上提高数据的准确性。

设置检查约束的基本语法格式如下。

```
字段名  数据类型 check(表达式)
```

如设置"商品"表中的"crp"列的数值范围为500～5000，其语句如下。

```
…
crp  decimal(6,2)  check(crp>=500  and  crp<=5000),
…
```

设置后，"crp"列允许输入的数值为500～5000，其他值为非法值，无法存入数据库。

五、数据的增、改、删操作

创建数据库、表及设置表约束之后，即可在表中对数据进行操作，包括数据的插入、修改、删除及数据查询等（数据查询及相关的SQL语法将在项目三中进行介绍）。

数据操作既可以在Navicat Premium中完成，也可以利用SQL语句实现，下面分别介绍这两种方法。

方法一：利用Navicat Premium进行数据操作。

创建表后，即可在表中输入数据，并对已有数据进行修改和删除，利用Navicat Premium可轻松实现相关操作，相关操作如下。

右键单击表名，在弹出的快捷菜单中选择"打开表"，在各字段处单击输入数据后单击确定按钮即可；修改数据的方法与之相同；若要删除某条记录，则在相应记录处右键单击，在弹出的快捷菜单中选择"删除记录"即可，如图2-19所示。

图2-19　利用Navicat Premium进行数据操作

方法二：利用SQL进行数据操作。

1．数据插入

insert语句用于插入数据，常与values搭配，其语法格式如下。

```
insert [into] 表名 [(字段名列表)]
values(值1, 值2[,…值n]);
```

说明如下。

- into可以省略。
- (字段名列表)可以省略，若省略，values后的值需要与表结构字段顺序一致。
- values(值1, 值2[,…值n])可为字段赋值，值的顺序需与字段列表一致。

如向"商品"表中插入一条记录，其语句如下。

```
insert into 商品(cno,cname,csp,crp)
values (1, "云朵纯棉四件套", "2.0柠檬黄",666);
```

该语句也可以简写为如下语句。

```
insert into 商品
values (1, "云朵纯棉四件套","2.0柠檬黄",666);
```

📖 请思考

若插入一条记录，只为部分属性赋值，该如何编写SQL语句呢？如插入的cno为2，cname为"宝宝贝贝幼儿四件套"，csp为"1.2"。

2．数据修改

update语句用于修改数据，常与set搭配，其语法格式如下。

```
update 表名
set 字段名=值[,…]
[where 条件表达式]
```

> **注意**
>
> 若带有where语句，则对数据修改的范围有限制。

如修改"商品"表中商品编号为1的记录，要求将规格修改为"2.0蓝色"，其语句如下。

```
update 商品
set csp="2.0蓝色"
where cno=1
```

若上述语句中省略"where cno=1"，则会将表中所有记录的"csp"列的值修改为"2.0蓝色"。

3．数据删除

delete语句用于删除数据，其语法格式如下。

```
delete from 表名
[where 条件表达式]
```

> **注意**
>
> 若带有where语句，则实现的是有条件的数据删除。

如将"商品"表中商品编号为1的记录删除，其语句如下。

```
delete from 商品
where cno=1
```

上述语句实现的是删除商品编号为1的记录，若省略限制条件，将删除"商品"表中的所有记录。

无论是利用Navicat Premium还是利用SQL进行数据操作，都应注意以下几点。

（1）主键列不允许为空或重复值。

（2）外键列的取值范围参照该列作为主键所在表的取值范围。

（3）设置了其他约束的列，输入数据时要满足约束要求。

（4）删除表中的外键值时，应先删除外键值再删除其主键值。如：删除"商品"表中"cno"为1的记录，需要先删除"采购"表中"cno"为1的记录，因为"采购"表中"cno"作为外键与"商品"表产生关联，其数值需要参照主键表（"商品"表）的数值。为了避免如此烦琐的操作，可以在创建"商品"表时将"cno"列设置为级联删除，只需要删除"商品"表中的该商品编号的信息，"采购"表中该商品编号对应的信息会被自动删除。数据更新的方法同上，设置级联更新即可。

拓展阅读

级联更新、删除
关键字介绍

> **请思考**
>
> 在表实施时如何实现级联更新或级联删除呢？可以利用网络搜索相关知识，自己尝试实现。

自学自测 ↓

（一）单选题

1. MySQL属于（   ）数据库管理系统。

    A. 网状   B. 关系   C. 文件   D. 非关系

2. 以下不属于联系类型的是（   ）。

    A. $1:1$ B. $1:N$ C. $N:M$ D. 并行

3. 如果需求分析得到的结果是课程名称不能为空，则在设计表的时候，应为课程表的课程名称字段设置（   ）。

    A. 主键约束   B. 外键约束   C. 默认值约束   D. 非空约束

（二）多选题

1. 数据库的生命周期包括（   ）。

    A. 需求分析阶段   B. 概念模型设计阶段

    C. 逻辑模型设计阶段   D. 物理模型设计阶段

    E. 实施与运维阶段

2. E-R图包括（   ）要素。

    A. 实体   B. 联系   C. 属性   D. 数据库系统

3. 表约束包括（   ）。

    A. 主键约束   B. 外键约束   C. 默认值约束   D. 非空约束

    E. 唯一约束   F. 检查约束

（三）简答题

1. 请简述绘制E-R图的过程。

2. 请简述逻辑模型转换方法。

3. 请简述数据增、删、改的注意事项。

课中实训

【实训准备】

优悦商贸有限公司为实现企业转型升级，将成立网上商城，该商城可提供线上零售业务。公司项目部承担网上商城数据库构建与运维工作，其数据库涉及客户管理、销售管理、商品管理、库存管理、订单管理、售后及评价管理等多个模块，数据库的设计、构建与运维较为复杂。为降低难度，本项目以"客户—选购—下单"过程为研究对象，以微型项目组为主体，完成其数据库的设计与实施。

【实训资料】

经过调查、询问等，了解到该平台客户首先选择商品，对商品满意后进行下单、支付，其数据库的设计主要满足如下需求：一个客户可以多次下单，一个订单只对应一个客户；一个订单可以包含多种商品，一种商品可以出现在多个订单上。

经过讨论、分析，主要有3个实体，即客户实体、商品实体、订单实体，其所含信息具体如下。

客户信息包含客户编号，客户名称，客户所在的国家、省、地市、区（县），具体地址，邮编，电子邮箱，电话号码，性别，出生日期，身份证号，职业等。其中客户编号只代表唯一的客户；"性别"列只允许输入"男""女"，其他值不允许输入；"职业"列只允许输入"工程师""教师""医生""其他"，其他值无效。

商品信息包含商品编码、商品名称、成本价格、商品类别、商品图片、商品描述等。其中商品编码只标识唯一的商品；成本价格保留2位小数。

订单信息包含订单编号、订购日期、客户编号（参照客户表的客户编号）、订单明细编号、商品编号（参照商品表的商品编号）、销售数量、销售价格。其中销售价格保留2位小数。

【实训目标】

要求项目组通过数据库概念模型设计、数据库逻辑模型设计、数据库物理模型设计、数据库的实施与维护等任务，完成优悦网上商城数据库的设计与实施。

【实训步骤】

（1）完成课前内容的学习，了解数据库设计及实施的基础知识；完成自学自测，发现问题，带入课堂学习，在学习中解决问题。

（2）本项目有3个实训，含10项任务，请按要求依次完成各项任务。

实训一：优悦网上商城数据库设计与实施。其中任务一至任务三以小组为单位，利用头脑风暴等方式完成该实训内容并进行汇报；任务四以个人独立、组内互助的方式完成。

实训二：实施客户表。以小组为单位共同完成。

实训三：实施销售数据表。以个人独立、组内互助的方式完成。

（3）请按要求提交任务成果或按要求将结果填写到相应的表格中。

实训一　优悦网上商城数据库设计与实施

任务一：完成数据库概念模型设计

【任务描述】

通过资料给出的需求分析结果，完成E-R图的绘制。请将E-R图绘制在下面的方框内。

拓展阅读

概念模型设计结果

> 🔔 **注意**
>
> 由于任务一涉及的实体数量很少，进行E-R图的绘制可以采用手绘的方法。但是，当要编写数据库设计报告或者绘制比较复杂的E-R图时，则需要利用工具进行绘制。常用的工具包括ERwin、Visio、亿图图示等，你可以选择其中任意一款工具尝试一下。

课中实训

任务二：完成数据库逻辑模型设计

【任务描述】

请在概念模型设计的结果上，完成逻辑模型设计，并将逻辑模型设计结果填写在表2-8中（如无内容请保持空白）。

拓展阅读

逻辑模型设计结果

表2-8　逻辑模型

	逻辑模型名称	包含属性名称
逻辑模型1		
逻辑模型2		
逻辑模型3		
逻辑模型4		
逻辑模型5		

任务三：完成数据库物理模型设计

【任务描述】

根据任务一、任务二的结果，完成物理模型设计，并将物理模型设计结果填写在表2-9中（需添加附页）。

拓展阅读

物理模型设计结果

表2-9　表结构

表名	字段名	数据类型	长度	约束	备注

任务四：完成优悦网上商城数据库设计说明书

【任务描述】

结合任务一、任务二及任务三的结果，利用生成式AIGC工具，如：KIMI等，辅助完成优悦网上商城数据库设计说明书，再利用大模型工具完成汇报PPT的制作。

【操作步骤】

步骤1：利用AIGC大模型工具输出数据库设计说明书结构。打开KIMI网页，在对话框中输入提示内容"你是一位资深数据库管理员，精通数据库设计方法，请输出数据库设计说明书的结构。"如图2-20所示。

步骤2：查看KIMI大模型生成的内容，如图2-21所示。

图2-20　KIMI大模型中输入提示内容

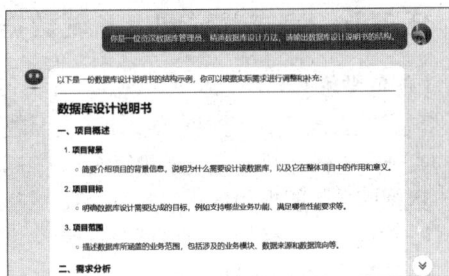

图2-21　KIMI大模型生成的内容

> **注意**
>
> 若输出的数据库设计说明说结构不符合项目要求，可通过追问的方式进行进一步的修改。

步骤3：拷贝数据库设计说明结构，将先前完成内容补充进该报告中；之后，对报告进行微调即可。

步骤4：打开AiPPT（也可使用其他的AIGC工具），导入已完成的优悦网上商城数据库设计说明书，选择PPT模板，单击"生成PPT"按钮，该工具可自动生成PPT并进行美化，自动生成PPT后可进行微调，如图2-22所示。

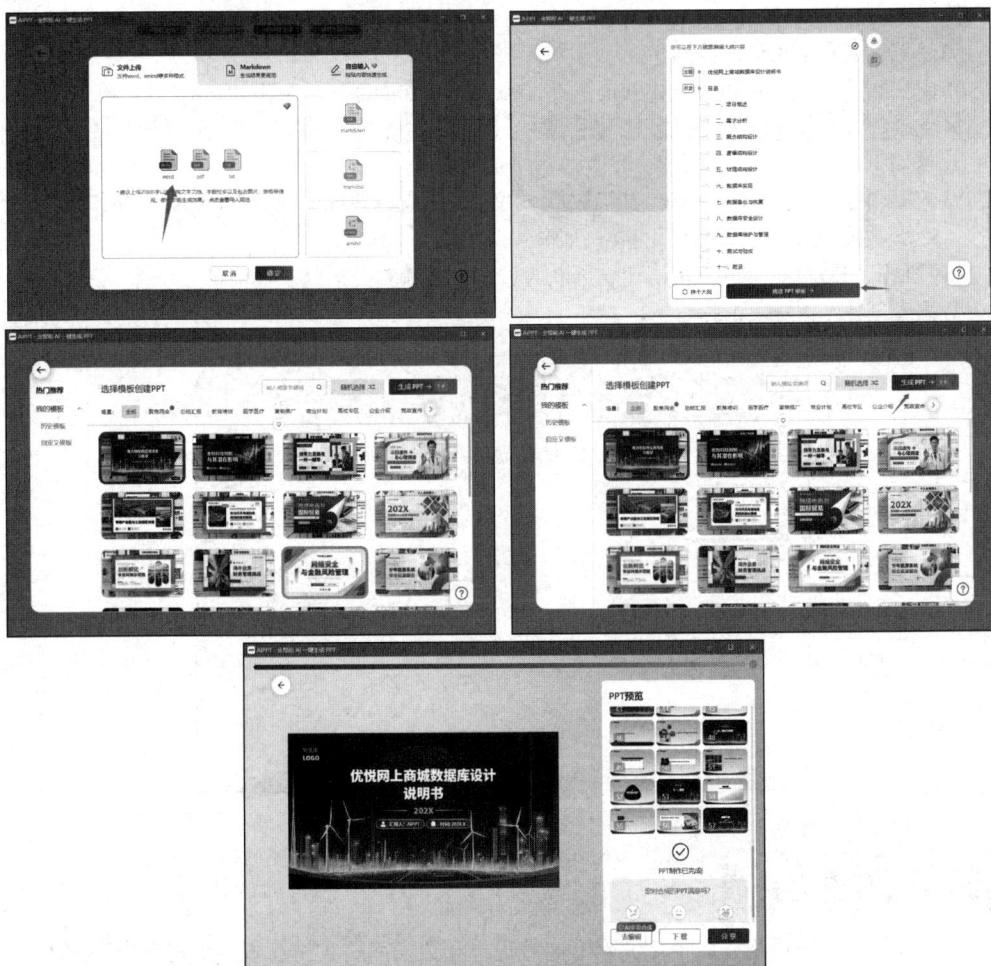

图2-22　自动生成PPT示例

任务五：完成优悦网上商城数据库的创建

【任务描述】

项目组已经完成了数据库设计，按照数据库生命周期的划分，接下来将利用工具进行数据库的实施，本任务要求完成创建优悦网上商城数据库。

数据库参数要求如下。

- 数据库名：优悦网上商城数据库。
- 字符集：utf8mb4。
- 排序规则：utf8mb4_0900_ai_ci。

【操作步骤】

步骤1：利用Navicat Premium连接数据库管理系统服务器。

打开Navicat Premium，单击"连接"按钮，选择"MySQL"，在"新建连接"对话框中输入连接名、MySQL服务器用户名和密码，连接到MySQL服务器。

步骤2：创建数据库。

方法一：利用Navicat Premium创建数据库。

右键单击连接名，在弹出的快捷菜单中选择"新建数据库"命令，在"新建数据库"对话框中输入数据库名，即"优悦网上商城数据库"，字符集及排序规则保持默认设置，单击"确定"按钮即可。

方法二：利用SQL创建数据库。

单击"新建查询"按钮，新建SQL查询，输入如下查询语句，单击"运行"按钮即可。

```
create database 优悦网上商城数据库
```

注意如下几点。

- 关键词与关键词（如"create"和"database"）、关键词与参数（如"database"和"优悦网上商城数据库"）之间需要用空格分隔。
- 项目三中数据查询的SQL语句均可以通过该方式编辑并运行。

数据库创建结果如图2-23所示。

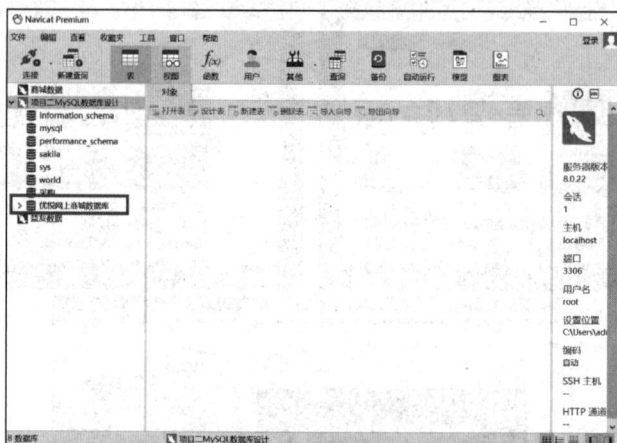

图2-23　数据库创建结果

实训二　实施客户表

通过实训一，项目组完成了优悦网上商城设计和数据库的实施。本实训将完成客户表、表约束的创建及客户表数据的增、改、删操作。

任务一：完成客户表及表约束的创建

【任务描述】

通过实训一，项目组完成了客户表（customers表）的物理模型设计，如表2-10所示。本任务要求利用Navicat Premium及SQL语句两种方法在MySQL服务器上创建客户表和表约束。

表2-10　customers表结构

字段含义	字段名	字段类型	字段长度	约束
客户编号	cust_id	int	10	主键，自动递增
客户名称	cust_name	varchar	50	
国家	cust_country	varchar	50	
省	cust_state	varchar	50	
地市	cust_city	varchar	50	
区（县）	cust_district	varchar	50	
具体地址	cust_address	varchar	50	
邮编	cust_zip	varchar	10	
电子邮箱	cust_email	varchar	255	
电话号码	cust_tel	varchar	50	
性别	cust_sex	char	2	检查约束，约束值为"男""女"，默认值为"男"
出生日期	cust_date	date		
身份证号	cust_identity	varchar	50	这个字段选用
职业	cust_prof	varchar	50	检查约束，约束值为"工程师""教师""医生""其他"

【操作步骤】

方法一：利用Navicat Premium创建客户表和表约束。

步骤1：启动MySQL服务器，打开Navicat Premium，并连接MySQL服务器。

步骤2：右键单击"表"，在弹出的快捷菜单中选择"新建表"，在表结构窗格中依次实现表中的各列，如图2-24所示。

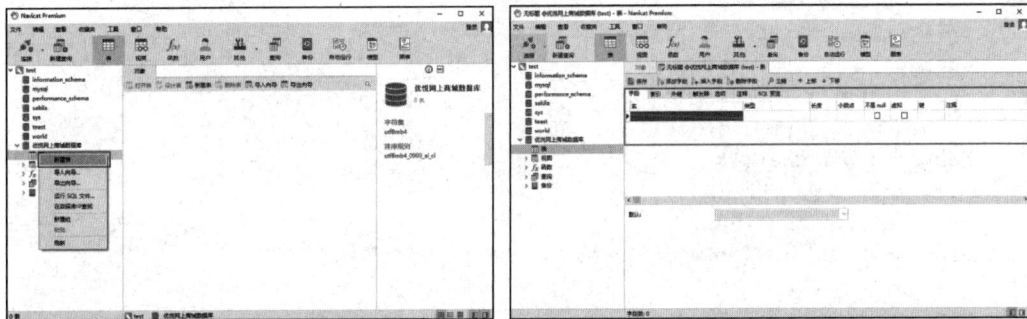

图2-24　新建表

（1）实现"cust_id"字段。

该列为主键列，首先输入基本结构（字段名、类型、长度等），单击勾选约束（是否为null、是否为主键），输入注释内容，由于本列要求自动递增，则需要勾选"自动递增"复选框，如图2-25所示（若该列设置为"自动递增"，则该列会自动从1开始填充数值，同时要求该列的数据类型为int）。

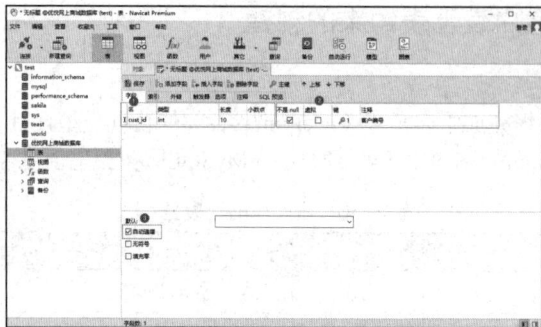

图2-25 实现"cust_id"列

（2）实现"cust_name"列、"cust_country"列、"cust_state"列、"cust_city"列、"cust_district"列、"cust_address"列、"cust_zip"列、"cust_email"列、"cust_tel"列、"cust_identity"列。

单击"添加字段"按钮，依次设置列的基本结构即可。

（3）实现"cust_sex"列、"cust_prof"列。

以上两列均对输入的值有限制，只允许输入指定的值（"cust_sex"列只允许输入"男"或"女"，"cust_prof"列只允许输入"工程师""教师""医生""其他"），可以通过SQL语句实现该约束。

首先利用Navicat Premium完成基本结构的设置，然后通过SQL修改表结构，增加检查约束。

语句如下。

```
alter table customers
add constraint ck_cust_sex check(cust_sex='男'or cust_sex='女'),
add constraint ck_cust_prof check(cust_prof in ('工程师','教师','医生',
'其他'));
```

方法二：利用SQL同样可实现客户表及表约束的创建，其语句如下。

```
create table customers
(
cust_id int(10) primary key auto_increment,
cust_name varchar(50),
cust_country varchar(50),
cust_state varchar(50),
cust_city varchar(50),
cust_district varchar(50),
cust_address varchar(50),
cust_zip varchar(10),
cust_email varchar(255),
cust_tel varchar(50),
cust_sex char(2) check(cust_sex="男" or cust_sex="女"),
cust_date date,
cust_identity varchar(50),
cust_prof varchar(50), check(cust_prof in("工程师","教师","医生","其他"))
);
```

说明如下。

• 字段的字段名、数据类型、完整性约束之间需要用空格分隔。

l check(cust_prof in("工程师","教师","医生","其他"))也可以表示为check(cust_prof="工程师"or cust_prof="教师"or cust_prof ="医生"or cust_prof ="其他"))。

- 上述语句中涉及or、=、in等运算符，它们的用法将在项目三中进行详细讲解。

任务二：完成客户表数据的增、改、删操作

【任务描述】

目前，只为客户表创建了表结构，没有添加任何数据，本任务要求项目组利用Navicat Premium和SQL两种方法实现数据的增加、修改和删除操作。

1．插入数据

插入如下两条记录。

（1）客户编号为1、客户名称为陈燕、国家为中国、省为黑龙江、地市为鸡西、区（县）为滴道区、具体地址为东兴办事处、邮编为158100、电子邮箱为405401**@qq.com、电话号码为138102619**、性别为女、出生日期为1955/05/13、身份证号为11010119550513****、职业为其他。

（2）客户编号为2、客户名称为窦丹、国家为中国、省为黑龙江、地市为哈尔滨、区（县）为道里区、具体地址为新农乡万家屯、邮编为150000、电子邮箱为doudan_1**@163.com、电话号码为131113103**、性别为男、出生日期为1954/06/13、身份证号为11010119540613***、职业为工程师。

2．修改数据

客户信息变动，请将客户编号为2的客户名称修改为"窦姗姗"。

3．删除数据

客户信息清理，请将客户编号为1的客户信息删除。

【操作步骤】

方法一：利用Navicat Premium实现数据的增加、修改及删除操作。

步骤1：打开"优悦网上商城数据库""表"，右键单击"客户数据库"，在弹出的快捷菜单中选择"打开表"。

步骤2：插入数据。在打开的客户表中依次填写两条记录各字段内容的数据，完成后，单击"+"可再添加新记录，如图2-26所示。

步骤3：修改数据。选中需要修改的数据，进行修改即可。

步骤4：删除数据。右键单击需删除记录前方的行标，在弹出的快捷菜单中选择"删除"命令即可。

图2-26 数据输入界面

方法二：利用SQL实现数据的增加、修改及删除操作。

（1）数据增加语句如下。

```
 insert into  customers(cust_id,cust_name, cust_country, cust_state, cust_
city, cust_district, cust_address, cust_zip, cust_email, cust_tel, cust_sex,
cust_date, cust_identity, cust_prof)
   values(1,"陈燕","中国","黑龙江","鸡西","滴道区","东兴办事处","158100","405401**@
qq.com","138102619**","女","1955/5/13", "11010119550513****","其他");
```

上述语句也可表示为如下语句。

```
insert into customers
values(1,"陈燕","中国","黑龙江","鸡西","滴道区","东兴办事处","158100","405401**@
qq.com","138102619**","女","1955/5/13", "11010119550513****","其他");
```

第二条记录的插入语句同理。

（2）数据修改语句如下。

```
update customers
set 客户名称="窦娥娥"
where 客户编号=2
```

（3）数据删除语句如下。

```
delete from customers
where 客户编号=1
```

实训三　实施销售数据表

本实训要求项目组参照实训二的相关操作方法，完成products表（商品表）、orders表（订单表）及orderitems表（订单明细表）的创建。

通过实训一，项目组完成了上述表的物理模型设计，如表2-11、表2-12、表2-13所示。

表2-11　products表结构

字段含义	字段名	字段类型	字段长度	约束
商品编码	prod_id	int	10	主键，自动递增
商品名称	prod_name	varchar	255	
成本价格	prod_price	decimal	8,2	保留2位小数
商品类别	prod_category	varchar	50	
商品图片	prod_picture	varchar	1000	
商品描述	prod_desc	text	1000	

表2-12　orders表结构

字段含义	字段名	字段类型	字段长度	约束
订单编号	order_id	int	10	主键，自动递增
订购日期	order_date	timestamp		自动填充系统时间
客户编号	cust_id	int	10	外键，参照customers表

表2-13　orderitems表结构

字段含义	字段名	字段类型	字段长度	约束
订单明细编号	item_id	int	10	主键，自动递增
订单编号	order_id	int	10	外键，参照orders表
商品编号	prod_id	int	10	外键，参照products表
销售数量	item_quantity	int	255	
销售价格	item_price	decimal	8,2	保留2位小数

任务一：完成销售数据表及表约束的创建

【任务描述】

目前，项目组完成了客户表的创建，本任务要求完成销售数据表的创建，包括products表、orders表、orderitems表。

【操作步骤】

步骤1：products表的创建。

按照实训一步骤即可完成该表的创建（此处略）。该表创建完成后表结构如图2-27所示。

步骤2：orders表的创建。

首先，完成orders表基本结构及主键的创建，完成后如图2-28所示。

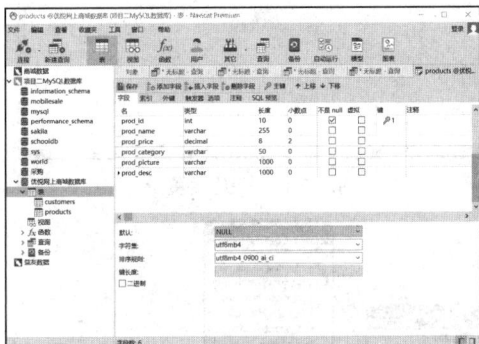

图2-27 products表

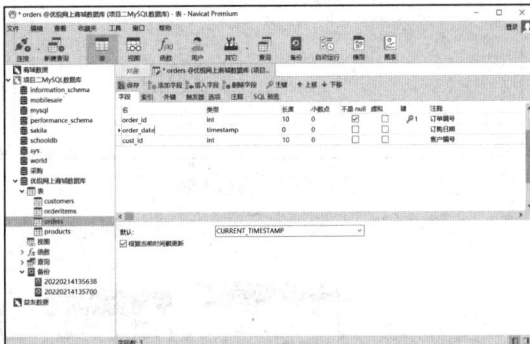

图2-28 orders表

其次，将"cust_id"设置为外键。

在表设计窗格中，单击"外键"，在"外键"窗格中依次设置外键名、本表中对应的字段、参照表的名字（主键表）、参照的字段（主键），如图2-29所示。

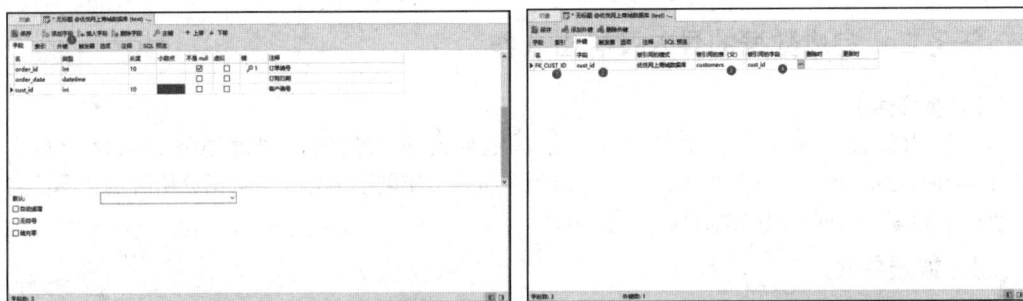

图2-29 外键设置

注意

"cust_id"在orders表中作为外键，其与customers表中的"cust_id"列关联，需要两列的数据类型及长度保持一致。

步骤3：orderitems表的创建。

首先，完成表基本结构的创建。

其次，完成主键及外键约束设置。

（1）将"item_id"设置为主键，结果如图2-30所示。

（2）将"order_id""prod_id"设置为外键，通过"添加外键"按钮即可实现，结果如图2-31所示。

注意

创建以上数据表的SQL语句与创建客户表的相似，此处不赘述。

完成customers表、products表、orders表及orderitems表的创建后，优悦网上商城数据库及表结构基本完成，通过主键与外键之间的约束，实现了关系数据库，其结构如图2-32所示。

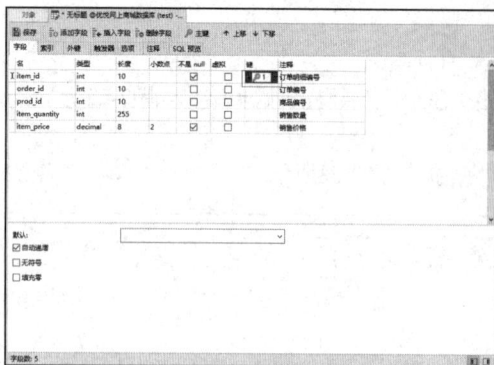

图2-30 主键设置

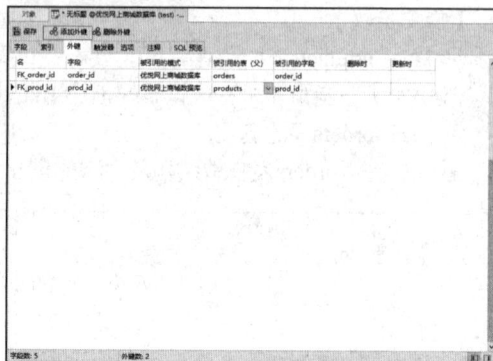

图2-31 外键设置

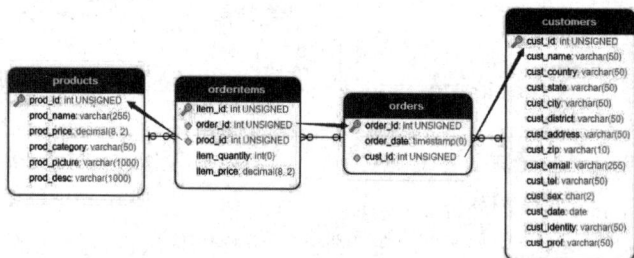

图2-32 优悦网上商城数据库结构

任务二：完成数据的导入及导出操作

【任务描述】

通过前面任务的实施，项目组完成了数据库及表的创建，现需要将大量客户数据（customers-data.xls）导入数据库；同时考虑到今后的工作需要（如业务数据分析等），需要将数据库中的客户数据导出以供其他部门使用。

1. 数据导入

【操作步骤】

步骤1：启动Navicat Premium，连接MySQL服务器，展开"优悦网上商城数据库"，展开"表"，右键单击"customers"，在弹出的快捷菜单中选择"导入向导"。

步骤2：进入"导入向导"，选择导入类型（本次导入的是Excel文件），选择"Excel文件"，单击"下一步"按钮。

步骤3：选择要导入的数据源和数据表，单击"下一步"按钮。

步骤4：根据数据源的特点，设置数据源的附加项，设置后单击"下一步"按钮。

步骤5：选择目标表（本例中选择"customers"表），若要新建表，则勾选"新建表"，并输入新表的名字，单击"下一步"按钮。

步骤6：根据需求选择所需的导入模式，单击"下一步"按钮后，单击"开始"按钮即可。

导入完成后，会出现图2-33所示的提示信息，表明已经成功将Excel文件中的2015条数据导入customers表中。

> 请思考
>
> 本例中导入的数据源是Excel文件，如果要导入的是TXT文件，应该怎么操作呢？大家可以尝试一下。

2．数据导出

【操作步骤】

步骤1：启动Navicat Premium，连接MySQL服务器，展开"优悦网上商城数据库"，展开"表"，右键单击"customers"，在弹出的快捷菜单中选择"导出向导"，在"导出向导"窗口中选择要导出的文件的类型，此处选择"Excel文件"，单击"下一步"按钮。

步骤2：选择要导出的表，本例中选择"customers"表，单击"下一步"按钮，勾选"全部字段"选项，单击"下一步"按钮，选择"包含列的标题"，依次单击"下一步"按钮，完成后会显示提示信息，如图2-34所示。

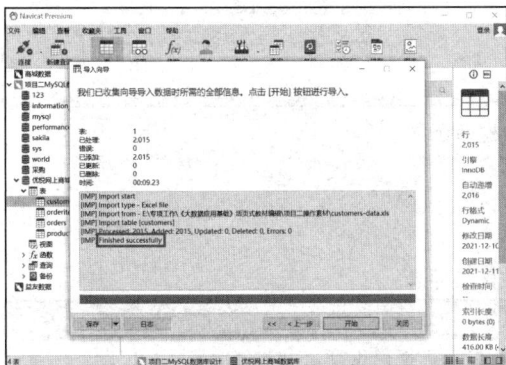

图2-33　数据导入结果

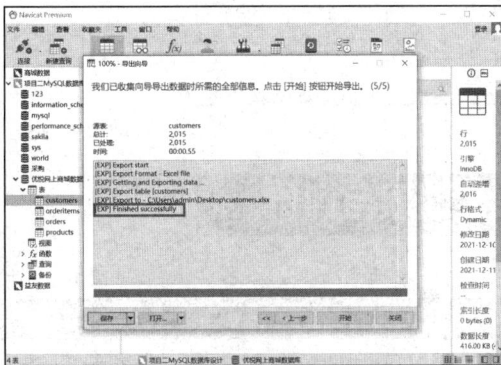

图2-34　数据导出结果

> **请思考**
>
> 如果需要导出的文件是TXT文件，应该怎样操作呢？大家可以试一试。

任务三：完成数据库的备份和还原

【任务描述】

数据安全是项目组在进行数据运维时需要考虑的问题，为了提升数据的安全性，需要定期为数据库进行备份。本任务要求项目组利用Navicat Premium进行MySQL数据库的备份与还原。

1．数据库的备份

【操作步骤】

步骤1：启动Navicat Premium，连接MySQL服务器，展开"优悦网上商城数据库"，右键单击"备份"，在弹出的快捷菜单中选择"新建备份"。

步骤2：在"新建备份"对话框中进行设置，备份属性保持默认设置即可，单击"备份"按钮，完成数据库备份，如图2-35所示。

2．数据库的还原

【操作步骤】

步骤1：启动Navicat Premium，连接MySQL服务器，展开"优悦网上商城数据库"，展开"备份"，找到预恢复的备份文件，右键单击该文件，在弹出的快捷菜单中选择"还原备份"命令。

图2-35　数据库备份

步骤2：在出现的"还原备份"窗口中进行设置，这里保持默认设置即可，如图2-36所示。

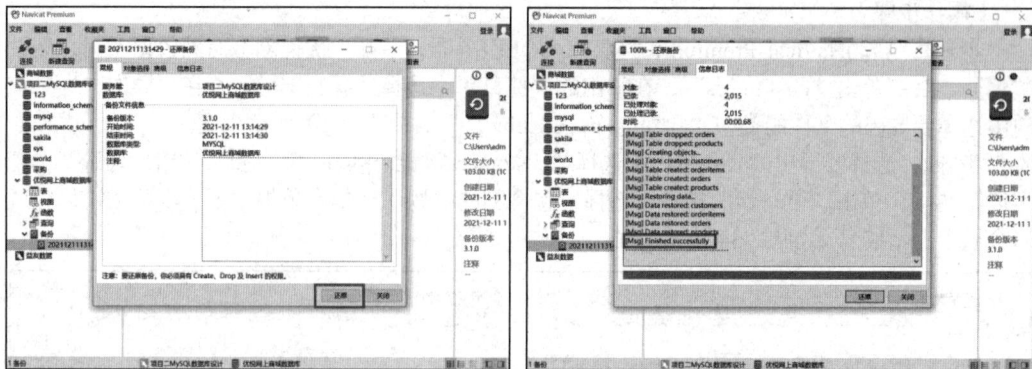

图2-36　数据库还原

实训项目评价 ↓

表1　学生技能自评表

序号	技能	佐证	达标	未达标
1	能够正确、规范地进行数据库设计	能够正确、规范地完成优悦网上商城数据库的概念模型设计、逻辑模型设计、物理模型设计		
2	能够完成数据库、表、表约束的创建与管理	能够完成优悦网上商城数据库、customers表、products表、orders表、orderitems表及其约束的创建与管理		
3	能够熟练地进行数据的增、删、改操作	能够完成优悦网上商城数据库数据的增、删、改操作		
4	能够完成数据库部分运维操作	能够完成优悦网上商城数据库数据的导入、导出操作及数据库的备份与还原操作		

表2　学生素质自评表

序号	素质	佐证	达标	未达标
1	沟通能力、表达能力	能够清楚、准确地表达观点		
2	协作精神	能够和团队成员协作，共同完成实训任务		
3	自我学习能力	能够借助各类资源深入学习数据库相关知识，提升技能		

课后提升

案例　悠乐公司财务管理数据库设计与实施

随着信息技术的发展，企业财务管理已摒弃了传统方式，借助信息手段，使用各种信息系统进行财务管理，其在高效的企业财务管理、分析决策中起着重要的作用。本案例以悠乐公司财务管理数据库为例，进行数据库的设计与实施，要求完成逻辑模型设计、物理模型设计、数据库的实现、数据操作及数据库备份与还原操作。

数据库设计初期，通过跟岗调研、会议调研等方式了解了悠乐公司财务处理流程，初步完成了悠乐公司财务管理数据库需求分析。其财务处理过程涉及出纳、凭证、账簿及报表等，涉及人员、账户、角色、凭证、科目、账簿等多个实体，为简化案例，要求只将科目、凭证、账簿作为研究对象。

以下为需求分析结果。

（1）实体：科目实体、凭证实体、账簿实体。

（2）科目实体属性：科目代码、科目名称、科目类别、余额方向、数量单位。其中，科目代码为主键；科目类别的值为"资产""负债""共同""权益""成本""损益"；科目名称为唯一约束。

（3）凭证实体属性：凭证编码、凭证号、附单据数、制单人、制单时间、借方合计、贷方合计、凭证状态。其中，凭证编码为主键；制单时间要求自动填充系统时间；凭证状态默认值为"否"。

（4）账簿实体属性：账簿编号、科目代码、累计借方、累计贷方、初期余额。其中账簿编号为主键。

（5）经调研，以上实体的关系为：一个凭证实体包含一个科目实体，一个科目实体可以在多个凭证实体中存在；一个凭证实体可以生成一个账簿实体，一个账簿实体对应一个凭证实体。

请根据悠乐公司财务管理数据，完成下列操作。

（1）请以案例背景作为需求分析的结果，完成概念模型设计、逻辑模型设计及物理模型设计，并形成数据库设计说明书，同时制作汇报用PPT。

（2）依据数据库设计阶段成果完成数据库的创建，即创建"悠乐公司财务管理数据库"。

（3）请在"科目信息表"中依次输入以下数据，是否成功？若不成功，该如何进行修改？

记录1：KmID为1001；KmName为库存现金；KmKind为资产；Unit为元。

记录2：KmID为1001；KmName为银行存款；KmKind为资产；Unit为元。

记录3：KmID为1003；KmName为银行存款；KmKind为资产；Unit为元。

（4）删除以上 3 条记录，将"科目信息表.txt"中的数据导入数据库。

（5）请将数据库进行备份后还原。

项目三

MySQL数据查询操作

◤ 知识目标

1. 了解SQL的由来及其基本功能
2. 了解MySQL对AI的功能支持
3. 掌握MySQL中SQL的基础知识
4. 掌握SELECT语句的语法结构
5. 理解SELECT语句各部分间的逻辑关系
6. 掌握使用SELECT语句进行数据查询的方法

◤ 能力目标

1. 能够利用函数提高数据处理效率
2. 能够使用表达式有效表达数据间的逻辑关系
3. 能够使用SELECT语句完成数据查询、统计
4. 能够厘清、表达数据表间记录的逻辑关系
5. 能够借助AI技术解决现实技术问题

◤ 素养目标

1. 培养良好的数据安全意识和积极的问题导向思维
2. 培养实事求是的工作作风和敢于攻坚的科学精神
3. 培养紧跟新理念、新技术、新方法的敏锐意识和创新应用思想

课前自学

SQL是一种数据库查询和程序设计语言，主要用于关系数据库系统的数据表存取和查询、更新和管理。MySQL作为常用的关系数据库，也提供SQL方式数据访问支持。MySQL所使用的SQL总体上遵循SQL标准规范，但并不完全支持SQL标准规范的全部功能，同时又扩展出一些SQL标准规范外的功能。

一、SQL 简介

SQL是数据库管理系统（Database Manager System，DBMS）的核心。SQL是一种非过程化编程语言，理论上基于域关系演算，可以实现关系代数操作。SQL的主要语句基本上独立于计算机、操作系统、计算机网络，甚至数据库本身，因此SQL程序具有良好的通用性和可移植性。

SQL在1986年10月由美国国家标准局（American National Standards Institute，ANSI）确定为数据库语言美国标准，1989年4月，ISO提出了具有完整性特征的SQL89标准，1992年11月又公布了SQL92标准，目前最新标准为SQL2011（截至本书完稿时）。因SQL具有功能强大、效率高、简单易学、易维护等优点，其SQL标准得到了业界广泛认同和积极推广。因历史的原因，不同厂商的DBMS对SQL标准的支持存在着一定的差异，甚至不同版本也存在功能上的差异。通常，同一厂商的DBMS在SQL支持上高版本兼容低版本，数据处理的功能不断增强。

通常，将SQL的功能分为3部分。

1．DDL

数据定义语言（Data Definition Language，DDL）包括CREATE、ALTER、DROP等语句，用于定义或改变表（TABLE）的结构、数据类型、表之间数据的关系和约束等初始化工作中，通常在建立数据库（DATABASE）、表等对象时使用。

2．DML

数据操纵语言（Data Manipulation Language，DML）包括SELECT、UPDATE、INSERT、DELETE等语句，用于对数据库里的数据进行操作。这部分语句使用频率高，尤其是SELECT。

> **注意**
>
> 由于SELECT使用频率高、用法灵活，为强调其重要性，业界也将其称为数据查询语言（Data Query Language，DQL）。

3．DCL

数据控制语言（Data Control Language，DCL）包括GANT、DENY、REVOKE等语句，用于设置或更改数据库用户或角色权限，即控制访问数据库对象的权限。

截至本书修订完稿时，MySQL的最新版本为9.2.0，MySQL直接从5.7版本升级到8.0版本，功能和性能都有了较大的提升，其参照的SQL标准为ISO的SQL2003。据悉MySQL 8.0在运行速度上比MySQL 5.7的快2倍。MySQL 5.7开始提供 NOSL存储功能，在MySOL 8.0中这部分功能得到了更大的改进，消除了对独立NoSQL文档数据库的需求，而MySOL文档存储为schema-less模式的JSON文档提供了多文档事务支持和完整的ACID合规性。为增强对正则表达式的支持，提供了REGEXPLIKE()、REGEXP_INSTR()、REGEXP_REPLACE()、REGEXP_SUBSTR()等函数来提高处理字符型数据的灵活性。从MySQL 8.0开始，新增了窗口函数的概念，支持RANK()、LAG()、NTILE()等函数，为数据的统计分析提供了更好的支持。从MySQL9.0开始，正式支持向量特性，字段类型名称为VECTOR，可以使用TO_VECTOR()、

DISTANCE()、STRING_TO_VECTOR()、VECTOR_DIM()等函数操作向量数据。通过原生支持向量数据类型，MySQL突破了传统关系型数据库在非结构化数据处理上的限制，标志着MySQL正式进入AI技术融合阶段。

> **素养拓展**
>
> 　　在学习MySQL的过程中，一方面我们需要了解MySQL在新版本中提供的AI技术支持，通过其提供的新功能来提高数据的处理效率，满足大数据背景下的信息处理需求，实现从"数据管理"向"智能决策"的功能变迁。另一方面我们也要积极应用其他AI工具赋能，以提高应用MySQL解决现实问题的能力和效率，如AI工具生成部分数据处理的SQL代码，优化MySQL系统的管理能力，实现AI和MySQL的双向赋能。

二、SELECT 语句的语法结构

SELECT语句的语法结构如下。

```
SELECT
[ALL | DISTINCT | DISTINCTROW ]
select_expr [, select_expr] …
[into_option]
[FROM table_references [PARTITION partition_list] ]
[WHERE where_condition]
[GROUP BY {col_name | expr | position} [, …] [WITH ROLLUP] ]
[HAVING where_condition]
[WINDOW window_name AS (window_spec) [, …]]
[ORDER BY {col_name | expr | position}[ASC | DESC], … [WITH ROLLUP] ]
[LIMIT {[offset,] row_count | row_count OFFSET offset}]
[into_option]
[FOR {UPDATE | SHARE}]
[into_option]
```

在上述语法中，"[]"表示可选部分，"{}"表示必选部分，"|"表示任选其一，"…"表示相同成分可重复若干次。下面介绍SELECT语句中基础的、常用的子句。

1. SELECT 子句

```
SELECT select_expr [, select_expr] …
```

其中select_expr为表达式，通常为数据表中的某些字段名，或为包含字段名的表达式（也称计算字段），甚至可以是一个常量。为简化表述，常用"*"来表示数据表的所有字段。为了优化表头显示效果，可以给表达式另取一个名称，二者之间用"AS"或直接用空格分隔。

2. FROM 子句

```
SELECT select_expr [, select_expr] …
FROM table_references [PARTITION partition_list]
```

FROM子句用于指定查询数据的来源，table_references通常是数据表名，也可以是视图，还可以是子查询，甚至可以是它们的混合列表。在某些应用中，需要对多个数据来源进行连接处理，即连接运算。[PARTITION partition_list]指示数据表的存储分区，对于数据量不大的应用场景影响不大，普通用户一般不需要关注。

3．WHERE 子句

```
SELECT select_expr [, select_expr] …
FROM table_references [PARTITION partition_list]
WHERE where_condition
```

WHERE子句用于筛选哪些记录纳入查询结果或被统计的范围中，通常where_condition中包括数据表中某些字段参与的比较运算。当FROM子句包含多个数据表时，一般会在WHERE子句表述这些数据间的记录如何关联的逻辑关系。

4．GROUP BY 子句

```
SELECT select_expr [, select_expr] …
FROM table_references [PARTITION partition_list]
[WHERE where_condition]
GROUP BY {col_name | expr | position} [, …] [WITH ROLLUP]
```

GROUP BY子句用于确定记录分组依据，分组依据通常为字段名，某些情况下也可能为函数及字段名等组合的表达式。此时，通常会有聚集函数出现在SELECT子句的表达式中，逻辑上按GROUP BY后列表从左到右逐次分组排序，最后以整个列表为分组单位进行数据统计。若有WITH ROLLUP指示，则从右向左逐级分组统计，并在每次分组统计完后，附加当次分组的分级统计结果。

5．HAVING 子句

```
SELECT select_expr [, select_expr] …
FROM table_references [PARTITION partition_list]
[WHERE where_condition]
GROUP BY {col_name | expr | position} [, …] [WITH ROLLUP]
HAVING where_condition
```

HAVING子句通常跟随在GROUP BY子句后，用于筛选出保留在查询结果中的统计值。HAVING子句中的where_condition通常用SELECT子句中带有聚集函数的表达式（也可引用其别名）作为筛选依据。

6．ORDER BY 子句

```
SELECT select_expr [, select_expr] …
FROM table_references [PARTITION partition_list]
[WHERE where_condition]
[GROUP BY {col_name | expr | position} [, …] [WITH ROLLUP]]
[HAVING where_condition]
ORDER BY {col_name | expr | position}[ASC | DESC], … [WITH ROLLUP]
```

ORDER BY子句用于确定查询结果中各数据行显示的先后顺序。ORDER BY子句中的列表应来自SELECT子句中的表达式列表成员。排序按ORDER BY后列表从左向右的优先顺序进行，每个列表成员后可用ASC（升序，默认值）或DESC（降序）确定各自的排序顺序。

7．LIMIT 子句

```
SELECT select_expr [, select_expr] …
FROM table_references [PARTITION partition_list]
[WHERE where_condition]
[GROUP BY {col_name | expr | position} [, …] [WITH ROLLUP]]
[HAVING where_condition]
[ORDER BY {col_name | expr | position}[ASC | DESC], … [WITH ROLLUP] ]
LIMIT {[offset,] row_count | row_count OFFSET offset}
```

LIMIT子句用于控制查询结果显示的记录数（省略此子句时，相当于LIMIT 1000）。LIMIT子句有3种格式。

- 有一个整数则表示显示记录数不超过这个数。
- 有两个整数时，第一个整数为偏移量，第二个整数为显示记录数。
- 有两个整数且由OFFSET分隔时，左侧为显示记录数，右侧为偏移量。

8．其他选项

```
[ALL | DISTINCT | DISTINCTROW ]
```

ALL表示所有查询结果的数据行（默认值）；DISTINCT、DISTINCTROW表示去除查询结果重复的数据行（只保留一个数据行）。

```
[FOR {UPDATE | SHARE}]
```

此子句用于支持事务处理，以保证多用户环境下数据的一致性和安全性。

```
[WINDOW window_name AS (window_spec) [, …]]
```

此子句表示定义窗口，其作用是简化表述。

```
[into_option]
```

此子句的作用是将查询结果输出到外部文件。

三、常量、变量、运算符

SQL作为数据库通用语言，具有计算机语言基本的程序逻辑功能。MySQL不但提供了数据类型以及1、2、1.3、-4.2、'abc'、'地址'等具体数据表示，还提供了命名常量、变量、运算符等编程规范支持。

1．命名常量

（1）逻辑型常量

TRUE（true）：逻辑真，实质上就是数值1。

FALSE（false）：逻辑假，实质上就是数值0。

（2）NULL

NULL（null）：空值，表示未指定具体值，通常在记录的字段未指定值时，其值就为NULL。

（3）UNKNOWN

UNKNOWN（unknow）：未知值，相当于NULL。但UNKNOWN只能用在IS或IS NOT判定中，其他用法会被当作字段名对待。

> **注意**
>
> UNKNOWN在8.0版本中和在以前的5.x版本中的用法有一定差异。

2．变量

（1）全局变量

全局变量在MySQL启动的时候由服务器自动将它们初始化为默认值，这些默认值可以通过my.ini文件来更改。通过下面的语句可以显示系统中所有的全局变量。

```
SHOW GLOBAL VARIABLES;
```

查看某一全局变量，则用以下语句。

```
SELECT @@ var_name;
```

通常不在MySQL运行过程中修改全局变量的值，且修改不能自动保存到my.ini文件中，若需修改全局变量的值，其语句如下。

```
SET GLOBAL var_name = expr;
```

（2）会话变量

会话变量是在用户连接到MySQL的过程中一直保持有效的变量，其定义有两种方式。

```
SELECT @var_name := select_expr [FROM …];
```
或
```
SET @var_name {:= | =} expr;
```
使用SELECT带FROM子句获取数据时，将最后一条记录作为对应值。

（3）存储过程变量

存储过程变量是在存储过程中定义和使用的变量，每次调用存储过程就会初始化一次，没有设置默认值时就为NULL，其定义方式如下。

```
DECLARE var_name [, var_name] … data_type [ DEFAULT value ];
```
其使用方法基本同会话变量。

3．运算符

（1）算术运算符

算术运算符用于数值计算，其结果为一个数值。算术运算符如表3-1所示。

表3-1　算术运算符

运算符	说明
*	乘法
/	除法（1/0为NULL）
+	加法
−	减法
−	取相反数
%或MOD	两数相除的余数（此时商为绝对值最小的整数）
DIV	两数相除的商（商为绝对值最小的整数）

> **注意**
>
> 如果有NULL参与运算，则结果为NULL（用其他运算符处理NULL时，在未明确说明的情况下，其结果通常为NULL）。

【案例1】SELECT 8 DIV 3, 7.6 DIV −3.2, −5.3 DIV −2.5, −5 % 2, −5 % −2.3;
运行结果如图3-1所示。

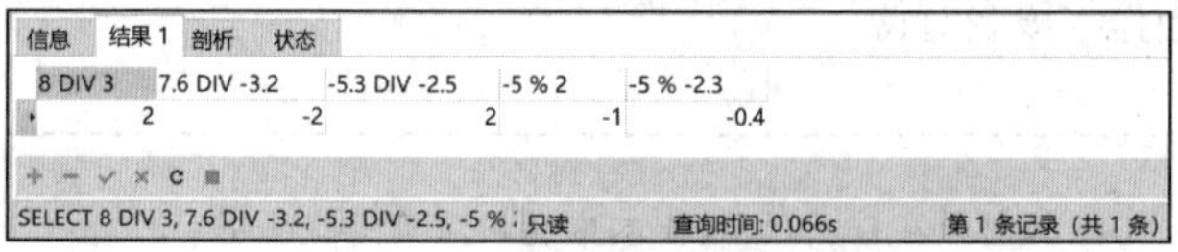

图3-1　算术运算符案例运行结果

（2）位运算符

位运算符用于二进制数的位计算，其结果为二进制数。位运算符如表3-2所示。

表3-2　位运算符

运算符	说明
&	与（有一个为0，其结果为0）
|	或（有一个为1，其结果为1）
~	非（0翻转为1，1翻转为0）
^	异或（相同为0，不同为1）
>>	右移（无符号数右移1位，相当除以2）
<<	左移（无符号数左移1位，若不溢出1数字位，相当于乘以2）

【案例2】SELECT 5&3, 5|3, 5^3, ~-1, ~5, 5>>2, 5<<2;

运行结果如图3-2所示。

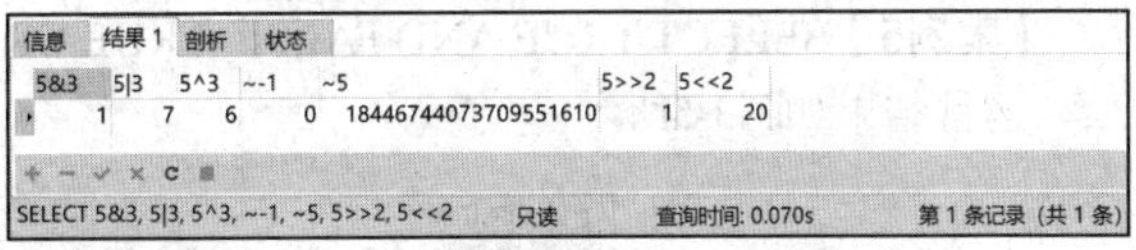

（3）比较运算符

比较运算符用于判定两个数据间的

图3-2　位运算符案例运行结果

相互关系，其结果为0（相互关系不成立时）或1（相互关系成立时）。为了和其他计算机语言表述一致，通常称其结果为逻辑值假或真。比较运算符如表3-3所示。

表3-3　比较运算符

运算符	说明
>	大于
>=	大于等于
<	小于
<>, !=	不等于
=	等于（NULL=NULL，其结果为NULL）
<=	小于等于
<=>	等于（能有效处理NULL，如NULL<=>NULL，其结果为1）
[NOT] BETWEEN e1 AND e2	是否在e1、e2之间（必须e1<=e2，包括端点值）
IN	是否为集合中的一个元素
IS [NOT]	是否为逻辑值
IS [NOT] NULL	是否为NULL
LIKE	字符串的模糊查询（%代表任意多个字符，?代表一个字符）
REGEXP或RLIKE	是否匹配正则表达式
SOUNDS LIKE	两个字符串是否读音相似

注意

[NOT]表示否定判定；比较字符串时，英文不区分字母大小写。

【案例3】SELECT null=NULL, 1<=>null, null is NULL, NULL is unknown, TRUE, FALSE;

运行结果如图3-3所示。

【案例4】SELECT 4 BETWEEN 1 AND 5, '3' IN ('1','5','2');

运行结果如图3-4所示。

（4）逻辑运算符

逻辑运算符用于多个逻辑值组合关系计算，其结果为0（结果为FALSE时）或1（结果为TRUE时）。逻辑运算符如表3-4所示。

图3-3　比较运算符案例运行结果1

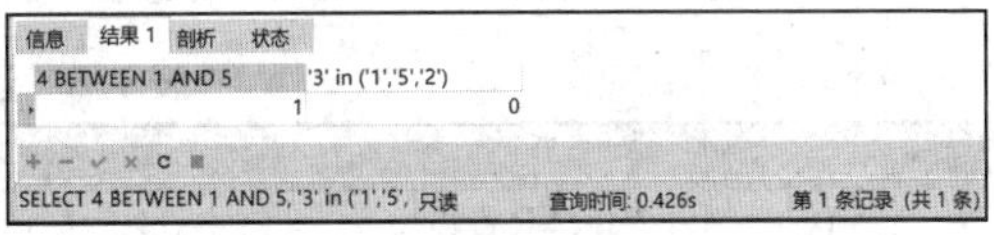

图3-4　比较运算符案例运行结果2

表3-4　逻辑运算符

运算符	说明
AND 或 &&	与（有一个为FALSE，其结果为FALSE）
OR 或 ||	或（有一个为TRUE，其结果为TRUE）
NOT 或 !	非（FALSE翻转为TRUE，TRUE翻转为FALSE）
XOR	异或（相同为FALSE，不同为TRUE）

【案例5】SELECT TRUE AND FALSE, TRUE OR FALSE, NOT TRUE,TRUE XOR FALSE;
运行结果如图3-5所示。

图3-5　逻辑运算符案例运行结果

（5）其他运算符

为了处理JSON，严格比较字符串，进行较复杂的逻辑处理，MySQL还提供了一些其他运算符。其他运算符如表3-5所示。

表3-5　其他运算符

运算符	说明
->	返回JSON指定键的值（等效于JSON_EXTRACT()函数）
->>	返回JSON指定键的值（等效于JSON_UNQUOTE（JSON_EXTRACT()），单一值时会去除引号）
:=	赋值
=	赋值（常用于SET语句，或用于UPDATE语句的SET子句中）
BINARY	将字符串转换为binary字符串（在8.0.27版本中已被废弃）
CASE	按条件确定操作结果
MEMBER OF	判定一个JSON是否为JSON数组中的元素（在8.0.17版本中新增）

【案例6】SELECT 'abc'='ABC', binary 'abc'=binary 'ABC';
运行结果如图3-6所示。

【案例7】SET @a=2;

```
SELECT @a, CASE @a WHEN 1 THEN "one" WHEN 2 THEN "two" END;
```

运行结果如图3-7所示。

图3-6　其他运算符案例运行结果1

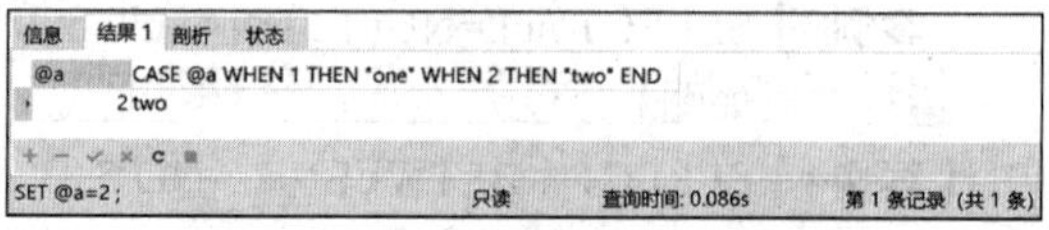

图3-7　其他运算符案例运行结果2

（6）运算符的优先级

通常在包含多个运算符的计算式中，MySQL能够依据运算符自动确定计算的先后次序，即不同运算符有不同的优先级。运算符优先级如表3-6所示。

表3-6　运算符优先级

优先级	运算符
1	BINARY
2	!
3	-（取相反数）、~
4	^
5	*、/、DIV、%、MOD
6	+、-
7	<<、>>
8	&
9	|
10	>、>=、<、<=、<>、!=、=、<=>、IS、IN、LIKE、MEMBER OF、REGEXP

续表

优先级	运算符
11	BETWEEN…AND…、CASE
12	NOT
13	&&、AND
14	||、OR、XOR
15	:=、=（赋值）

注意

（1）从序号1到15，优先级从高到低，同级运算符从左向右依次进行运算。

（2）可通过"（…）"来改变运算优先级。

四、常用函数

为了提高数据库管理系统的功能和效率，MySQL提供了丰富的函数来处理各类数据，下面介绍一些常用的函数。

1. 数值函数

数值函数用于处理数值型数据，常用的数值函数如表3-7所示。

表3-7 常用的数值函数

函数	功能描述
ABS(x)	返回|x|的值
CEIL(x)、CEILING(x)	返回不小于x的最小整数
CONV()	在不同进制间进行转换
CRC32()	计算循环冗余校验值
EXP(x)	计算e^x的值
FLOOR(x)	返回不大于x的最大整数
LN(x)	计算x的自然对数值
LOG(x,y)	计算以x为底的y的对数值
LOG10(x)	计算以10为底的y的对数值
LOG2(x)	计算以2为底的y的对数值
MOD(x,y)	计算x/y的余数
POW(x,y)、POWER(x,y)	计算x^y的值
RAND()	返回一个0~1的随机数
ROUND(x[,d])	在小数点后d位处进行四舍五入（d默认为0）
SIGN(x)	返回x的符号
SQRT(x)	返回x的平方根
TRUNCATE(x,d)	截断小数点后d位之后的数位（d为负数时，整数部分的|d|个低位数置为0）

【案例8】SELECT CEIL(1.23), CEIL(1.89), CEIL(-1.23), CEIL(-1.89);

运行结果如图3-8所示。

【案例9】SELECT CONV("1010",2,16), CONV("a",16,2), CONV("1010",10,16);

运行结果如图3-9所示。

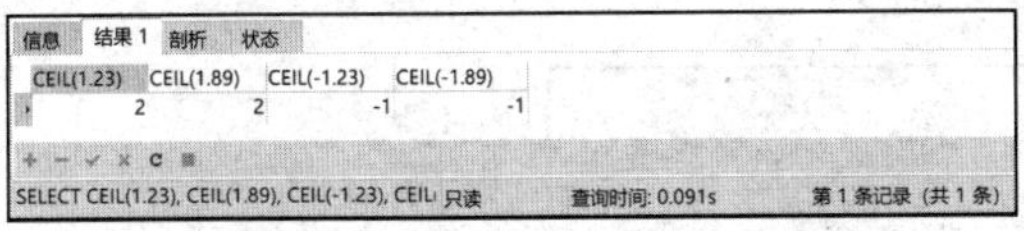

图3-8 CEIL()函数案例运行结果

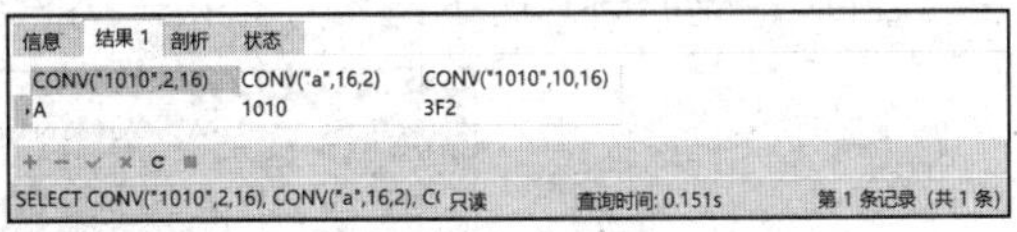

图3-9 CONV()函数案例运行结果

【案例10】SELECT FLOOR(1.56), FLOOR(1.17), FLOOR(-2.62), FLOOR(-1.36);
运行结果如图3-10所示。

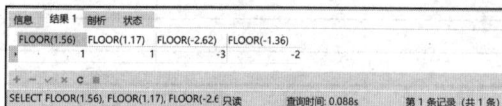

【案例11】SELECT MOD(-5,2), MOD(-5,-2.3), MOD(7.7,2.5), MOD(7.7,-2.51);
运行结果如图3-11所示。

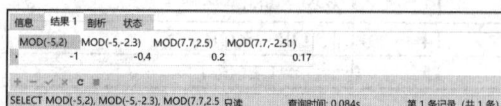

FLOOR(1.56)	FLOOR(1.17)	FLOOR(-2.62)	FLOOR(-1.36)
1	1	-3	-2

MOD(-5,2)	MOD(-5,-2.3)	MOD(7.7,2.5)	MOD(7.7,-2.51)
-1	-0.4	0.2	0.17

图3-10　FLOOR()函数案例运行结果　　　图3-11　MOD()函数案例运行结果

【案例12】SELECT ROUND(1.52),ROUND(24.453,2), ROUND(24.4,-1),ROUND(-24.453,2);
运行结果如图3-12所示。

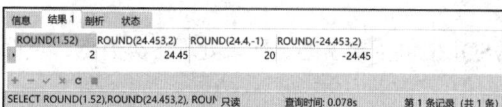

【案例13】SELECT TRUNCATE(24.453,2), TRUNCATE(24.4,-1), TRUNCATE(-24.453,2);
运行结果如图3-13所示。

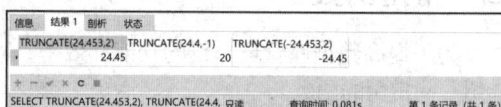

ROUND(1.52)	ROUND(24.453,2)	ROUND(24.4,-1)	ROUND(-24.453,2)
2	24.45	20	-24.45

TRUNCATE(24.453,2)	TRUNCATE(24.4,-1)	TRUNCATE(-24.453,2)
24.45	20	-24.45

图3-12　ROUND()函数案例运行结果　　　图3-13　TRUNCATE()函数案例运行结果

2．日期时间函数

日期时间函数用于处理日期、时间相关的数据，常用的日期时间函数如表3-8所示。

表3-8　常用的日期时间函数

函数	功能描述
NOW()、CURDATE()、CURTIME()	获取当前系统的日期时间、日期、时间
STR_TO_DATE(str)	将字符串转换为日期
MAKEDATE(y,n)	根据参数年份、天数，合成一个日期
MAKETIME(h,m,s)	根据参数时、分、秒，合成一个时间
DATE(dt)、YEAR(dt)、MONTH(dt)、DAY(dt)	提取日期时间中的日期、年、月、日
TIME(dt)、HOUR(dt)、MINUTE(dt)、SECOND(dt)、MICROSECOND(dt)	提取日期时间中的时间、时、分、秒、毫秒
DATEDIFF(dtable1,dtable2)、TIMEDIFF(dtable1,dtable2)	两个日期、时间的间隔（相减的结果）
ADDDATE(dt,interval n y|m|d)、ADDTIME(dt,interval n h|m|s)	增加一个日期、时间间隔

【案例14】SELECT NOW(), QUARTER(NOW()), MONTHNAME(NOW()), WEEK(NOW());
运行结果如图3-14所示。

【案例15】SELECT MAKEDATE(2021,32), MAKETIME(11,34,20);
运行结果如图3-15所示。

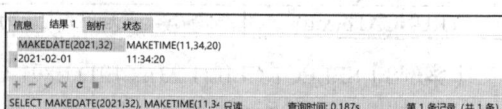

NOW()	QUARTER(NOW())	MONTHNAME(NOW())	WEEK(NOW())
2021-10-28 22:19:47	4	October	43

MAKEDATE(2021,32)	MAKETIME(11,34,20)
2021-02-01	11:34:20

图3-14　NOW()等函数案例运行结果　　　图3-15　日期、时间构造函数案例运行结果

【案例16】SELECT ADDDATE("2021-02-25",interval 12 day), ADDTIME("10:10:50","1:2:30");
运行结果如图3-16所示。

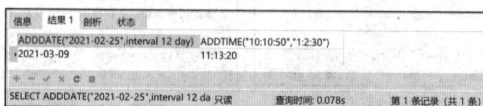

ADDDATE("2021-02-25",interval 12 day)	ADDTIME("10:10:50","1:2:30")
2021-03-09	11:13:20

图3-16　日期、时间计算函数案例运行结果

3．字符串函数

字符串函数用于处理字符串相关的数据，常用的字符串函数如表3-9所示。

表3-9　常用的字符串函数

函数	功能描述
ASCII(str)	返回字符串str最左侧字符的ASCII值
CHAR(n1,n2,…)	将ASCII值转换为对应字符串
CONCAT(str1,str2,…)	将多个字符串拼接为一个字符串
CONCAT_WS(sep, str1,str2,…)	用指定的分隔符，拼接多个字符串
INSERT(str,pos,len,newstr)	将newstr插入str的指定位置处替换给定长度字符
INSTR(str,substr)	substr在str匹配处的字符位置，无匹配则为0
LOWER(str)、LCASE(str)	将字符串str中的英文字母都转换为小写
UPPER(str)、UCASE(str)	将字符串str中的英文字母都转换为大写
LEFT(str)	从字符串str左端向右取指定长度字符
RIGHT(str)	从字符串str右端向左取指定长度字符
MID(str,pos,len)、SUBSTRING(str,pos,len)、SUBSTR(str,pos,len)	从字符串str指定位置开始取指定长度字符（SUBSTR()、SUBSTRING()还有其他用法）
LENGTH(str)	返回以字节为单位的字符串str的长度
CHAR_LENGTH(str)	返回以字符为单位的字符串str的长度
LTRIM(str)、RTRIM(str)、TRIM(str)	分别移除字符串str左端、右端、左右两端的空格
REPLACE(str,from_str,to_str)	替换字符串str中指定的内容

【案例17】SELECT CONCAT("My","SQL"), CONCAT_WS("-","My","SQL");

运行结果如图3-17所示。

图3-17　字符串连接函数案例运行结果

4．聚集函数

聚集函数多用于统计数据表中的数据，常用的聚集函数如表3-10所示。

表3-10　常用的聚集函数

函数	功能描述
AVG(x)、MAX(x)、MIN(x)、SUM(x)	求平均值、最大值、最小值及求和
COUNT([DISTINCT]*|x)	统计个数（DISTINCT表示相同值只算一个）
GROUP_CONCAT([DISTINCT]exp)	连接同组字符串

【案例18】SELECT SUM(num), COUNT(num), COUNT(DISTINCT num), MAX(num), MIN(num), AVG(num);

```
FROM (
      SELECT 1 num
      UNION ALL
      SELECT 2
      UNION ALL
      SELECT 3
      UNION ALL
      SELECT 2) demo;
```

运行结果如图3-18所示。

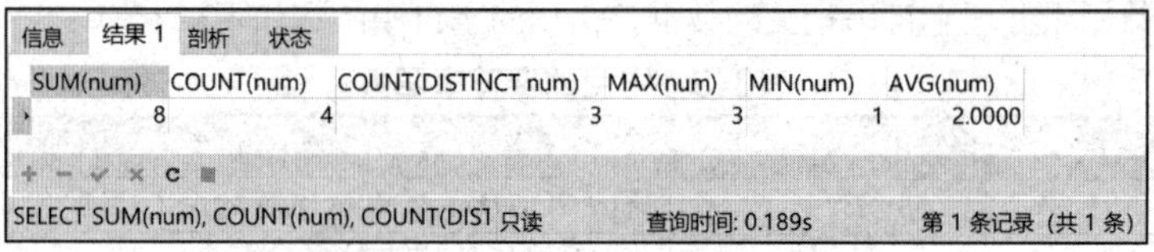

信息	结果 1	剖析	状态				
SUM(num)	COUNT(num)	COUNT(DISTINCT num)	MAX(num)	MIN(num)	AVG(num)
8	4	3	3	1	2.0000

`SELECT SUM(num), COUNT(num), COUNT(DIS1` 只读　　　查询时间: 0.189s　　　第 1 条记录（共 1 条）

图3-18　聚集函数案例运行结果

五、SELECT 扩展

在数据查询中，多数情况下从单个数据表中进行查询，有时需要从多个有关联的数据表中进行查询。MySQL提供了连接查询、联合查询、子查询等来增强SQL查询功能。

1. 连接查询

连接查询是指从两个或两个以上的数据表的组合中筛选出符合连接条件的数据。

（1）内连接

通常两个数据表通过某些字段的值进行有条件的关联，一般是某些字段的等值关联。特殊情况下也可进行不带条件的完全关联（即笛卡儿积）。语法如下。

```
FROM table1, table2
[WHERE table1.f1=table2.f2]
```

也可用以下语法表示。

```
FROM table1 JOIN table2 [ON table1.f1=table2.f2]
```

> **注意**
>
> FROM table1, table2 JOIN table3等同于FROM table1, (table2 JOIN table3)。

（2）左连接

两个数据表进行左连接，连接结果除包括满足连接条件的记录组合外，还包括左侧数据表中未满足连接条件的记录，右侧数据表对应的数据项则为NUll。语法如下。

```
FROM table1 LEFT JOIN table2 [ON table1.f1=table2.f2]
```

（3）右连接

两个数据表进行右连接，连接结果除包括满足连接条件的记录组合外，还包括右侧数据表中未满足连接条件的记录，左侧数据表对应的数据项则为NUll。语法如下。

```
FROM table1 RIGHT JOIN table2 [ON table1.f1=table2.f2]
```

> **注意**
>
> 右连接模拟左连接实现，为提高代码的可移植性，需将右连接改写为左连接。

（4）自然连接

当两个数据表存在一个或多个同名（且同类型、同逻辑意义）的字段，按这些同名字段相等的条件进行数据表间连接时，自然连接是所使用的简化表述方式。语法如下。

```
FROM table1 JOIN table2 USING(f1,f2)
```

或

```
FROM table1 NATURAL JOIN table2
```

其等价于：

```
FROM table1 JOIN table2 ON table1.f1=table2.f1 AND table1.f2=table2.f2
```

在USING中可使用部分同名字段。

> **注意**
>
> 因自然连接不是SQL标准功能，为提高代码的可移植性，不建议使用自然连接。

2．联合查询

联合查询是指将多个具有相同结构（即列数相同，且相同顺序列的数据类型兼容）的查询结果合并成一个结果集。若table1和table2有相同的表结构，则语法如下。

```
SELECT *
FROM table1
UNION [ALL]
SELECT *
FROM table2
```

当使用ALL关键字时，查询的两个结果集直接合并在一起，否则在结果集中去掉重复的行。

> **注意**
>
> MySQL未提供集合的差集和交集运算，一般可通过连接运算来模拟实现。

3．子查询

子查询是指一个语句中所包含的一个SELECT语句。通常包含子查询的语句也是SELECT语句，此时子查询称为内部查询，而包含子查询的查询称为外部查询。子查询可以在使用表达式的任何地方使用，并且必须用括号封闭为一个整体。通常子查询位于外部查询的FROM、WHERE、SELECT这3个子句中。

（1）FROM子查询

FROM子查询的结果相当于一个数据表，必须在其括号后给出一个别名，在外部查询中就可以通过这个别名来引用SELECT子句中的数据列。语法如下。

```
FROM (SELECT f1,f2, … FROM table1 [WHERE …]) alias
```

引用其中的f1、f2，分别表示为alias.f1、alias.f2。

（2）WHERE子查询

WHERE子查询的结果多作为关系表达式右侧的数据，根据结果是一个值还是多个值来选择不同的关系运算符。当结果为多列的数据集时，多用EXISTS来引导，根据结果集是否为空来确定其返回值为TRUE或FALSE。语法如下。

```
WHERE [NOT] EXISTS (SELECT f1,f2, … FROM table1 [WHERE …])
```

（3）SELECT子查询

SELECT子查询的结果必须为一个值（如果为多个值，则需用函数处理成一个值）。语法如下。

```
SELECT (SELECT exp FROM table1 [WHERE …]), …
```

（4）子查询的执行过程

根据子查询语句部分能否直接单独执行，可将其分为独立子查询和相关子查询。相关子查询通常在子查询的WHERE子句中引用外部查询的数据表中的字段作为条件表达式的一部分。语法如下。

```
FROM table1
WHERE [NOT] EXISTS (SELECT f1,f2, … FROM table2 WHERE table1.f1=table2.f1)
```

执行此语句的过程为：当对外部查询的一条记录进行WHERE子句判定时，先将table1.f1作为一个常量化数据代入子查询中，执行子查询，将其运行结果作为一个常量化数据代入外部查询的WHERE子句进行最终的逻辑判定，以确定当前记录是否满足逻辑条件。

自学自测 ↓

（一）单选题

1. 表达式12 MOD 2+2的值为（　　　）。
   A. 8 　　　　　 B. 2 　　　　　 C. 3 　　　　　 D. 0

2. 表达式NOT 1>2 AND 3+2<4 OR 5<6+1的值为（　　　）。
   A. 0 　　　　　 B. 1 　　　　　 C. 2 　　　　　 D. 4

3. SELECT语句中，进行数据表记录筛选的子句为（　　　）。
   A. FROM 　　　 B. WHERE 　　　 C. HAVING 　　　 D. GROUP BY

4. SELECT语句中，和HAVING子句密切相关的子句为（　　　）。
   A. FROM 　　　 B. WHERE 　　　 C. ORDER BY 　　　 D. GROUP BY

5. SELECT语句中，聚集函数通常和（　　　）子句配合使用。
   A. FROM 　　　 B. WHERE 　　　 C. ORDER BY 　　　 D. GROUP BY

（二）多选题

1. 计算结果不是数值的有（　　　）。
   A. true AND false 　　B. true IS NOT null 　　C. YEAR(NOW()) 　　D. 'abc'='ABC'

2. 表示"年龄为25～30"，可用（　　　）。
   A. 年龄>=25 AND 年龄<=30 　　　　　　　 B. 年龄BETWEEN 25 AND 30
   C. 年龄IN(25,26,27,28,29,30) 　　　　　　 D. NOT(年龄<25 OR 年龄>30)

3. 关于SELECT语句，不正确的说法有（　　　）。
   A. 必须要带FROM子句，确定从哪些数据表中获取查询数据
   B. 单表查询中，若不带WHERE子句，所有记录都会被纳入查询结果中
   C. FROM、WHERE、ORDER BY、GROUP BY子句表述没有先后次序要求
   D. SELECT子句中，包含字段名的数据项才能作为查询数据项

（三）简答题

1. SQL语句分为哪几种类型，各类型的主要功能分别是什么？

2. 对于WHERE子查询，根据其返回值形态，使用时需要注意什么？

3. 当FROM、WHERE、ORDER BY、GROUP BY、HAVING、LIMIT子句都存在时，说明其正确的表述次序，并说明各子句在查询中所起的作用。

课中实训

【实训资料】

优悦网上商城是一家B2C模式的平台，提供线上零售业务，其数据库涉及客户管理、商品管理、订单管理等业务模块。为充分展示MySQL的查询、统计功能，本实训以客户、商品、订单及订单明细为分析对象，完成其业务数据的查询与统计。

经过对数据库应用目标进一步分析，梳理数据表中数据间的逻辑关系，减少数据存储冗余，进行数据库表结构优化和数据整理。在项目二的基础上，对数据库主要进行如下调整。

（1）在客户表中，因有身份证号，故将性别、出生日期这两个传统数据项删除，通过计算获取。

（2）在商品表中，为了更好地分析产品，新增商品类别，去除非主流品牌的商品。

【实训目标】

本实训将对"优悦网上商城数据库"中的业务数据进行查询和统计分析，以充分展现MySQL对数据库中数据管理和统计的功能。本实训将常量、运算符及常用函数的应用融入数据的统计分析中，根据SELECT语句在数据查询、统计分析应用中的常用方法，完成概览客户数据、查询客户特征分析、统计销售订单、分析商品销售、分类客户价值等实训任务，掌握SELECT语句各子句语法及实现单数据表查询、多数据表联合查询、子查询等任务，帮助学生掌握基本的数据库设计及实施方法。

本实训继续以"优悦网上商城数据库"为例，进行MySQL数据库的SELECT语句语法及其应用方法的学习。

素养拓展

在数据的管理应用中，应当根据实际业务需要，对已有数据库进行持续优化、扩展。代码化的数据库管理方式，需要学习者有灵活、严谨的程序思维方法，有简洁、规范的程序书写习惯，有仔细、坚韧的程序调试耐性。数据的有效管理不仅要掌握SELECT语句的使用方法和逻辑思路，还要及时学习新技术、新方法，充分利用AI技术赋能增效，更要有坚持不懈、不断优化的进取态度和卓越追求。

【实训步骤】

（1）完成课前内容的学习，了解数据查询的理论知识；完成自学自测，发现问题，带入课堂学习，在学习中解决问题。

（2）本项目有6个实训，含14项任务，请独立依次完成任务。

（3）请将每项实训成果按要求提交。

实训一 概览客户信息

任务一：查看 MySQL 的工作环境

【任务描述】

了解当前MySQL的基本情况，包括MySQL版本、登录用户、系统已建立的数据库。切换当前使用的数据库，并查看当前数据库中已建立的数据表。

【操作步骤】

分别在Navicat Premium中依次运行以下语句，并查看结果。

步骤1：查看MySQL版本，语句如下。

```
SELECT VERSON();
```

步骤2：查看当前登录用户，语句如下。

```
SELECT USER();
```

步骤3：查看系统中存在的数据库，语句如下。

```
SHOW DATABASES;
```

步骤4：切换当前数据库为ebusiness，语句如下。

```
USE ebusiness;
```

步骤5：查看当前数据库中存在的数据表，语句如下。

```
SHOW TABLES;
```

步骤6：运用文心一言大模型完成数据库、数据表信息查询的语句，查看当前数据库、查看指定表的表结构、表的索引、列信息、数据的行数、数据的字节数等，进一步了解数据库、数据表的状态，为后续任务作准备。

任务二：浏览客户信息

【任务描述】

了解customers表的结构，使用SELECT语句查询customers表中的数据，熟悉SELECT各子句在查询中的使用方法。

【操作步骤】

分别在Navicat Premium中依次运行以下语句，并查看结果。

步骤1：查看customers表的结构，语句如下。

```
DESCRIBE customers;
```

步骤2：查看customers表中的数据，语句如下。

```
SELECT * FROM customers;
```

运行结果如图3-19所示。

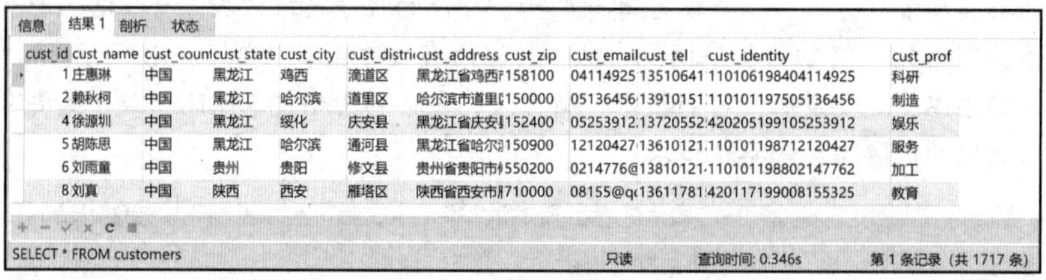

图3-19　customers表数据概览

步骤3：更改查询显示列名信息。显示数据表（customers）部分字段的数据，并修改字段名的显示（即表达式的别名），语句如下。

```
-- 查看数据表（customers）各记录的cust_name、cust_tel、cust_identity、cust_
prof、cust_address字段值
SELECT cust_name, cust_tel, cust_identity, cust_prof, cust_address FROM
customers;
-- 查看数据表（customers）的cust_name、cust_tel、cust_identity、cust_prof、
cust_address字段值，并将其分别命名为客户名、电话号码、身份证号码、所属行业、客户地址
SELECT cust_name AS 客户名, cust_tel AS 电话号码, cust_identity AS 身份证号码,
        cust_prof AS 所属行业, cust_address AS 客户地址 FROM customers;
-- 也可以省去AS 这个关键字，语句改为：
SELECT cust_name客户名, cust_tel 电话号码, cust_identity 身份证号码,
        cust_prof 所属行业, cust_address 客户地址 FROM customers;
```

最后一条语句的运行结果如图3-20所示。

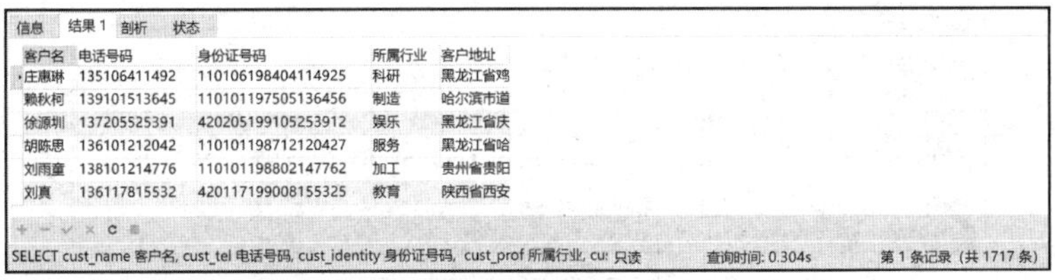

图3-20　结果列别名效果

步骤4：控制查询结果显示数量。查看数据表（customers）的指定位置的记录，语句如下。

```
-- 查看数据表（customers）的前3条记录
SELECT * FROM customers LIMIT 3;
-- 查看数据表（customers）从第5条记录开始的3条记录
SELECT * FROM customers LIMIT 3 OFFSET 4;
-- 或者（偏移值在前，记录条数在后）
SELECT * FROM customers LIMIT 4, 3;
```

最后一条语句的运行结果如图3-21所示。

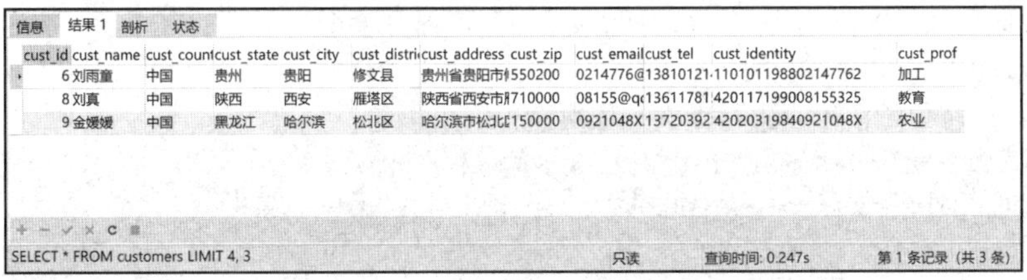

图3-21　LIMIT选择查询结果

步骤5：去除查询结果中的重复值。去除重复值后，查看数据表（customers）的指定字段值，语句如下。

```
-- 查看数据表（customers）中的cust_state、 cust_city字段值
SELECT cust_state, cust_city FROM customers;
-- 去除重复值后，查看数据表（customers）中的cust_state、cust_city字段值
SELECT DISTINCT cust_state, cust_city FROM customers;
-- 或者
SELECT DISTINCT cust_state 省, cust_city 市FROM customers;
```

最后一条语句的运行结果如图3-22所示。

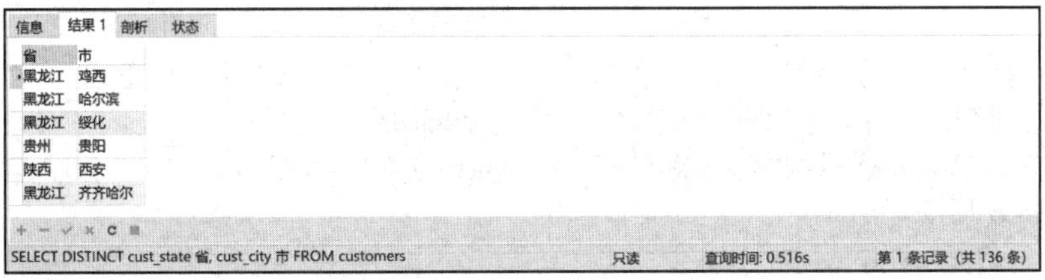

图3-22　DISTINCT去除重复行

步骤6：有序显示查询结果。按字段排序后，查看数据表（customers）的记录，语句如下。

```
-- 按行业排序（默认为升序）后，查看数据表（customers）中的记录
SELECT * FROM customers ORDER BY cust_prof;
-- 按省、市、县排序（设定为要求的升序、降序）后，查看数据表（customers）中从第100条
记录开始的5条记录
SELECT * FROM customers ORDER BY cust_state DESC, cust_city DESC, cust_
district LIMIT 99, 5;
```

最后一条语句的运行结果如图3-23所示。

信息 结果 1 剖析 状态

cust_id	cust_name	cust_count	cust_state	cust_city	cust_distri	cust_address	cust_zip	cust_email	cust_tel	cust_identity	cust_prof
1639	林宴妃	中国	黑龙江	鸡西	鸡冠区	黑龙江省鸡西	400063	01070@q	13520010	420200198501070863	加工
1996	黄荣凯	中国	黑龙江	鸡西	鸡冠区	黑龙江省鸡西	400063	08187190	13820081	420200198908187190	政治
1355	周亚铃	中国	黑龙江	鸡西	鸡冠区	黑龙江省鸡西	400063	04245640	13210242	110102198604245640	制造
831	林顺博	中国	黑龙江	鸡西	鸡冠区	黑龙江省鸡西	400063	121676@	13420521	42020519761216769X	制造
1075	林子涵	中国	黑龙江	鸡西	鸡冠区	鸡西市鸡冠区	400063	07313399	13710673	110106198007313399	服务

SELECT * FROM customers ORDER BY cust_state DESC, cust_city DESC, cust_district LIM 只读 查询时间: 0.124s 第 5 条记录（共 5 条）

图3-23 ORDER BY调整数据显示次序

步骤7：思考排序的顺序是否符合汉语拼音排序规律，如果不符合，运用文心一言大模型完成如何将排序结果与汉语拼音一致。

实训二 查询客户特征

任务一：客户特征信息查询

【任务描述】

利用存储在数据表中的相关客户特征，进行客户信息查询。

【操作步骤】

步骤1：按客户所在行业进行查询。依次运行以下语句。

```
-- 查看数据表（customers）中在加工行业中的客户情况
SELECT * FROM customers WHERE cust_prof='加工';
-- 查看数据表（customers）中在教育、科研、管理行业中的客户情况
SELECT * FROM customers WHERE cust_prof='教育' OR cust_prof='科研' OR
cust_prof='管理';
-- 或者
SELECT * FROM customers WHERE cust_prof in ('教育', '科研', '管理');
```

最后一条语句的运行结果如图3-24所示。

信息 结果 1 剖析 状态

cust_id	cust_name	cust_count	cust_state	cust_city	cust_distri	cust_address	cust_zip	cust_email	cust_tel	cust_identity	cust_prof
1	庄惠琳	中国	黑龙江	鸡西	滴道区	黑龙江省鸡西	158100	04114925	13510641	110106198404114925	科研
8	刘真	中国	陕西	西安	雁塔区	陕西省西安市	710000	08155@q	13611781	420117199008155325	教育
14	周东伟	中国	黑龙江	佳木斯	富锦市	富锦市新开社	156300	07093@1	13510170	110101199907093718	科研
18	蔡杭驰	中国	黑龙江	哈尔滨	延寿县	黑龙江省哈尔	102213	09169095	13420591	420205197309169095	管理
20	黄东婷	中国	黑龙江	哈尔滨	道里区	黑龙江省哈尔	150000	08191942	13720281	420202197008191942	教育
25	罗天熠	中国	贵州	黔东南	丹寨县	贵州省黔东南	557500	092018@	13520592	420205197909201895	管理

SELECT * FROM customers WHERE cust_prof in ('教育', '科研', '管理') 只读 查询时间: 0.091s 第 1 条记录（共 554 条）

图3-24 组合逻辑查询结果

步骤2：按客户姓氏进行查询，通过通配符匹配客户姓名。依次运行以下语句。

```
-- 利用通配符“%” 匹配任意多个字符，查询某姓氏的所有客户
SELECT * FROM customers WHERE cust_name LIKE '王%';
```

运行结果如图3-25所示。

信息 结果 1 剖析 状态

cust_id	cust_name	cust_count	cust_state	cust_city	cust_distri	cust_address	cust_zip	cust_email	cust_tel	cust_identity	cust_prof
12	王椋	中国	黑龙江	齐齐哈尔	克东县	黑龙江省齐齐	164800	0101538@	13522210	420222197901015381	制造
57	王佳艺	中国	黑龙江	哈尔滨	南岗区	黑龙江省哈尔	150000	06187068	13911761	420117198906187068	加工
68	王伟安	中国	陕西	西安	雁塔区	陕西省西安市	710000	12211@q	13420322	420203197612211053	教育
86	王嘉琪	中国	黑龙江	哈尔滨	道里区	哈尔滨市道里	150000	04189@q	13110541	110105198004189760	服务
162	王坤	中国	新疆	喀什	喀什市	喀什市西域大	844000	0613437@	13820061	420200197206134372	农业
180	王与	中国	黑龙江	哈尔滨	南岗区	黑龙江省哈尔	150000	06271150	13410662	110106197106271150	服务

SELECT * FROM customers WHERE cust_name LIKE '王%' 只读 查询时间: 0.081s 第 1 条记录（共 56 条）

图3-25 利用通配符（%）查询的结果

```
-- 利用通配符“_”匹配一个字符，查询某姓氏的名字为2个字的所有客户
SELECT * FROM customers WHERE cust_name LIKE '王_';
```

运行结果如图3-26所示。

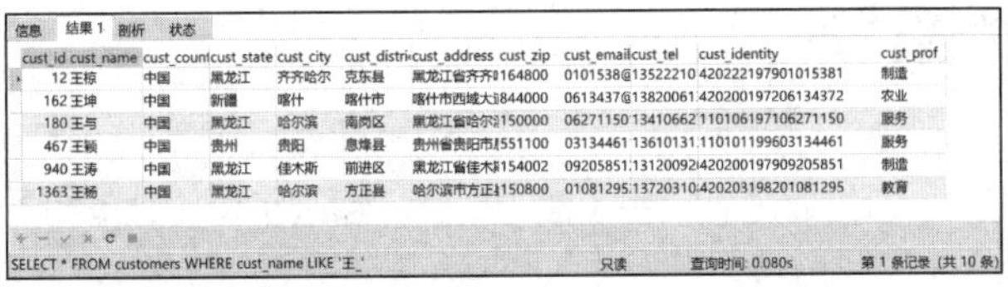

图3-26　利用通配符（_）查询的结果

步骤3：实训过程中用到了逻辑运算的或运算（or），逻辑运算还有与运算（and）、非运算（not），运用文心一言大模型查询其详细介绍和语句示例，然后运用各种逻辑运算设计客户特征信息查询的典型案例，写出查询语句并验证结果。

任务二：客户特征推断查询

【任务描述】

客户信息中没有性别、年龄，可通过身份证号码计算出生日期、年龄和性别。

身份证号码中第7位到第14位表示出生日期，但年月日之间需要用半字线拼接。年龄为现在日期减出生日期取年的部分，这种计算方法有满周岁与未满周岁的区别。SUBSTR()函数用于截取年、月、日3个子字符串，用CONCAT_WS()（或CONCAT()）函数拼接半字线得到日期格式的计算字段，命名为cust_birthday。计算年龄时用年份相减或时间差函数TIMESTAMPDIFF()计算上一步拼接得到的出生日期与现在日期的差值，取年部分，得到年龄值，计算字段命名为cust_age。

身份证号码中第17位为奇数表示"男"，为偶数表示"女"。用SUBSTR()函数截取第17位字符，用MOD()函数除以2取余，用IF()函数判断余数，如果为0则为"女"，否则为"男"，也可以用CASE进行判断，计算字段命名为cust_sex。

【操作步骤】

步骤1：依次运行以下语句。

```
SELECT cust_name, cust_identity,
CONCAT_WS('-',SUBSTR(cust_identity,7,4),SUBSTR(cust_identity,11,2),
SUBSTR(cust_identity,13,2)) cust_birthday, YEAR(CURDATE())-SUBSTR(cust_
identity,7,4) cust_age ,
IF(MOD(SUBSTR(cust_identity,17,1),2)=0,'女','男') cust_sex
FROM customers ORDER BY cust_age;
-- 或者
SELECT cust_identity,
CONCAT(SUBSTR(cust_identity,7,4),'-',SUBSTR(cust_identity,11,2),'-',
SUBSTR(cust_identity,13,2)) cust_birthday,
TIMESTAMPDIFF(YEAR, CONCAT(SUBSTR(cust_identity,7,4),'-',SUBSTR(cust_
identity,11,2),'-',
SUBSTR(cust_identity,13,2)), CURDATE()) cust_age,
CASE MOD(SUBSTR(cust_identity,17,1),2) WHEN 1 THEN '男' ELSE '女' END cust_sex
FROM customers ORDER BY cust_age;
```

最后一条语句的运行结果如图3-27所示。

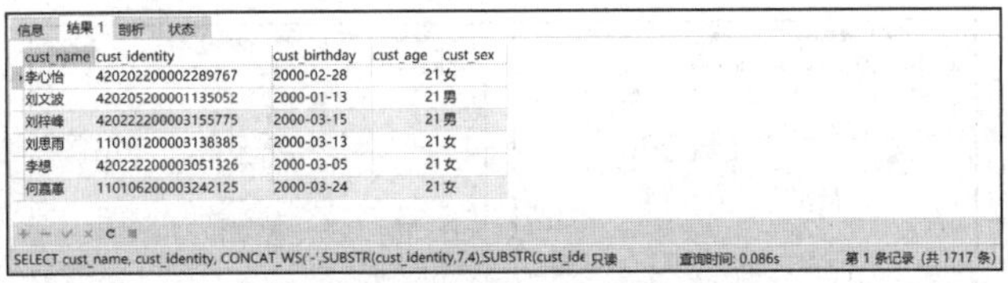

图3-27　计算查询结果

步骤2：运用文心一言大模型完成由身份证号信息计算客户的生肖。

实训三 统计销售订单

【任务描述】

完成订单的订单数、销售数量、销售金额的统计。通过年份、订单编号进行分组统计。

【操作步骤】

步骤1：统计订单表中2020年的订单数量。依次运行以下语句。

```
SELECT * FROM orders WHERE YEAR(order_date)=2020;
-- 或者
SELECT COUNT(*) 记录数 FROM orders WHERE YEAR(order_date)=2020;
```

运行结果如图3-28所示。

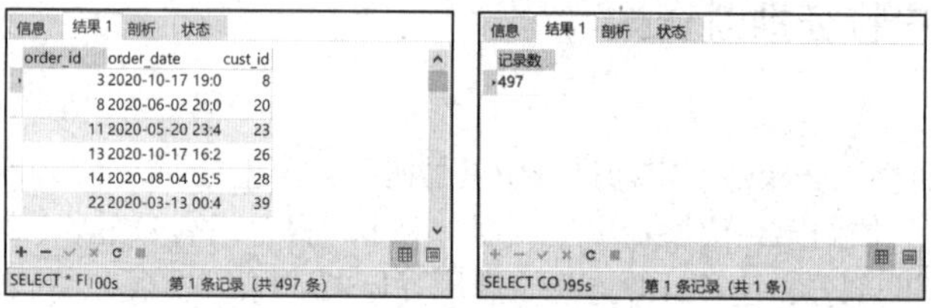

图3-28 2020年订单列表及订单数统计结果

步骤2：年份订单数量统计。依次运行以下语句。

```
SELECT order_id, YEAR(order_date), order_date, cust_id FROM orders;
-- 或者
SELECT YEAR(order_date) 年份,COUNT(*) 记录数 FROM orders GROUP BY
YEAR(order_date);
```

运行结果如图3-29所示。

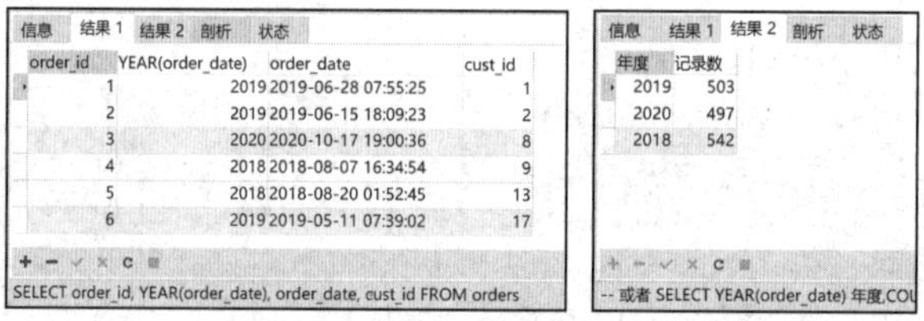

图3-29 2018—2020年的订单列表及按年份分组订单数统计结果

步骤3：订单明细统计。依次运行以下语句。

```
-- 订单明细项数、已售商品种类数、订单总金额
SELECT COUNT(*) 订单明细项数, COUNT(DISTINCT prod_id) 已售商品种类数,
    SUM(item_quantity*item_price) 订单总金额
FROM orderitems;
-- 每个订单的商品种类数、订单金额
SELECT order_id 订单号,COUNT(DISTINCT prod_id) 产品种类数, SUM(item_
quantity*item_price) 订单金额
FROM orderitems GROUP BY order_id;
```

运行结果如图3-30所示。

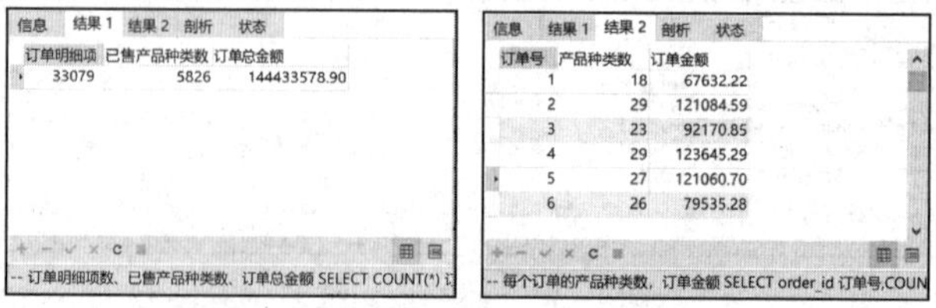

图3-30 订单明细汇总及订单号分组统计结果

步骤4：统计结果筛选。运行以下语句。

```
-- 订单金额高于200000的订单统计数据
SELECT order_id 订单号,COUNT(DISTINCT prod_id) 产品种类数, SUM(item_
quantity*item_price) 订单金额
FROM orderitems GROUP BY order_id HAVING 订单金额>=200000;
```

运行结果如图3-31所示。

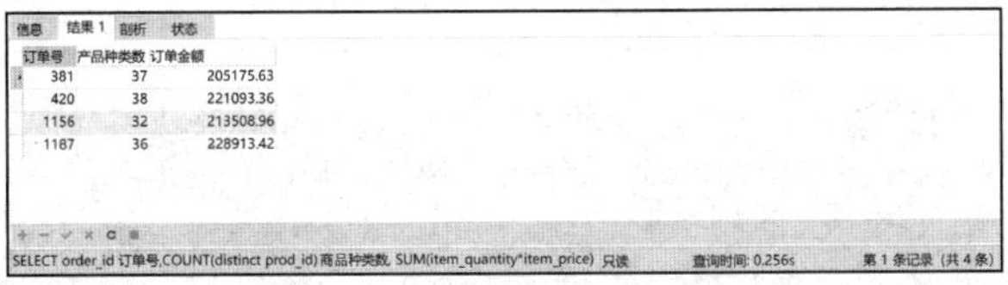

信息　结果 1　剖析　状态

订单号	产品种类数	订单金额
381	37	205175.63
420	38	221093.36
1156	32	213508.96
1187	36	228913.42

SELECT order_id 订单号,COUNT(distinct prod_id) 商品种类数, SUM(item_quantity*item_price) 只读　查询时间: 0.256s　第 1 条记录（共 4 条）

图3–31　筛选分组统计结果

步骤5：思考实训过程中用到了哪些聚合函数，并运用文一言大模型查询其详细介绍和语句示例，然后运用不同的聚合聚函数设计销售订单统计的典型案例，写出查询语句并验证结果。

实训四　分析商品销售

任务一：分析商品销售情况

【任务描述】

统计各类商品销售数量、销售金额、销售利润、单件商品销售利润、利润率。

【操作步骤】

步骤1：浏览商品销售情况。进行商品表、订单表、订单明细表这3张数据表的连接查询。

```
SELECT prod_category 商品, order_date 销售时间, orders.order_id 订单
号, item_quantity 数量,
        prod_price 进货价格, item_price 销售价格, item_quantity*item_price 销售金额,
        item_quantity*(item_price-prod_price) 销售利润
FROM orderitems INNER JOIN orders ON orders.order_id=orderitems.order_id
INNER JOIN products on products.prod_id=orderitems.prod_id
ORDER BY order_date;
```

运行结果如图3-32所示。

步骤2：分类汇总不同类别的商品各年的订单数、销售数量、销售金额、销售利润。根据分析主题选择分组字段，进行分组统计。

```
SELECT YEAR(order_date) years, prod_category,
        COUNT(DISTINCT orders.order_id) ordernums,SUM(item_quantity) quantities,
        SUM(item_quantity*item_price)  amounts,SUM(item_quantity*(item_
price-prod_price)) profit
FROM orderitems INNER JOIN orders ON orders.order_id=orderitems.order_id
INNER JOIN products ON products.prod_id=orderitems.prod_id
GROUP BY YEAR(order_date), prod_category
ORDER BY YEAR(order_date), prod_category;
```

运行结果如图3-33所示。

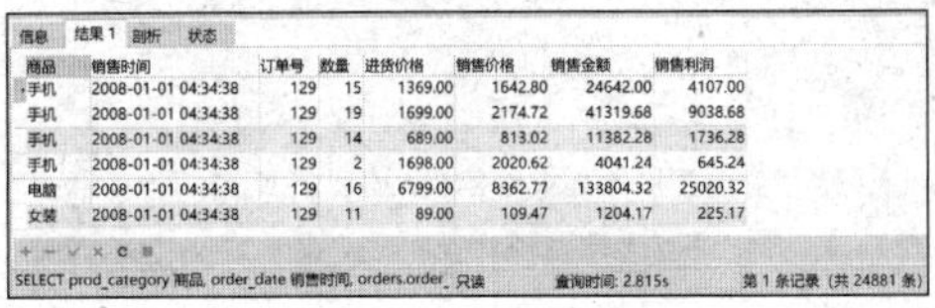

信息　结果 1　剖析　状态

商品	销售时间	订单号	数量	进货价格	销售价格	销售金额	销售利润
手机	2008-01-01 04:34:38	129	15	1369.00	1642.80	24642.00	4107.00
手机	2008-01-01 04:34:38	129	19	1699.00	2174.72	41319.68	9038.68
手机	2008-01-01 04:34:38	129	14	689.00	813.02	11382.28	1736.28
手机	2008-01-01 04:34:38	129	2	1698.00	2020.62	4041.24	645.24
电脑	2008-01-01 04:34:38	129	16	6799.00	8362.77	133804.32	25020.32
女装	2008-01-01 04:34:38	129	11	89.00	109.47	1204.17	225.17

SELECT prod_category 商品, order_date 销售时间, orders.order_ 只读　查询时间: 2.815s　第 1 条记录（共 24881 条）

图3–32　多表查询结果

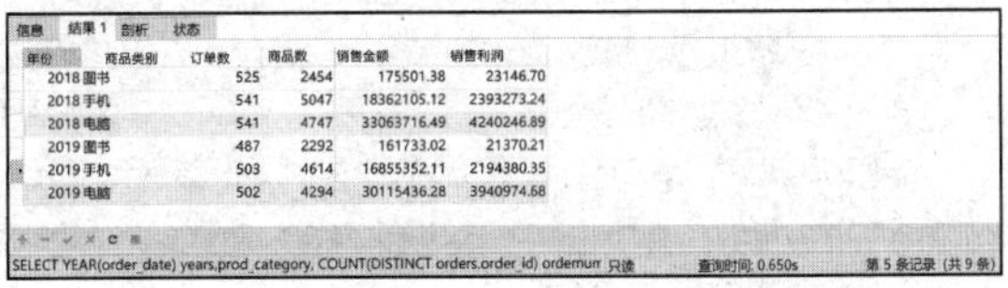

信息　结果 1　剖析　状态

年份	商品类别	订单数	商品数	销售金额	销售利润
2018	图书	525	2454	175501.38	23146.70
2018	手机	541	5047	18362105.12	2393273.24
2018	电脑	541	4747	33063716.49	4240246.89
2019	图书	487	2292	161733.02	21370.21
2019	手机	503	4614	16855352.11	2194380.35
2019	电脑	502	4294	30115436.28	3940974.68

SELECT YEAR(order_date) years,prod_category, COUNT(DISTINCT orders.order_id) ordernum 只读　查询时间: 0.650s　第 5 条记录（共 9 条）

图3–33　分年份、分类别跨表统计结果

步骤3：分组统计手机品牌的销售数量、销售金额、销售利润、单件产品的销售利润。选择“手机”类的各品牌进行分析。

注意

分组统计时，分组前的条件过滤用WHERE子句，分组后的聚集函数的值加过滤条件用HAVING子句。

```
SELECT prod_brand 品牌, SUM(item_quantity) 商品数,
        SUM(item_quantity*item_price) 销售金额,
        SUM(item_quantity*(item_price-prod_price)) 销售利润,
        SUM(item_quantity*(item_price-prod_price))/SUM(item_quantity*prod_
price) 利润率
FROM orders INNER JOIN orderitems ON orders.order_id=orderitems.order_id
INNER JOIN products ON products.prod_id=orderitems.prod_id
WHERE prod_category='手机'
GROUP BY 品牌
ORDER BY 商品数 DESC;
```

运行结果如图3-34所示。

步骤4：过滤销售数量为1000以上的手机品牌。

```
SELECT prod_brand 品牌, SUM(item_quantity) 商品数
FROM orders INNER JOIN orderitems ON orders.order_id=orderitems.order_id
INNER JOIN products ON products.prod_id=orderitems.prod_id
WHERE prod_category='手机'
GROUP BY 品牌
HAVING 商品数<1000
ORDER BY 商品数;
```

运行结果如图3-35所示。

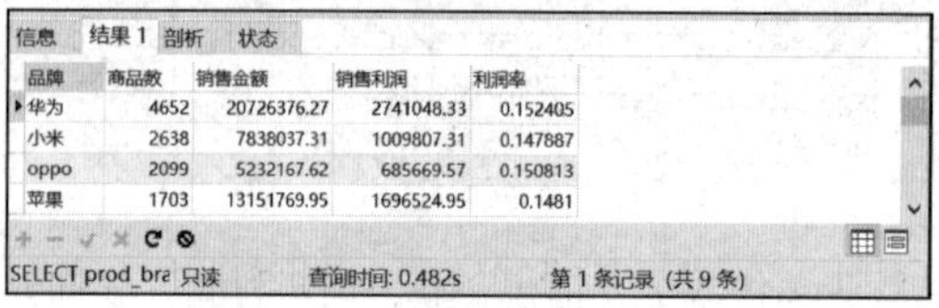

品牌	商品数	销售金额	销售利润	利润率
华为	4652	20726376.27	2741048.33	0.152405
小米	2638	7838037.31	1009807.31	0.147887
oppo	2099	5232167.62	685669.57	0.150813
苹果	1703	13151769.95	1696524.95	0.1481

图3-34　各品牌手机销售业绩统计结果

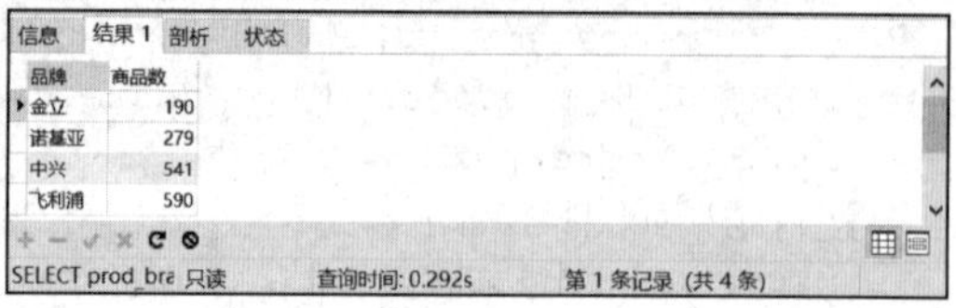

品牌	商品数
金立	190
诺基亚	279
中兴	541
飞利浦	590

图3-35　销售数量为1000以上的手机品牌统计结果

任务二：分析品牌销售情况

【任务描述】

在前面的分析结果中发现缺少某些品牌的产品，通过WHERE子查询进行确认，并在统计结果中将没有销售记录的品牌按0处理。

【操作步骤】

步骤1：确定手机品牌“摩托罗拉”是否有在销售。

```
SELECT * FROM orderitems WHERE prod_id IN
 (SELECT prod_id  FROM products WHERE prod_brand='摩托罗拉')
-- 或者
SELECT * FROM products WHERE prod_brand='摩托罗拉' and prod_id IN
 (SELECT prod_id  FROM orderitems)
```

运行结果如图3-36所示。

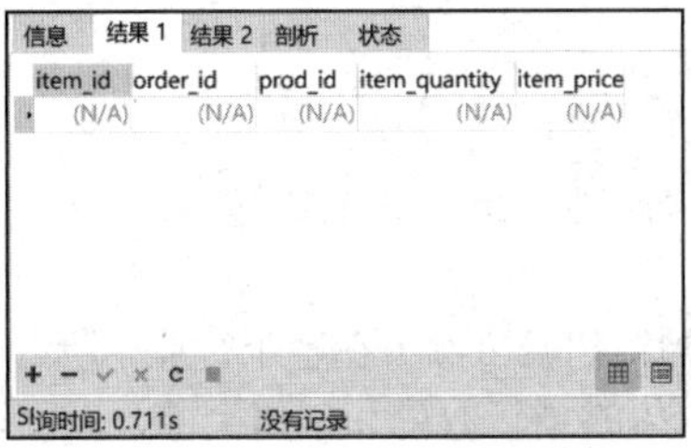

图3-36 "摩托罗拉"销售情况查询结果

步骤2：查询没有销售记录的产品。

```
SELECT * FROM products WHERE prod_id NOT IN (SELECT prod_id FROM orderitems);
```

运行结果如图3-37所示。

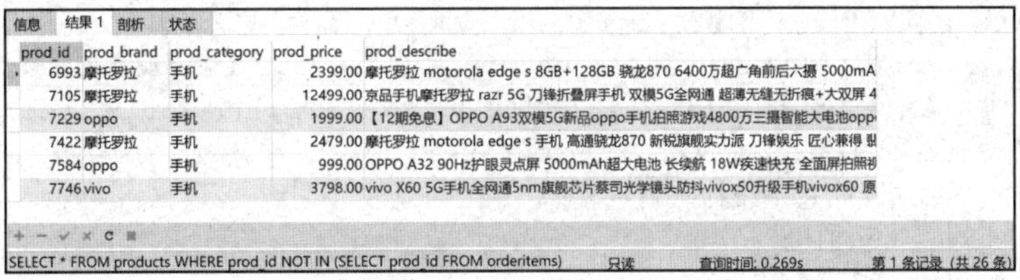

图3-37 没有销售记录的产品的查询结果

步骤3：显示出"摩托罗拉"品牌的销售数量、利润。通过左外连接查询，显示出全部产品。

```
SELECT prod_brand 品牌,SUM(item_quantity) 销售数量,
       SUM(item_quantity*item_price) 销售金额,
       SUM(item_quantity*(item_price-prod_price)) 销售利润,
       ROUND(SUM(item_quantity*(item_price-prod_price))/SUM(item_quantity*
prod_price),2) 利润率
FROM products p LEFT JOIN orderitems o ON p.prod_id=o.prod_id
WHERE prod_category='手机'
GROUP BY 品牌
ORDER BY 销售数量;
```

运行结果如图3-38所示。

通过左外连接查询之后，"摩托罗拉"品牌出现在查询结果中，因无订单明细，销售数量、销售金额、销售利润等都为空，需将空值用IFNULL()函数转化为0值显示。

```
SELECT prod_brand 品牌, IFNULL(SUM(item_quantity),0) 销售数量,
       IFNULL(SUM(item_quantity*item_price),0) 销售金额,
       IFNULL(SUM(item_quantity*(item_price-prod_price)),0) 销售利润,
       IFNULL(ROUND(SUM(item_quantity*(item_price-prod_price))/SUM(item_
quantity* prod_price),2),0) 利润率
FROM products p LEFT JOIN orderitems o ON p.prod_id=o.prod_id
WHERE prod_category='手机'
GROUP BY 品牌
ORDER BY 销售数量;
```

运行结果如图3-39所示。

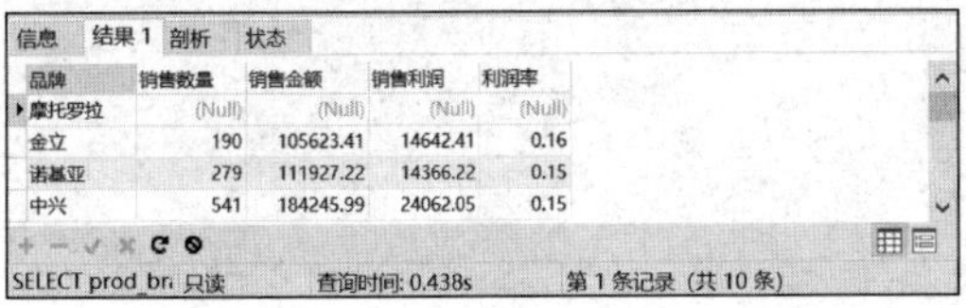

图3-38 字段值为NULL的统计结果

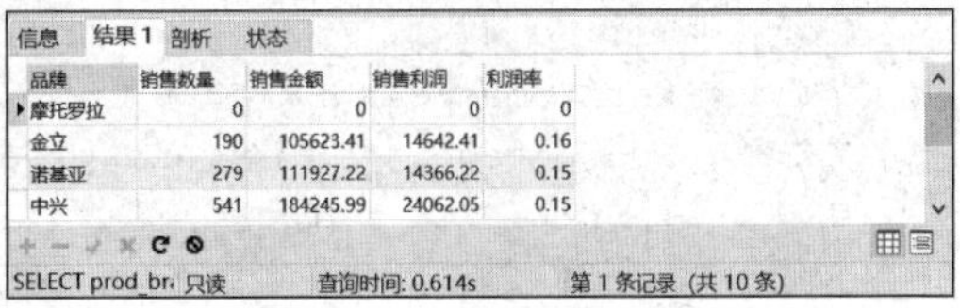

图3-39 调整NULL值统计结果

任务三：分析产品市场份额

【任务描述】

分析各价位手机的销售情况、品牌排行榜、各品牌的市场占有率。

【操作步骤】

步骤1：计算各品牌的市场占有率，即品牌的销售量（额）在整个行业中所占的比例。先通过FROM子查询中分别统计手机各品牌，以及总体的销售数量和销售金额，然后通过外层查询计算各手机品牌的市场占有率。

```
SELECT 品牌,
        IFNULL(ROUND(品牌销售数量/总销售数量*100,2),0) 销售数量占比,
        IFNULL(ROUND(品牌销售金额/总销售金额*100,2),0) 销售金额占比
FROM (SELECT prod_brand 品牌, SUM(item_quantity) 品牌销售数量, SUM(item_quantity*item_price) 品牌销售金额 FROM products p LEFT JOIN orderitems o ON p.prod_id=o.prod_id  WHERE prod_category='手机' GROUP BY prod_brand) 品牌统计,
    (SELECT SUM(item_quantity) 总销售数量, SUM(item_quantity*item_price) 总销售金额 FROM products p LEFT JOIN orderitems o ON p.prod_id=o.prod_id WHERE prod_category='手机') 总量统计
ORDER BY 销售数量占比;
```

运行结果如图3-40所示。

步骤2：生成手机品牌排行榜。这里主要分为销量排行榜、销售额排行榜。有3个排名函数，即RANK()OVER()、DENSE_RANK()OVER()、ROW_NUM()OVER()，它们的区别是RANK()OVER()显示并列名次并且并列之后空出所占名次；DENSE_RANK()OVER()显示并列名次但并列之后不空出所占名次；ROW_NUM()OVER()不显示并列名次，直接显示序号。这里选择RANK()OVER()函数，使用时加入排名的排序字段和排序的方向，排序字段可以是分组计算字段。

```
SELECT prod_brand 品牌, RANK() OVER(ORDER BY SUM(item_quantity) DESC) 销量排名, RANK() OVER(ORDER BY SUM(item_quantity*item_price) DESC) 销售额排名
FROM products p LEFT JOIN orderitems o ON p.prod_id=o.prod_id
WHERE prod_category='手机'
GROUP BY prod_brand;
```

运行结果如图3-41所示。

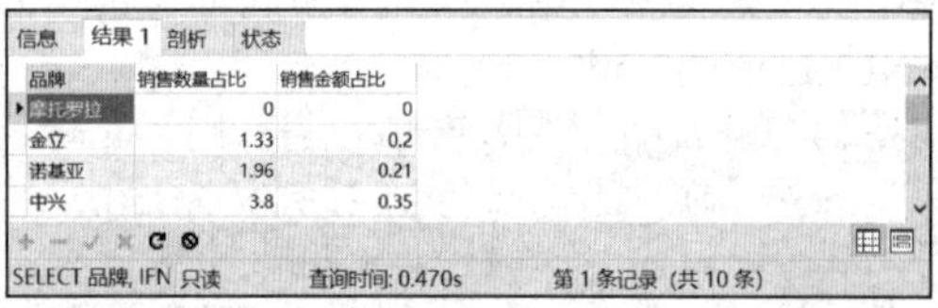

品牌	销售数量占比	销售金额占比
摩托罗拉	0	0
金立	1.33	0.2
诺基亚	1.96	0.21
中兴	3.8	0.35

图3-40　手机品牌市场占有率统计结果

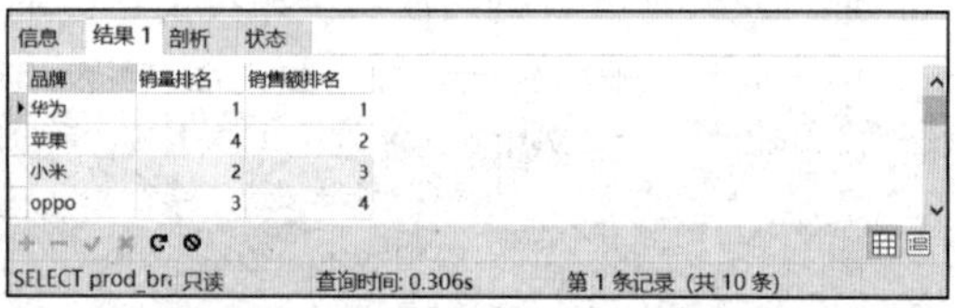

品牌	销量排名	销售额排名
华为	1	1
苹果	4	2
小米	2	3
oppo	3	4

图3-41　手机品牌排行榜统计结果

步骤3：统计分析各价位手机的销售情况。选择“手机”中的“华为”品牌进一步进行分析，价位以千元为段，价位分段的算法如下：将商品价格除以1000，使用CEIL()函数向上取整，将其作为分组统计的依据。

```
SELECT CEIL(prod_price/1000)*1000 价位, SUM(item_quantity) 销售数量,
SUM(item_quantity*item_price) 销售金额, SUM(item_quantity*(item_price-prod_price)) 销售利润
FROM orderitems o INNER JOIN products p on p.prod_id=o.prod_id
WHERE prod_category='手机' and prod_brand='华为'
GROUP BY CEIL(prod_price/1000)
ORDER BY 价位;
```

运行结果如图3-42所示。

图3-42　华为手机各价位销售统计结果

任务四：总结连接查询和子查询的使用技巧并进行 PPT 汇报

【任务描述】

总结连接查询中内链接、左链接、右链接的使用区别和技巧，子查询的使用技巧，子查询与链接查询的区别和两者如何更好结合使用，并列举其他典型案例。

【操作步骤】

步骤1：任务分配与团队分工，团队角色设置如下。

组长：负责整体协调和任务分配。

SQL分析师：负责编写连接查询和子查询的SQL语句。

报告撰写员：负责撰写实训报告。

PPT制作员：负责制作汇报PPT。

演讲者：负责汇报答辩。

步骤2：总结前3个任务完成SQL语句语法内涵、使用方法、应用技巧。

步骤3：进一步分析数据特征，设计商品销售统计的其他案例。

步骤4：进一步运用前面各实训的技术要点，使用文心一言大模型写出SQL查询语句，并验证结果，进一步对数据结果进行分析，总结其使用场景和技巧。

步骤5：撰写实训报告，将步骤2、3、4的实践内容形成完整的报告。

步骤6：制作PPT，为汇报答辩作准备。

步骤7：汇报答辩

汇报要求如下。

（1）每个团队成员都需要参与汇报。

（2）汇报时间控制在10-15分钟。

（3）使用PPT展示，将总结结合SQL语句和结果截图进行讲解。

答辩环节：老师提问，团队成员共同回答。

实训五　分类客户价值

任务一：确定 R、F、M 值

【任务描述】

根据RFM模型规则，结合客户交易数据确定每个客户的R、F、M值。

【操作步骤】

步骤1：分析客户的R值。先确定客户最后一次交易的日期，计算客户最后一次交易日期与分析日期（即2021年1月1日）距离多少天，取其平均天数作为R值。

拓展阅读

RFM 分析模型

在子查询中进行订单表查询，按客户编号分类，用MAX()聚集函数计算客户最后一次交易的日期，用DATEDIFF()函数计算最后一次交易与分析日期的差值天数。在外层查询中计算交易间隔的平均天数。

```
SELECT ROUND(AVG(天数),1) R值
 FROM (SELECT cust_id 客户编号, DATEDIFF('2021-01-01', MAX(order_date)) 天
数 FROM orders GROUP BY cust_id) recency;
```

运行结果如图3-43所示。

步骤2：分析客户的F值。计算客户的交易订单数，取其平均交易订单数作为F值。

```
SELECT ROUND( COUNT(cust_id)/count(DISTINCT cust_id),1) F值
 FROM orders;
```

运行结果如图3-44所示。

图3-43　客户交易间隔时长分析结果　　　图3-44　客户交易订单数分析结果

步骤3：分析客户的M值。计算客户的交易金额，取其平均交易订单数作为M值。

```
SELECT ROUND(SUM(item_quantity*item_price)/COUNT(DISTINCT cust_id),2)  M值
 FROM orderitems i JOIN orders o ON o.order_id=i.order_id;
```

运行结果如图3-45所示。

图3-45　客户交易金额分析结果

步骤4：创建RFM视图。计算各客户的RFM值，用1表示高，用0表示低。

在RFM视图中，将客户表、订单表、订单明细表这3个表进行连接查询，依据前面3个步骤分析出的R值、F值、M值作为CASE WHEN语句的判断条件，确定每个客户的R得分、F得分、M得分，并通过IFNULL()函数处理未有交易的客户数据。运行以下语句。

```
CREATE OR REPLACE VIEW v_crm_rfm AS
SELECT c.*,
IFNULL(DATEDIFF('2021-01-01',MAX(order_date)),0) recency,
COUNT(DISTINCT o.order_id) frequency,
IFNULL(SUM(item_quantity*item_price),0) monetary,
CASE WHEN DATEDIFF('2021-01-01', MAX(order_date))<=519.7 THEN 1 ELSE 0
END R,
CASE WHEN COUNT(DISTINCT o.order_id)>=1.2 THEN 1 ELSE 0 END F,
CASE WHEN SUM(item_quantity*item_price)>=112838.73 THEN 1 ELSE 0 END M
FROM customers c left JOIN (orders o JOIN orderitems i ON o.order_id=i.
order_id) ON o.cust_id=c.cust_id
GROUP BY c.cust_id,cust_name;
```

> **注意**
>
> 视图是指封装查询，通常用于简化SELECT语句表达，视图的用法基本同数据表。

创建好视图后查询视图。

```
SELECT cust_id 客户编号,cust_name 客户名,recency 最近交易间隔天数,frequency 交易
次数,monetary 交易总额,R,F,M
    FROM  v_crm_rfm;
```

运行结果如图3-46所示。

图3-46　v_crm_rfm视图的查询结果

任务二：应用 RFM 分析客户

【任务描述】

利用任务一建立的视图，查询各类客户名单，统计各类客户的占比。

【操作步骤】

步骤1：查看8类客户的具体名单。用R值、F值、M值作为条件进行查询，依次运行以下语句。

```
-- 重要价值客户（R高、F高、M高，111）
SELECT cust_id 客户编号,cust_name 客户名,recency 最近交易间隔天数,frequency 交
易次数,monetary 交易总额,R,F,M
FROM v_crm_rfm WHERE R=1 AND F=1 AND M=1;
-- 重要发展客户（R高、F低、M高，101）
SELECT cust_id 客户编号,cust_name 客户名,recency 最近交易间隔天数,frequency 交
易次数,monetary 交易总额,R,F,M
FROM v_crm_rfm WHERE R=1 AND F=0 AND M=1;
-- 重要保持客户（R低、F高、M高，011）
SELECT cust_id 客户编号,cust_name 客户名,recency 最近交易间隔天数,frequency 交
易次数,monetary 交易总额,R,F,M
FROM v_crm_rfm WHERE R=0 AND F=1 AND M=1;
-- 重要挽留客户（R低、F低、M高，001）
SELECT cust_id 客户编号,cust_name 客户名,recency 最近交易间隔天数,frequency 交
易次数,monetary 交易总额,R,F,M
FROM v_crm_rfm WHERE R=0 AND F=0 AND M=1;
-- 一般价值客户（R高、F高、M低，110）
SELECT cust_id 客户编号,cust_name 客户名,recency 最近交易间隔天数,frequency 交
易次数,monetary 交易总额,R,F,M
FROM v_crm_rfm WHERE R=1 AND F=1 AND M=0;
-- 一般发展客户（R高、F低、M低，100）
SELECT cust_id 客户编号,cust_name 客户名,recency 最近交易间隔天数,frequency 交
易次数,monetary 交易总额,R,F,M
FROM v_crm_rfm WHERE R=1 AND F=0 AND M=0;
-- 一般保持客户（R低、F高、M低，010）
SELECT cust_id 客户编号,cust_name 客户名,recency 最近交易间隔天数,frequency 交
易次数,monetary 交易总额,R,F,M
FROM v_crm_rfm WHERE R=0 AND F=1 AND M=0;
-- 一般挽留客户（R低、F低、M低，000）
SELECT cust_id 客户编号,cust_name 客户名,recency 最近交易间隔天数,frequency 交
易次数,monetary 交易总额,R,F,M
FROM v_crm_rfm WHERE R=0 AND F=0 AND M=0;
```

最后一条语句的运行结果如图3-47所示。

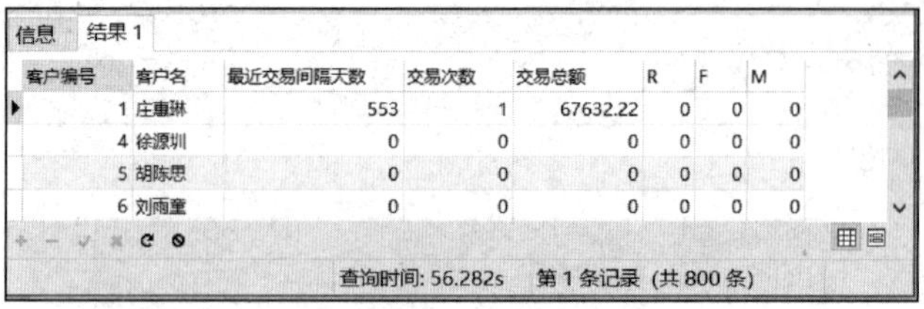

客户编号	客户名	最近交易间隔天数	交易次数	交易总额	R	F	M
1	庄惠琳	553	1	67632.22	0	0	0
4	徐源圳	0	0	0	0	0	0
5	胡陈思	0	0	0	0	0	0
6	刘雨童	0	0	0	0	0	0

图3-47 一般挽留客户名单查询结果

步骤2：计算8类客户的数量及其占比。用R值、F值、M值作为条件进行查询，运行以下语句。

```
SELECT
SUM(CASE WHEN R=1 AND F=1 AND M=1 THEN 1 ELSE 0 END) 重要价值客户数,
SUM(CASE WHEN R=1 AND F=0 AND M=1 THEN 1 ELSE 0 END) 重要发展客户数,
SUM(CASE WHEN R=0 AND F=1 AND M=1 THEN 1 ELSE 0 END) 重要保持客户数,
SUM(CASE WHEN R=0 AND F=0 AND M=1 THEN 1 ELSE 0 END) 重要挽留客户数,
SUM(CASE WHEN R=1 AND F=1 AND M=0 THEN 1 ELSE 0 END) 一般价值客户数,
SUM(CASE WHEN R=1 AND F=0 AND M=0 THEN 1 ELSE 0 END) 一般发展客户数,
SUM(CASE WHEN R=0 AND F=1 AND M=0 THEN 1 ELSE 0 END) 一般保持客户数,
SUM(CASE WHEN R=0 AND F=0 AND M=0 THEN 1 ELSE 0 END) 一般挽留客户数,
ROUND(SUM(CASE WHEN R=1 AND F=1 AND M=1 THEN 1 ELSE 0 END)/SUM(1)*100,2)
重要价值客户占比,
ROUND(SUM(CASE WHEN R=1 AND F=0 AND M=1 THEN 1 ELSE 0 END)/SUM(1)*100,2)
重要发展客户占比,
ROUND(SUM(CASE WHEN R=0 AND F=1 AND M=1 THEN 1 ELSE 0 END)/SUM(1)*100,2)
重要保持客户占比,
ROUND(SUM(CASE WHEN R=0 AND F=0 AND M=1 THEN 1 ELSE 0 END)/SUM(1)*100,2)
重要保持客户占比,
ROUND(SUM(CASE WHEN R=0 AND F=0 AND M=1 THEN 1 ELSE 0 END)/SUM(1)*100,2)
重要挽留客户占比,
ROUND(SUM(CASE WHEN R=1 AND F=1 AND M=0 THEN 1 ELSE 0 END)/SUM(1)*100,2)
一般价值客户占比,
ROUND(SUM(CASE WHEN R=1 AND F=0 AND M=0 THEN 1 ELSE 0 END)/SUM(1)*100,2)
一般发展客户占比,
ROUND(SUM(CASE WHEN R=0 AND F=1 AND M=0 THEN 1 ELSE 0 END)/SUM(1)*100,2)
一般保持客户占比,
ROUND(SUM(CASE WHEN R=0 AND F=0 AND M=0 THEN 1 ELSE 0 END)/SUM(1)*100,2)
一般挽留客户占比
FROM v_crm_rfm;
```

运行结果如图3-48所示。

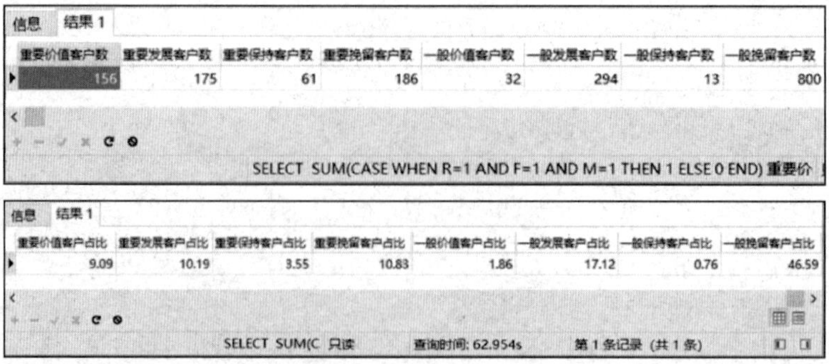

重要价值客户数	重要发展客户数	重要保持客户数	重要挽留客户数	一般价值客户数	一般发展客户数	一般保持客户数	一般挽留客户数
156	175	61	186	32	294	13	800

重要价值客户占比	重要发展客户占比	重要保持客户占比	重要挽留客户占比	一般价值客户占比	一般发展客户占比	一般保持客户占比	一般挽留客户占比
9.09	10.19	3.55	10.83	1.86	17.12	0.76	46.59

图3-48 客户RFM分析结果

课中实训

任务三：结合 AI 大模型优化客户分类

【任务描述】

结合AI大模型，对RFM模型进行优化，生成更精准的客户分类规则，并分析客户行为特征。

【操作步骤】

步骤1：从v_crm_rfm视图中导出客户RFM数据为CSV文件，将CSV文件下载到本地。

步骤2：与AI大模型交互。

（1）输入数据：将导出的CSV文件上传到AI大模型平台。

（2）输入提示词。

以下是客户的RFM数据（R: 最近一次消费天数, F: 消费频率, M: 消费金额），请帮我分析以下内容：①根据RFM模型，生成更精准的客户分类规则；②分析每类客户的行为特征；③提供针对每类客户的营销建议。

（3）获取AI输出：AI大模型会生成新的客户分类规则、行为特征分析和营销建议。

步骤3：应用AI生成的规则。

（1）根据AI生成的客户分类规则，更新SQL查询语句。

（2）执行查询，统计各类客户的占比。

步骤4：分析客户行为特征，根据AI输出的行为特征分析，撰写客户行为分析报告。

步骤5：制定营销策略，根据AI提供的营销建议，制定具体的营销策略。

步骤6：撰写实训报告和PPT。

步骤7：汇报答辩。

实训六　融合 InsCode 应用

任务一：安装和配置 InsCode AI IDE

【任务描述】

安装InsCode AI IDE，配置所需的MySQL扩展插件。

【操作步骤】

步骤1：安装InsCode AI IDE。从InsCode网站下载InsCode AI IDE基于WINDOWS系统的安装包。随后运行安装包进行安装。

步骤2：安装MySQL扩展插件。启动InsCode AI IDE（简称IDE），从IDE右侧的"扩展"面板中，选择"OPEN VSX"选项卡，在搜索栏中输入"mysql"，选择列表中的"MySQL v8.2.0"插件，单击"安装"按钮即可。

> **注意**
> MySQL扩展插件只是MySQL的客户端，需要另行安装本地MySQL服务器，或者有远程可连接的MySQL服务器。

步骤3：创建数据库连接。从IDE左侧选择"Database工具栏"，单击"Create Connection"按钮，然后配置相关的主机、用户、密码、数据库等参数，确认连接有效后保存。如图3-49所示。

图3-49 数据库连接配置

任务二：测试 AI 功能

【任务描述】

测试InsCode的AI自动代码生成。

【操作步骤】

步骤1：登录InsCode网站。单击"IDE"标题栏右侧的"登录"按钮，跳转到InsCode网站进行登录（如果没有账号，需要先注册），登录网站后，IDE的标题栏上会显示登录名。

步骤2：新建一个SQL文件。若建立文件时选择了"内置"，则需在文档未输入内容前，单击"选择语言"按钮，选择列表中的"SQL"选项。

步骤3：启用AI。使用"Ctrl+J"组合键打开AI对话框。在对话框中输入一段表达操作要求的描述文字，单击"生成"按钮，系统经过一段时间的处理后，就会输出相应的SQL语句代码。确认代码不会导致不良后果，就可以单击左侧"绿色三角形"按钮去运行代码，最后选择"接受"/"拒绝"来决定是保留AI生成的代码，如图3-50所示。

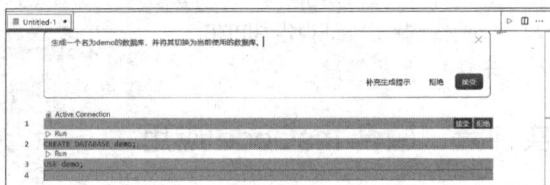

图3-50 AI对话框

实训项目评价 ↓

表1 学生技能自评表

序号	技能	佐证	达标	未达标
1	单表数据查询	能够根据查询要求确定选用不同子句		
2	多条件组合查询	能够使用比较运算和逻辑运算准确表达查询条件		
3	统计数据	能够使用聚集函数和GROUP BY子句完成数据统计		
4	多表数据查询	能够准确表述表间记录关系		

表2 学生素质自评表

序号	素质	佐证	达标	未达标
1	创新思维	能够以多种方式表达同一查询条件		
2	坚韧品格	能够不断修正语法和逻辑错误，直到获得正确结果		
3	自我学习能力	能够借助网络资源拓展学习和寻找解决问题的方案		

课后提升

案例一　概览产品信息

　　了解数据表（products）的结构，巩固使用SELECT语句查询表中的数据的相关知识，掌握SELECT各子句在查询中的使用方法。

　　请根据以上信息，完成下列操作。

　　（1）查看products表的结构。

　　（2）查看products表中的数据。

　　（3）显示products表部分字段的数据，并修改字段名以中文别名显示。

　　（4）将products表内容按类别、品牌去重显示。

　　（5）将products表内容按类别升序、品牌升序、价格降序显示。

　　（6）将products表内容按类别升序、品牌升序、价格降序排序后用分页表格显示，每页显示20条记录，并查看第3页的记录。

案例二　查询产品特征

　　利用存储在数据表中的相关产品特征进行产品信息查询。

　　请根据以上信息，完成下列操作。

　　（1）查询产品表，类别为"手机"，品牌不为"苹果"，且价格为1000～2000元。

　　（2）查询产品表，类别为"手机"，品牌为"华为""小米""vivo""oppo"，且描述中包含"老人"，按单价升序排序。

　　（3）查询产品表，类别为"计算机"，单价下调15%后，价格低于3000元的产品，按单价升序排序。

　　（4）查询产品表，类别为"图书"，且品类为"python"，将单价分成3段显示：小于40元显示为"低价位"，大于等于40元且小于100元显示为"中价位"，大于等于100元显示为"高价位"。

案例三　统计客户分布

　　对客户的性别、年龄、职业、地域分布人数进行分类汇总。客户信息中没有性别、年龄，需根据身份证号码计算并生成视图，再查询视图，对性别、年龄进行分析。地域分析，可从省、市角度分析，市又可以从一二三四五线城市角度分析，通过互联网可查阅"2021年全国一二三四五线城市划分名单"形成维度表关联出所在地市州所属城市类型。

　　请根据以上信息，完成下列操作。

　　（1）统计客户性别分布。

　　（2）统计客户职业分布。

　　（3）统计客户地域分布，分别按照省、市统计，再按照所属几线城市统计。

　　（4）统计客户年龄分布，按照出生年代统计客户分布情况，如"60后""70后""80后""90后""00后"等。

　　（5）统计客户年龄分布，按照年龄段统计客户分布情况，如16～20岁、21～25岁、26～30岁、31～35岁、36～40岁、41～45岁、46～50岁、51～55岁、56～60岁、61～65岁等。

案例四　分析销售趋势

　　统计多年的订单数、销售数量、销售金额、销售利润并进行趋势对比，进行多表连接查询后再分类汇总。在学习实训四后完成本案例。

请根据以上信息，完成下列操作。

（1）统计多年的订单数、销售数量、销售金额、销售利润并进行趋势对比。

（2）统计多年的订单数、销售数量、销售金额、销售利润并进行趋势对比，从月份角度对比销售情况。

（3）统计不同类别的商品各年的订单数、销售数量、销售金额、销售利润并进行趋势对比。

（4）打印各年月销售总报表。

案例五　结合 AI 大模型的销售预测与优化

（1）销售数据预处理：对销售数据进行清洗和预处理，确保数据质量，为后续分析提供干净的数据集。检查并处理缺失值、重复值和异常值；将销售数据按年份、月份、类别、品牌等维度进行汇总。

（2）销售趋势预测：利用AI大模型对历史销售数据进行趋势预测，生成未来12个月的销售数量和销售金额预测。将历史销售数据导出为CSV文件，使用AI大模型，输入正确的提示词，生成销售趋势预测报告。

（3）销售优化建议：结合AI大模型生成销售优化建议，针对高价值客户、潜在客户和流失客户提出具体的优化措施。将销售数据和预测结果输入AI大模型，使用正确的提示词，获取AI生成的优化建议。

（4）生成销售分析报告：结合AI大模型生成完整的销售分析报告，包括历史销售数据分析、未来销售趋势预测和销售优化建议。

课后提升

项目四

Python应用基础

学习目标 ↓

◤ 知识目标

1. 掌握Python、PyCharm等开发工具的安装和配置方法
2. 掌握HTML网页层次结构、标签、属性
3. 掌握Python的基本数据类型、循环语句、条件语句和文件操作
4. 掌握使用Requests和Beautiful Soup编写网络爬虫的方法

◤ 能力目标

1. 安装、配置软件开发环境的能力
2. 熟练设计和分析网页的能力
3. 熟练使用Python进行网络爬虫编写和数据处理的能力
4. 自学能力、沟通能力与团队协作能力

◤ 素养目标

1. 学习先进技术，认真吸收并开拓创新
2. 尊重和保护知识产权，遵纪守法的道德法律意识
3. 培养良好的职业素质、优秀的团队协作精神

课前自学

　　网络数据采集是指通过网络爬虫或网站公开 API 等方式从网站上获取数据信息。该方法可以将非结构化数据从网页中采集出来，将其存储为统一的本地数据文件，并以结构化的方式存储。它支持文本、图片、音频、视频等内容的采集。在互联网时代，网络数据采集主要为大数据分析提供全面和新的数据。

　　网络爬虫工具主要包括：Java网络爬虫工具和Python网络爬虫工具。本项目学习Python网络爬虫工具，具体内容包含：Python编程知识、网页基础和Python数据采集工具等。

一、Python 编程语言简介

　　Python是一门开源、免费的编程语言，它不仅简单、易用，而且功能强大。同时Python是一门推崇"极简主义"的编程语言，它的入门非常简单，非专业人士也可以使用Python处理日常工作。

　　Python并不是一门新的编程语言，1991年Python就发行了第一个版本，2010年以后随着大数据和人工智能的兴起，Python又重新焕发出了蓬勃的生机。在2020年12月世界编程语言排行榜中，Python排名第三，仅次于C语言和Java语言。

　　Python的优点如下。

- **简单**。Python的语法非常优雅，甚至不像其他语言一样使用花括号、分号等特殊符号，代表一种"极简主义"的设计思想。阅读Python程序就像是在阅读英语文章。
- **易学**。Python入门非常快，学习门槛非常低，可以直接通过命令行交互环境来学习Python编程。
- **免费、开源**。Python的所有内容都是免费、开源的，这意味着不用花一分钱就可以免费使用Python，并且可以拷贝、阅读及修改它的源代码。
- **自动内存管理**。如果了解C语言、C++语言就会知道内存管理会给开发人员带来很大麻烦，程序非常容易出现内存方面的漏洞。但是在Python中内存管理是自动完成的，开发人员可以专注于程序本身。
- **可以移植**。由于Python是开源的，它已经被移植到了大多数平台下，例如Windows、macOS、Linux、Android、iOS等。
- **解释型**。大多数计算机编程语言都是编译型的，在运行之前需要将源码编译为操作系统可以执行的二进制格式（0110格式），这样，大型项目编译过程非常消耗时间；而Python是解释型的，用Python编写的程序不需要编译成二进制代码，开发人员可以直接从源代码运行程序。在计算机内部，Python解释器把源代码转换成字节码的中间形式，然后把它翻译成计算机使用的机器语言并运行。
- **面向对象**。Python既支持面向过程，又支持面向对象，这样编程更加灵活。
- **可扩展**。Python程序除了可以使用Python本身编写外，还可以混合使用C语言、Java等编写。
- **丰富的第三方库**。Python本身具有丰富且功能强大的库，而且由于Python的开源特性，第三方库也非常多。

　　除了上面提到的各种优点，Python也有如下缺点。

- **运行速度慢**。运行速度慢是解释型语言的通病，Python也不例外。Python的运行速度慢不仅因为一边运行一边"翻译"源代码，还因为Python是高级语言，屏蔽了很多底层细节。这样做的代价是很大的，Python要多做很多工作，有些工作是很消耗资源的，比如管理内存。Python的运行速度几乎是最慢的，不但远远慢于C/C++，还慢于Java。

- **代码加密困难**。不像编译型语言的源代码会被编译成可执行程序，Python是直接运行源代码的，因此对源代码加密比较困难。

拓展阅读

　　Python是大数据技术和数据科学职业领域不可或缺的技术之一。Python工程师可以在众多就业方向获得良好的发展，如Python开发人员、机器学习工程师、数据科学家、数据分析师、商业智能（Business Intelligence，BI）分析师、数据工程师、数据架构师等。

素养拓展

　　作为编程人员要注重知识和技能的提升，不断突破自己，保持对软件开发工作的热爱和初心。

二、Python 编程知识

　　Python编程语言与Perl、C和Java等语言有许多相似之处，但是也存在一些差异。下面将讲解Python的基础语法，帮助读者快速掌握Python编程知识。

1.基础语法知识

（1）变量定义

　　变量的第一个字符必须是字母或下画线，其他部分由字母、数字和下画线组成，变量对大小写敏感（即变量区分大小写）。在Python 3中，变量的定义中还可以包含中文。

```
>>_s = "bigdata"
>>_s1 = "bigdata"
>>s = "bigdata"
>>_字符串 = "bigdata"
>>print(_s)
>>print(_s1)
>>print(s)
>>print(_字符串)
bigdata
bigdata
bigdata
bigdata
```

（2）关键字

　　不能把关键字用作任何变量名称。如果使用关键字作为变量，Python会产生SyntaxError错误。Python的标准库提供了一个 keyword 模块，可以输出当前版本的所有关键字。

```
>> import keyword
>> keyword.kwlist
['False', 'None', 'True', 'and', 'as', 'assert', 'break', 'class', 'continue',
'def', 'del', 'elif', 'else', 'except', 'finally', 'for', 'from', 'global', 'if',
'import', 'in', 'is', 'lambda', 'nonlocal', 'not', 'or', 'pass', 'raise', 'return',
'try', 'while', 'with', 'yield']
```

```
>>False = "bigdata"
File"E:/chapter3/Sample1.2.py", line 1
    False = "bigdata"
SyntaxError: cannot assign to False
```

（3）注释

注释用来向用户提示或解释某些代码的作用和功能，它可以出现在代码中的任何位置。Python解释器在执行代码时会忽略注释，不做任何处理，就好像它不存在一样。

注释的最大作用是提高程序的可读性。在工作中，为自己的代码添加合理的注释，可极大地降低同事之间的沟通交流成本。如果没有注释，也许过一段时间以后，自己也不清楚当时写这段代码的思路。

Python支持两种类型的注释，分别是单行注释和多行注释。

- Python单行注释。

使用井号（#）作为单行注释的符号，语法格式如下。

```
# 这是注释内容
```

从#开始，直到这行结束为止的所有内容都是注释。Python解释器遇到#时，会忽略它后面的整行内容。

- Python多行注释。

多行注释指的是一次性注释程序中多行的内容（包含一行）。Python使用3个连续的单引号（'''）或者3个连续的双引号（"""）注释多行内容，具体格式如下。

```
'''
这是注释内容
'''

"""
这是注释内容
"""
```

多行注释通常用来为Python文件、模块、类或者函数等添加版权或者功能描述信息。

（4）缩进

与其他程序设计语言（如Java、C语言）采用花括号（{}）分隔代码块不同，Python采用代码缩进和冒号（:）来区分代码块之间的层次。

在Python中，对于类定义、函数定义、流程控制语句、异常处理语句等，行尾的冒号和下一行的缩进，表示下一个代码块的开始，而缩进的结束则表示此代码块的结束。

注意，在Python中实现对代码的缩进，可以使用空格或者Tab键。但无论是使用空格键，还是使用Tab键，通常情况下都采用4个空格长度作为一个缩进量。

```
>>s = "财经数据"
>>for i in s:
>>      print(i)


>>score = 95
>>if score > 90:
>>      print("优秀员工")
>>else:
>>      print("良好员工")
```

（5）基本数据类型

Python 3中有6种标准的数据类型。

- 数字（Number）。

- 字符串（String）。
- 列表（List）。
- 元组（Tuple）。
- 集合（Set）。
- 字典（Dictionary）。

Python 3中的6种标准数据类型分类如下。

不可变数据类型：数字、字符串、元组。

可变数据类型：列表、字典、集合。

① 数字。

Python 3支持 int、float、bool等类型。

在Python 3中，只有一种整数类型int，表示长整型，没有Python 2中的Long。与大多数语言一样，数字类型的赋值和计算都是很直观的。内置的type() 函数可以用来查询变量所指的对象类型。

```
>>num1 = 10
>>num2 = 3.14
>>num3 = True
>>print(type(num1))
>>print(type(num2))
>>print(type(num3))

<class 'int'>
<class 'float'>
<class 'bool'>
```

② 字符串。

Python中的字符串是指用单引号（'）、双引号（"）或三引号（"'）括起来的内容。Python中的字符串有两种索引方式，即从左往右以0开始和从右往左以-1开始。Python中的字符串不能改变。

```
>>str1 = 'hello'
>>str2 = "hello"
>>str3 = '''hello'''
>>print(str1[0])
>>print(str1[1])
>>str1[0] = "d"

h
e
Traceback (most recent call last):
File "E:/Sample1.5.2.py", line 7, in <module>
    str1[0] = "d"
TypeError: 'str' object does not support item assignment
```

③ 元组。

元组与列表类似，不同之处在于元组中的元素不能修改。元组中的元素写在圆括号里，元素之间用逗号隔开，元组中的元素类型也可以不相同。

```
>>tuple1 = ("AI", "BigData", "IoT", "5G", 3.14)
>>print(tuple1[0:2])
>>tuple1[0] = "Cloud"

('AI', 'BigData')
```

```
Traceback (most recent call last):
  File "E:/Sample1.5.4.py", line 4, in <module>
    tuple1[0] = "Cloud"
TypeError: 'tuple' object does not support item assignment
```

④ 列表。

列表是Python中使用最频繁的数据类型之一。

列表可以完成大多数集合类的数据结构实现。列表中元素的类型可以不相同，它支持数字、字符串，甚至可以包含列表（所谓嵌套）。

列表是指将元素写在方括号（[]）之间、用逗号分隔。

和字符串一样，列表同样可以被索引和截取，列表被截取后返回一个包含所需元素的新列表。

```
>>list1 = ["AI", "BigData", "IoT", "5G", 3.14]
>>print(list1[0:2])


['AI', 'BigData']
```

⑤ 字典。

字典是Python中另一个非常有用的内置数据类型。

列表是有序的对象集合，字典是无序的对象集合，两者之间的区别在于：字典当中的元素是通过键来存取的，而不是通过偏移来存取的。

字典是一种映射类型，字典用{}标识，它是无序的键（key）：值（value）的集合。

键必须使用不可变类型。在同一个字典中，键必须是唯一的。

```
>>dict1 = {
>>      "name" : "李雷",
>>      "age" : 18
>>}
>>print(dict1["name"])
>>print(dict1["age"])

李雷
18
```

⑥ 集合。

集合是由一个或多个不重复的事物或对象组成的，构成集合的事物或对象称作元素或成员。

集合的基本功能是进行成员关系测试和删除重复元素。

可以使用{}或set()函数创建集合。注意：创建一个空集合必须用set()而不是{}，因为{}常用来创建一个空字典。

```
>>set1 = {"AI", "BigData", "IoT"}
>>set2 = {"IoT", "5G", 3.14}


>>print(set1 - set2)     # set1 和 set2 的差集
>>print(set1 | set2)     # set1 和 set2 的并集
>>print(set1 & set2)     # set1 和 set2 的交集
>>print(set1 ^ set2)     # set1 和 set2 中不同时存在的元素


{'BigData', 'AI'}
{3.14, '5G', 'BigData', 'AI', 'IoT'}
{'IoT'}
{3.14, '5G', 'BigData', 'AI'}
```

（6）内置函数

Python解释器内置了很多函数，可以在任何时候使用它们。下面列出常用的几个内置函数。

① input()函数。

input()函数从输入中读取一行，将其转换为字符串（除了末尾的换行符）并返回。特别需要注意：其返回值为字符串，如果需要其他类型的数据，要进行类型转换后才能使用。

② print()函数。

print()函数用于将指定内容输出，它具有非常丰富的功能。

```
s = "hello bigdata"
print(s)
print("%s" % s)
print("hello", "bigdata")
print(s, end="")
```

③ len()函数。

len()函数用于返回对象（字符串、列表、元组等）长度或项目个数。

④ str()函数。

str()函数用于将其他类型的数据转化为字符串。

⑤ abs()。

abs()函数用于返回一个数的绝对值，参数可以是整数、浮点数等数值类型数据。

⑥ type()。

type()函数用于返回变量的真实数据类型。

2．流程控制语句

（1）条件控制语句

前面学习的程序语句都是按顺序执行的，也就是先执行第1条语句，然后是第2条、第3条……一直到最后一条语句，这称为顺序结构。

但是对于很多情况，顺序结构的程序是远远不够的，比如一个程序需要对学生成绩进行评价，大于90分评为优秀，小于60分评为不合格，顺序结构的程序就无法实现。

在Python中，可以使用if else语句对条件进行判断，然后根据不同的结果执行不同的代码，这称为选择结构或者分支结构。Python中的if else语句可以细分为3种形式，分别是if语句、if else语句和if elif else语句，它们的语法如下，执行流程如图4-1、图4-2、图4-3所示。

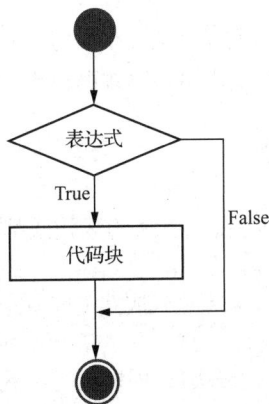

图4-1　if语句执行流程　　　　　　图4-2　if else语句执行流程

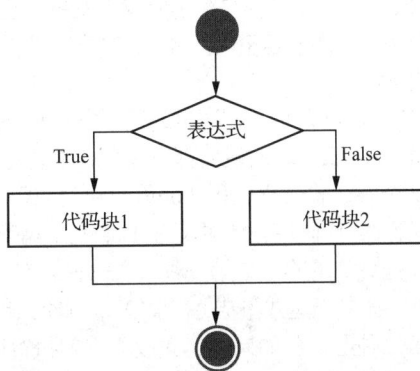

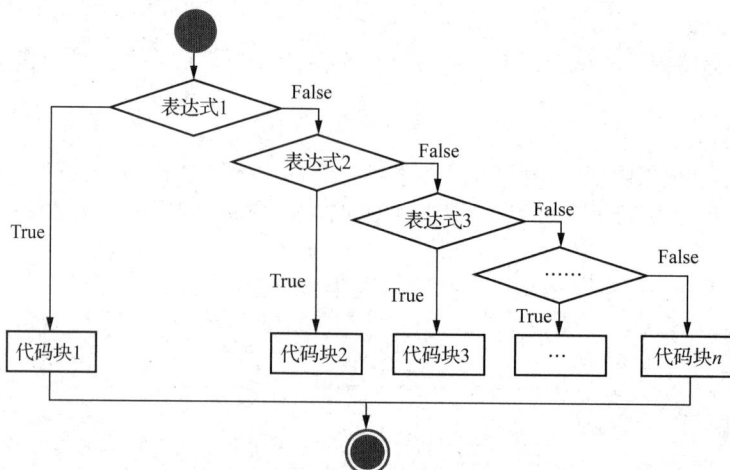

图4-3　if elif else语句执行流程

```
语法格式1:
    if 表达式:
        代码块


语法格式2:
    if 表达式:
        代码块 1
    else:
        代码块 2
语法格式3:
    if 表达式 1:
        代码块 1
    elif 表达式 2:
        代码块 2
    elif 表达式 3:
        代码块 3
    … //其他elif语句
    else:
        代码块 n
```

语法格式的说明如下。

"表达式"可以是单一的布尔值或者变量，也可以是由运算符组成的复杂语句，形式不限，只要它能得到一个布尔值就行。不管"表达式"的结果是什么类型，if else都能判断它是否成立（真或者假）。

"代码块"由具有相同缩进量的若干条语句组成。

if、elif、else表达式的最后都有冒号，不要忘记。

一旦某个表达式成立，Python就会执行它后面对应的代码块；如果所有表达式都不成立，就执行else后面的代码块；如果没有else部分，就什么也不执行。

执行过程最简单的就是第一种形式——只有一个if部分。如果表达式成立（真），就执行后面的代码块；如果表达式不成立（假），就什么也不执行。

对于第二种形式，如果表达式成立，就执行if后面紧跟的代码块1；如果表达式不成立，就执行else后面紧跟的代码块2。

对于第三种形式，Python 会从上到下逐个判断表达式是否成立，一旦遇到某个成立的表达式，就执行其后面紧跟的语句块，此时，剩下的代码就不再执行，不管后面的表达式是否成立；如果所有的表达式都不成立，就执行else后面的代码块。

总体来说，不管有多少个分支，都只能执行一个分支，或者一个也不执行，不能同时执行多个分支。

```
>>department = 1
>>if department == 1:
>>    print("研发部")
>>elif department == 2:
>>    print("销售部")
>>else:
>>    print("人事部")
研发部
```

（2）while循环控制语句（简称while循环语句）

在Python中，while循环语句和if条件控制语句类似，即在条件（表达式）为真的情况下，执行相应的代码块。不同之处在于，只要条件为真，while循环语句就会一直重复执行那段代码块。

while循环语句的语法格式如下。

```
while表达式:
    代码块
```

这里的代码块指的是缩进格式相同的多行代码，不过在循环结构中，它又称为循环体。

while循环语句执行的具体流程为：首先判断表达式的值，当其值为真（True）时，则执行代码块，当执行完毕后，再重新判断表达式的值是否为真，若仍为真，则继续重新执行代码块，如此循环，直到表达式的值为假（False），才终止循环。

while循环语句执行流程如图4-4所示。

```
>>i = 0
>>sum = 0
>>while i < 10:
>>    sum = sum + i
>>    i = i + 1
>>print(sum)
45
```

（3）for循环控制语句（简称for循环语句）

Python中的循环语句有两种，分别是while循环语句和for循环语句，前面已经对while循环语句做了详细的介绍，这里讲解for循环语句，它常用于遍历字符串、列表、元组、字典、集合等序列，逐个获取序列中的各个元素。

for循环语句的语法格式如下。

```
for 迭代变量 in 字符串|列表|元组|字典|集合:
    代码块
```

语法格式中，迭代变量用于存放从序列类型变量中读取出来的元素，所以一般不会在循环中对迭代变量手动赋值；代码块指的是具有相同缩进格式的多行代码（和while循环语句一样），由于和循环结构联用，因此代码块又称为循环体。

for循环语句执行流程如图4-5所示。

```
>>item = 1
>>for i in range(365):
>>        item = item * (1+0.01)
>>print(item)
37.7834343328

>>item = 1
>>for i in range(365):
```

```
        item = item * (1-0.01)
>>print(item)
0.0255179644
```

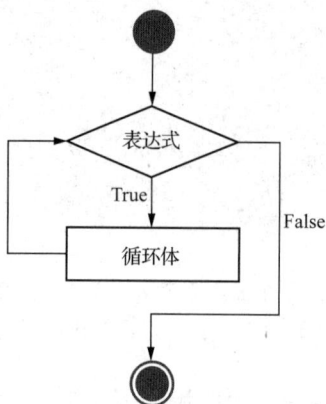

图4-4　while循环语句执行流程

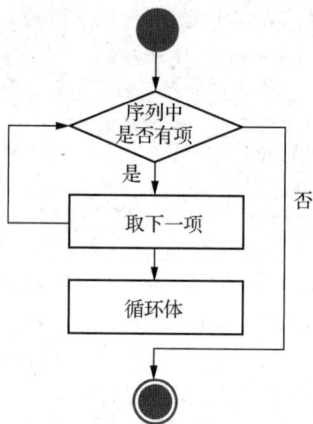

图4-5　for循环语句执行流程

（4）循环语句中的break语句和continue语句

在执行while循环语句或者for循环语句时，只要满足循环条件，程序就会一直重复执行循环体。但在某些应用场景下，可能希望在循环结束前就强制结束循环。Python提供了如下两种强制离开当前循环体的方法。

① 使用continue语句，可以跳过执行本次循环中剩余的代码，直接从下一次循环继续执行。

② 使用break语句，可以彻底结束全部循环。

```
>>i = 0
>>sum = 0
>>while i < 10:
>>    i = i + 1
>>    if i % 2 == 0:
>>        continue
>>    sum = sum + i
>>print(sum)
45


>>i = 0
>>sum = 0
>>while True:
>>    i = i + 1
>>    if i > 10:
>>        break
>>    sum = sum + i
>>print(sum)
55
```

3．文件操作

Python中，对文件的操作有很多种，常见的操作包括创建、删除、修改权限、读取、写入等，这些操作可大致分为以下两类。

（1）创建、删除、修改权限：作用于文件本身，属于系统级操作。

（2）读取、写入：是文件最常用的操作，作用于文件的内容，属于应用级操作。

其中，文件的系统级操作功能单一，比较容易实现，可以借助Python中的专用模块（os、sys等），并调用模块中的指定函数来实现。例如，假设代码文件的同级目录中有一个文件"bigdata.txt"，通过调用os模块中的remove()函数，可以将该文件删除，具体实现代码如下。

```
# 删除文件
>>import os
>>os.remove("bigdata.txt")
```

而对于文件的应用级操作，通常需要按照固定的步骤进行，且实现过程相对比较复杂。

文件的应用级操作可以分为以下3步，每一步都需要借助对应的函数实现。

（1）打开文件：使用 open() 函数，该函数会返回一个文件对象。

（2）对已打开的文件进行读、写操作：读取文件内容，可以使用read()函数、readline()函数及readlines()函数；向文件中写入内容，可以使用write()函数。

（3）关闭文件：完成对文件的读、写操作之后，需要关闭文件，可以使用close()函数。

一个文件必须在打开之后才能对其进行操作，并且在操作结束之后应将其关闭，这3步的顺序不能乱。

（1）文件的打开

在Python中，如果想要操作文件，首先需要创建或者打开指定的文件，并创建一个文件对象，而这些工作可以通过内置的open() 函数实现。

open() 函数用于创建或打开指定文件，该函数的常用语法格式如下。

```
file=open(file_name [,mode='r'[,buffering=-1[ ,encoding=None ]]])
```

此语法格式中，用[]括起来的部分为可选参数，既可以使用也可以省略。其中，各个参数所代表的含义如下。

file：表示要创建的文件对象。

file_name：要创建或打开文件的文件名称，该名称要用引号（单引号或双引号都可以）引起来。需要注意的是，如果要打开的文件和当前执行的代码文件位于同一目录，则直接写文件名即可；否则，此参数需要指定打开文件所在的完整路径。

mode：可选参数，用于指定文件的打开模式。常用的打开模式有r（只读模式）、w（只写模式）、a（追加模式）和b（二进制模式）。如果不写，则默认以r（只读模式）模式打开文件。

buffering：可选参数，用于指定对文件进行读、写操作时，是否使用缓冲区。

encoding：手动设定打开文件时所使用的编码格式，编码格式必须与文件的编码格式相同，否则会产生错误。不同平台的encoding参数值也不同，以Windows为例，其默认为cp936（实际上就是GBK编码）。

（2）文件的读取

① read(size)函数：读取若干字节数据。

read()函数的作用是读取文件里的内容，该函数的基本语法格式如下。

```
file.read([size])
```

其参数用于指定读取的字节数，read()函数的返回值是字符串。对于read()函数里的size形参，如果文件里可读的数据不够，则有多少读多少，但最多返回size字节数据。如果不指定size，就会返回整个文件的内容，如果文件比较小，可以这样用，但是如果是一个巨型文件，建议指定size的值，否则内存消耗过大。

② readline()函数：读取一行数据。

read()函数用于读取若干字节的数据或整个文件里的内容，有时候文件里的数据可能是按行分布的，需要先读一行处理一行，再读一行处理一行这样不断地读取文件。Python提供了readline()函数，每次可以从文件里读取一行数据。另外，open()函数的返回值是可以迭代的，这样就可以一行一行地读完整个文件。这样的好处是，如果文件比较大，可以在小内存计算机上读取大文件的内容。

readline()函数的基本语法格式如下。

```
file.readline([[size]])
```

其中，file为已经打开的文件对象；size为可选参数，用于指定读取每一行时，一次最多读取的字符（字节）数。

（3）文件的写入

在Python中可以将数据写入文件，要求文件以w模式打开。如果文件不存在则会在关闭文件时创建文件。

Python中的文件对象提供了write()函数，可以向文件中写入指定内容。该函数的语法格式如下。

```
file.write(string)
```

其中，file表示已经打开的文件对象；string表示要写入文件的字符串（或字节串，仅适用于写入二进制文件中）。

（4）文件的关闭

对于使用open()函数打开的文件，必须使用close()函数将其手动关闭。下面详细介绍一下close()函数。

close()函数是专门用来关闭已打开的文件的，其语法格式如下。

```
file.close()
```

其中，file表示已打开的文件对象。

> **注意**
>
> 文件在打开并操作完成之后，就应该及时关闭，否则程序的运行可能出现问题。

（5）综合应用

下面以一个综合应用的例子来学习Python文件操作。

```
>>f1 = open("bigdata.txt", mode="w", encoding="utf-8")
>>f1.write("hello, bigdata")
>>f1.close()

>>f2 = open("bigdata.txt", mode="r", encoding="utf-8")
>>str1 = f2.read()
>>print(str1)
>>f2.close()
hello, bigdata
```

4．函数

函数就是一段封装好的、可以重复使用的代码，它使编写的程序更加模块化，不需要编写大量重复的代码。

函数需要提前编写并测试完成，且需要给它取唯一的名字，只要知道它的名字就能调用这段代码。函数还可以接收数据，并根据数据的不同做出不同的操作，最后把处理结果返回给调用者。

函数能提高应用的模块性和降低代码的重复率。读者已经学习了Python提供的许多内置函数，读者也可以自己创建函数，其称为用户自定义函数。

（1）定义函数

定义函数，也就是创建一个函数，可以理解为创建一个具有某些用途的工具。定义函数需要用def关键字实现，具体的语法格式如下。

```
def 函数名(参数列表):
    函数代码块
    [return [返回值]]
```

其中，用[]括起来的为可选部分，既可以使用也可以省略。

此语法格式中，各部分参数的含义如下。

函数名：其实就是一个符合Python语法的标识符，但不建议读者使用a、b、c这类简单的标识符作为函数名，函数名最好能够体现出该函数的功能（如calc_len()，表示自定义的计算长度的函数）。

参数列表：设置该函数可以接收多少个参数，多个参数之间用逗号分隔。

[return [返回值]]：整体作为函数的可选参数，用于设置该函数的返回值。也就是说，一个函数，可以有返回值，也可以没有返回值，是否需要返回值应根据实际情况而定。

注意

在创建函数时，即使函数不需要参数，函数名后面也必须保留()，否则Python解释器将提示"invaild syntax"错误。如果想定义一个没有任何功能的空函数，可以使用pass语句作为占位符。函数代码块与函数的定义关键字def需要一个制表符的缩进，表示代码块在函数内部执行。

```
>>def calc_len(str1):
>>     len = 0
>>     for i in str1:
>>          len = len + 1
>>     return len


>>def empty_fun():
>>     pass
```

（2）调用函数

调用函数也就是执行函数。如果把创建的函数理解为一个具有某种用途的工具，那么调用函数就相当于使用该工具。

调用函数的基本语法格式如下。

`[返回值] = 函数名([形参值])`

其中，函数名指的是要调用的函数的名称；形参值指的是当初创建函数时要求传入的各个形参的值。如果该函数有返回值，可以通过一个变量来接收该值，当然也可以不接收。

需要注意的是，创建函数时有多少个形参，调用函数时就需要传入多少个值，且顺序必须和创建函数时的一致。即便该函数没有参数，函数名后的圆括号也不能省略。

```
>>len1 = calc_len("hello world")
>>len2 = len("hello world")
>>print(len1)
>>print(len2)
11
11
```

（3）参数传递

通常情况下，定义函数时都会选择有参数的函数形式，函数参数的作用是传递数据给函数，令其对接收的数据做具体的操作处理。

在使用函数时，经常会用到形参（形式参数）和实参（实际参数），二者都是参数，区别如下。

形参：在定义函数时，函数名后面圆括号中的参数就是形参。例如：

```
#定义函数时，这里的函数参数param就是形参
>>def my_fun(param):
>>     print(param)
```

实参：在调用函数时，函数名后面圆括号中的参数就是实参，也就是函数的调用者给函数的参数。例如：

```
>>str1 = "hello bigdata"
#调用已经定义好的my_fun()函数，此时传入的参数str1就是实参
>>my_fun(str1)
```

根据实参的类型不同，函数参数的传递方式可分为两种，分别为值传递和引用（地址）传递，实参通过以上两种方式传递给形参。

值传递：适用于实参类型为不可变类型（字符串、数字、元组）。

引用传递：适用于实参类型为可变类型（列表、字典）。

值传递和引用传递的区别：函数参数进行值传递后，若形参的值发生改变，不会影响实参的值；而函数参数进行引用传递后，改变形参的值，实参的值也会一同改变。

```
>>def fun1(str1):
>>      str1 = "hello, bigdata"

>>def fun2(list1):
>>      list1.append("5G")

>>str1 = "hi, bigdata"
>>fun1(str1)
>>print(str1)

>>list1 = ["bigdata", "AI"]
>>fun2(list1)
>>print(list1)

hi, bigdata
['bigdata', 'AI', '5G']
```

（4）函数返回值

到目前为止，创建的函数都只对传入的数据进行处理，处理完后就结束。但实际上，在某些场景中，还需要函数将处理的结果返回，比如len()函数计算的结果就会返回给调用者。

Python中，用def语句创建函数时，可以用return语句指定应该返回的值，该返回值可以是任意类型。需要注意的是，return语句在同一函数中可以出现多次，但只要有一个return语句被执行，就会直接结束函数的执行。

函数中，使用return语句的语法格式如下。

```
return [返回值]
```

编写一个函数，计算两个数字之和。

```
def sum(num1, num2):
    # 返回两个参数的和
    sumNum = num1+ num2
    return sumNum

#调用sum()函数
total = sum(10, 20)
print ("两个数字之和为: ", total)
```

三、网页基础

使用Python进行数据采集，需要对网页结构进行分析，因此要求爬虫开发工程师必须掌握基本的网页知识。

一个完整的HTML文件包含头部和主体两个部分的内容，在头部内容里，可定义标题、样式等，而主体内容就是要显示的信息。

拓展阅读

```
<html>
    <head>
```

Python 扩展知识

106

```
        <title> 公司简介 </title>
    </head>
    <body>
        <h1>欢迎光临智信公司</h1>
    </body>
</html>
```

1．头部内容

<head>包含的部分为HTML文件的头部内容，在浏览器窗口中，头部内容是不会被显示在正文中的，在此标签中可以插入其他用以说明文件的标题和一些公共属性的标签。

根据HTML标准，<head>部分允许的标签仅有<base>、<link>、<meta>、<title>、<style>和<script>，它们在HTML的头部是合法的。

如要指定HTML文件的网页标题（它将显示在浏览器窗口顶部标题栏），就要在头部内容中提供有关信息。用title元素来指定网页标题，即在<title></title>之间写上网页标题。

2．主体内容

在标签<body>和</body>中放置的是页面中所有的内容，如图片、文字、表格、表单、超链接等元素。

```
<html >
<head>
    <title>公司简介</title>
</head>
<body>
    <h1>本公司是一家销售公司。</h1>
    <p>主营业务是女鞋和图书。</p>
</body>
</html>
```

3．HTML 基本元素

（1）标签

HTML中用于描述功能的符号称为"标签"。<html>、<head>、<body>等都是标签。标签通常分为单标签和双标签两种类型。单标签仅单独使用就可以表达完整的意思，例如，
。双标签由首标签和尾标签两部分构成，它必须成对使用。首标签告诉Web浏览器从此处开始执行该标签的功能，尾标签告诉Web浏览器在这里结束，例如，和。

（2）属性

HTML通过标签告诉浏览器如何展示网页，如通过
告诉浏览器换行显示。另外，还可以为某些元素附加一些信息，这些附加信息被称为属性（Attribute）。

例如，标签<hr>的作用是在网页中插入一条水平线，那么这条水平线的粗细、对齐方式等就是该标签的属性。

```
<hr size="5px" align="center">
```

（3）注释

注释标签用于在HTML源码中插入注释。注释会被浏览器忽略。可以使用注释对代码进行解释，适当地添加注释对以后代码的阅读和维护有很大的帮助。

基本语法格式如下。

```
<!-- 注释内容 -->
```

> **注意**
>
> 只需要在左侧包含一个感叹号。

（4）HTML示例

```
<html>
<head>
    <title>大数据应用基础</title>
</head>
<body>
    <p>大数据需要学习：<b>Python</b></p>
    <img src="./img/welcome.jpg">
</body>
</html>
```

四、网络数据采集

一般使用网络爬虫采集网络中的数据。网络爬虫也被称为"网络蜘蛛""爬虫机器人"，它是一个模拟人访问网络的流程并自动下载网页内容的计算机程序或脚本。下面将介绍使用Python编写网络爬虫并进行数据采集。

1．爬虫基本原理

（1）网页请求和响应的过程

- **请求（Request）**。用户每次打开网页都需要浏览器向服务器发送访问请求。
- **响应（Response）**。服务器在接收到用户的请求后，会验证请求的有效性，然后向用户发送相应的内容。客户端接收到服务器的相应内容后，再将此内容展示出来，以供用户浏览。

（2）网页请求的方式

网页请求的方式一般分为两种：GET和POST。

- GET。GET是常见的请求方式，一般用于获取或者查询资源信息，也是大多数网站使用的请求方式。
- POST。POST与GET相比，多了以表单形式上传参数的功能，因此除了查询信息外，还可以修改信息。

因此，在编写爬虫程序前要弄清楚向谁发送请求，以及用什么方式发送请求。

（3）爬虫工作的基本流程

用户使用爬虫来获取网页数据的时候，一般要经过以下几步。

- 发送请求。
- 获取相应内容。
- 解析内容。
- 保存数据。

2．Requests 网络请求模块

Requests是用Python语言编写的、基于urllib的、采用Apache 2 Licensed开源协议的HTTP库。它比urllib更加方便，可以减少开发者大量的工作，完全满足HTTP测试需求。Requests实现了HTTP中的绝大部分功能，它提供的功能包括keep-alive、连接池、Cookie持久化、内容自动解压、HTTP代理、安全套接多层（Secure Socket Layer，SSL）认证、连接超时、Session等，更重要的是它同时兼容Python 2和Python 3。

（1）Requests库的安装

Requests库的安装十分简单，一般可在Windows命令提示符窗口中执行"pip install requests"命令来完成下载、安装，如图4-6所示。

安装完成后，在Python环境中即可导入该库，如果不报错则表示安装成功。导入Requests库的命令为"import requests"，如图4-7所示。

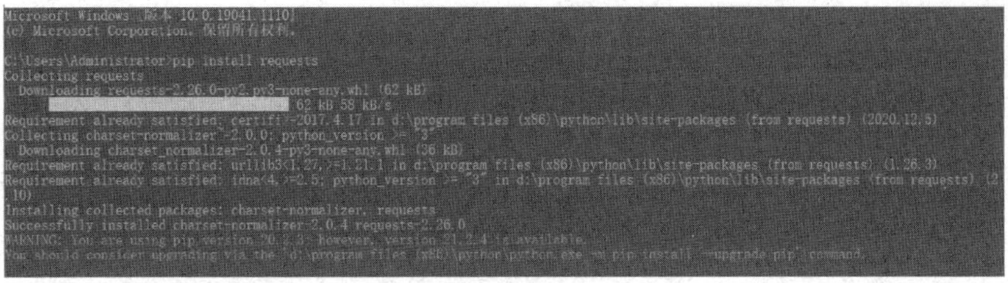

图4-6 Requests库安装

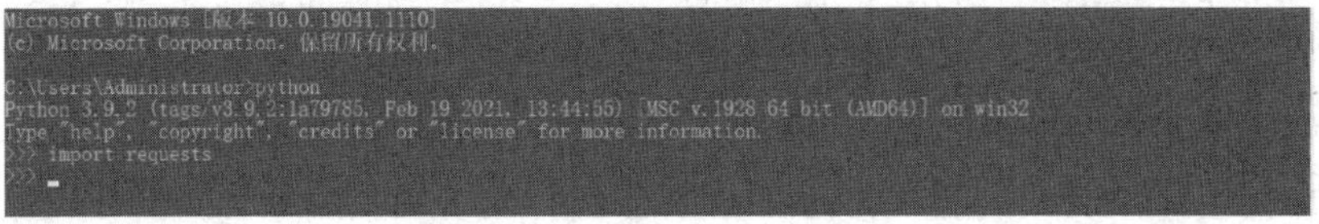

图4-7 导入Requests库

（2）Requests库发送GET请求

接下来，将以HTTP请求百度首页为例，来说明Requests库的常用方法并讲解HTTP请求的参数和返回结果的特点。通过Requests库发送一个基本的GET请求，代码如下。

```
import requests
r = requests.get(百度首页地址)
print(r.text)
```

Requests库的相应参数如表4-1所示。

表4-1 Requests库的相应参数

参数	说明
r.status_code	HTTP请求的响应状态码
r.content	HTTP请求响应数据的二进制形式
r.text	HTTP请求响应的字符串形式
r.encoding	HTTP请求响应的头部中的编码格式
r.apprent_encoding	根据响应内容推测的编码格式
r.json	HTTP请求响应的JSON格式数据

在上述请求百度首页的代码中，默认情况下返回的r.encoding为ISO-8859-1，输出的r.text中存在乱码，需要设置r.encoding = "utf-8"，再次输出r.text，没有出现乱码数据。

很多时候，在发送GET请求时，需要在请求中添加头部信息，比如User-Agent、Cookie等。添加头部信息时，Python要求以字典形式提供请求头部，代码如下。

```
import requests
head_dict = {
    "User-Agent" : "Mozilla/5.0 (Windows NT 10.0; Win64; x64) AppleWebKit/
537.36 (KHTML, like Gecko) Chrome/92.0.4515.131 Safari/537.36"
}

r = requests.get(百度首页地址, headers=head_dict)
print(r.text)
print(r.encoding)
```

通过添加头部信息，程序能更好地模拟浏览器的访问过程，这也是最常见的应对反爬虫措施的方式。

（3）Requests库发送POST请求

通过POST方式发送请求时，需要以Python的字典形式添加请求参数。这里以百度翻译网站为例来介绍如何发送POST请求，代码如下。

```
import requests

head_dict = {
    "user-agent" : "Mozilla/5.0 (Windows NT 10.0; Win64; x64)
AppleWebKit/537.36 (KHTML, like Gecko) Chrome/92.0.4515.131 Safari/537.36"
}

data = {
    'kw': "big data"
}
r = requests.post(百度翻译链接 , data=data, headers=head_dict)
print(r.json())
```

运行结果如下。

```
{'errno': 0, 'data': [{'k': 'big data', 'v': '大数据'}]}
```

在上面的例子中，POST请求的第二个参数为data，其中的内容为提交给服务器的参数，它以字典形式组织参数，这里的参数由一个键值对组成，键为kw，值为big data，表示需要翻译的词为big data。

3．Beautiful Soup 4 网页解析

Beautiful Soup是一个可以从HTML或XML文件中提取数据的Python库。它能够通过使用者喜欢的转换器实现惯用的文档查找、文档修改。Beautiful Soup可帮助使用者节省数小时甚至数天的工作时间。

（1）安装Beautiful Soup 4

Beautiful Soup 4通过PyPI发布，可以通过pip来安装，如图4-8所示。包的名字是Beautiful Soup 4，这个包兼容Python 2和Python 3。在PyPI中还有一个名字为Beautiful Soup的包，它是Beautiful Soup 3的发布版本，因为很多项目还在使用Beautiful Soup 3，所以Beautiful Soup包依然有效。在安装过程中一定要确保安装正确的Beautiful Soup 4。

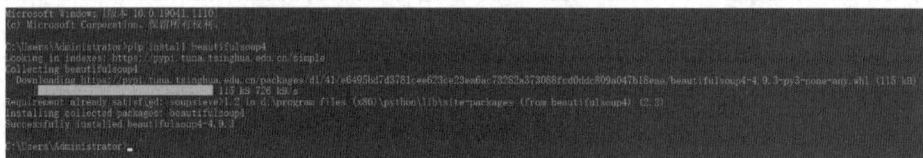

图4-8　Beautiful Soup 4库安装

（2）创建Beautiful Soup对象

要使用Beautiful Soup 4库解析网页，首先需要创建Beautiful Soup对象，通过将字符串或HTML文件传入Beautiful Soup 4库的构造方法可以创建一个 Beautiful Soup对象。

首先必须导入Beautiful Soup 4库，它的简写形式为bs4。

```
from bs4 import BeautifulSoup
```

这里创建一个HTML格式的字符串，后面的例子将使用它来进行演示。

```
html = """
    <html><head><title>大数据应用基础</title></head>
    <body>
    <p class="title" name="bigdata"><b>大数据应用基础</b></p>
    <p class="MySQL">MySQL</p>
    <a href="MySQL官网URL" id="link1"> <!--MySQL官网 -->
地址</a>,
    <p class="Python">Python</p>
    <a href=" Python官网URL " id="link2">地址</a>
```

```
      </body>
      </html>
      """
```
创建Beautiful Soup对象。
```
soup = BeautifulSoup(html, "html.parser")
```
创建Beautiful Soup对象的参数必须是HTML格式的字符串，HTML.parser是Beautiful Soup的解析器，是Python的内置标准库，也可以使用lxml、html5lib等解析器。

（3）Beautiful Soup的4个对象

Beautiful Soup将复杂HTML文档转换成复杂的树形结构，每个节点都是Python对象，所有对象可以归纳为以下4种。

- Tag。
- NavigableString。
- BeautifulSoup。
- Comment。

Tag就是HTML中的一个个标签，例如下面代码中<p>包含的全部内容为一个Tag。
```
<p class="title" name="bigdata"><b>大数据应用基础</b></p>
```
可以使用tag["属性名"]的方式访问标签中的属性数据。

NavigableString是标签内部的文字。"大数据应用基础"就是<p>标签中的文字，在Beautiful Soup中它的类型是NavigableString，使用tag.text可以访问标签内部的文字。

BeautifulSoup对象表示的是一个文档的全部内容。大部分时候，可以把它当作Tag对象，它是特殊的Tag，读者可以分别获取它的类型、名称及属性。

Comment对象是一个特殊类型的NavigableString对象，它表示标签中的注释信息，例如，下面代码中"MySQL官网"为一个Comment对象。
```
<a href="MySQL官网URL" id="link1"> <!--MySQL官网-->
地址</a>
```
（4）节点查找

Beautiful Soup库中定义了很多搜索方法，其中常用的有find()方法和find_all()方法，两者的参数一致，区别为find_all()方法返回的是查找到的包含所有元素的列表，而find()方法返回的是查找到的第一个结果。

find_all()方法可用于搜索文档树中的Tag对象，非常方便，其基本语法格式如下。
```
BeautifulSoup.find_all(name, attrs, recursive, string, limit, **kwargs)
```
find_all()方法常用的参数及其说明如下。

name：可以查找所有名字为name的Tag，可以使用任一类型的过滤器，如字符串、正则表达式、列表、方法或True。

attrs：将Tag的属性名作为参数，查找满足条件的Tag。注意class属性不能直接使用，它与Python的关键字冲突，需要使用class_。

recursive：表示是否检索当前Tag对象的所有子节点。默认为True，若只搜索Tag对象的直接子节点，可将该参数设为False。

string：可以搜索文档中的指定字符串内容。

limit：限制返回结果的数量，与MySQL中的limit类似。

（5）Beautiful Soup示例

下面以一段代码来展示Beautiful Soup的综合应用。
```
from bs4 import BeautifulSoup   #导入Beautiful Soup
html = """
<html><head><title>大数据应用基础</title></head>
```

```
        <body>
        <p class="title" name="bigdata"><b>大数据应用基础</b></p>
        <p class="MySQL">MySQL</p>
        <a href="MySQL官网URL" id="link1">地址</a>,
        <p class="Python">Python</p>
        <a href="Python官网URL" id="link2">地址</a>
        </body>
        </html>
   """   #创建一个HTML格式的字符串
   soup = BeautifulSoup(html, "html.parser")  #创建Beautiful Soup对象
   print(soup.find("p", class_="title").text) #查询class属性为title的<p>标签，并
输出它的内部字符串
   print(soup.find("a", id="link2")["href"])  #查找id属性为link2的<a>标签，并输出
它的href属性值
```

自学自测 ↓

（一）单选题

1. 以下选项中，（　　）不是Python数据类型。

　　A. 数字　　　　　　　B. 字符串　　　　　　C. 列表　　　　　　D. 实数

2. WWW是（　　）的缩写。

　　A. Wide Web World　B. World Wide Web　C. Web World Wide　D. World Web Wide

3. 服务器响应客户端请求发出HTTP状态码，正确的选项为（　　）。

　　A. 5xx　　　　　　　B. 2xx　　　　　　　C. 4xx　　　　　　D. 1xx

（二）多选题

1. 下列Python语句正确的有（　　）。

　　A. min = x if x < y else y　　　　　　　B. max = x > y ? x : y

　　C. if(x>y) print(x)　　　　　　　　　　D. while True:pass

2. 下面的代码中，（　　）会输出1、2、3这3个数字。

　　A. for i in range(3):
　　　　　print(i)

　　B. aList = [0,1,2]
　　　for i in aList:
　　　　　print(i+1)

　　C. i = 1
　　　while i < 3:
　　　print(i)
　　　i+=1

　　D. for i in range(3):
　　　　　print(i+1)

3. Requests库可以发送的请求包括（　　）。

　　A. GET　　　　　　B. POST　　　　　　C. DELETE　　　　　D. PUT

（三）简答题

1. HTML中的基本元素有哪些?

2. Python编程语言有哪些基本数据类型?

3. Beautiful Soup有哪几种对象? 分别表示HTML中的什么数据?

课中实训

【实训资料】

成都开源数据分析技术有限公司成立于2012年，是我国最早专业从事数据分析服务的民营科技企业。该公司的数据分析业务服务地域包含四川省、重庆市、云南省等中国西南省份。

该公司的业务范围包括数据分析服务，该公司专注于提供各个行业领域的数据分析服务，提供在线分析引擎和离线分析报告，提供业务流程与管理流程的分析、评估与咨询服务，提供定制的数据分析业务引擎，提供专项数据分析算法设计等多种形式的服务；数据平台建设，该公司提供各行业事务处理系统（Transaction Processing System，TPS）设计、面向决策支持系统（Decision Support System，DSS）的数据分析计算模块与决策系统设计，提供面向行业业务的SaaS设计及PaaS设计，为多家企事业单位提供数据分析服务、多媒体业务服务及云服务；商业决策咨询，该公司拥有多种业务场景下宏观、微观尺度的数据分析能力与数学模型建模能力，可以为企业的业务系统进行基于数据分析的能力升级，打造专项DSS。

你作为该公司的大数据分析师，主要职责：协助建立并完善销售营收数据分析及评估体系；主导营收和业务检讨相关报表的定期产出，并按业务部门要求提出相关管理分析内容；与业务部门紧密沟通，了解业务实际情况和数据之间的关联关系；以数据为依托，结合与业务人员的沟通，分析销售日常行为动作，并给出改进建议；按需求制作多维度的数据分析报表。

【实训目标】

通过本实训，读者能掌握使用Python语言编写网络爬虫的方法，掌握网络爬虫的相关概念及网络爬虫实现的原理，能够对文本文件进行数据处理、对网络数据进行采集和整理，形成数据分析的第一手资料。

【实训步骤】

（1）根据下发的实训资料，完成课前自学，并完成实训一。

（2）学习Python编程知识、HTML网页知识和网络爬虫相关知识，依次完成文本文件处理、财务数据采集、商品数据采集等实训任务。

（3）请将实训结果整理为代码或分析报告进行提交。

实训一　Python 开发环境准备

随着某电商公司业务的发展，公司需要采集大量的网络数据进行分析调研，公司的业务经理安排小张学习相关的网络数据采集知识，小张了解到当前流行的网络数据采集需要使用Python爬虫工具，因此他开始准备Python开发环境。

【任务描述】

Python编程语言有许多代码编辑工具，例如，PyCharm、Visual Studio Code、Jupyter Notebook等，甚至可以使用文本文件编写Python程序。本书选择常用的PyCharm作为Python编程语言的编辑工具。

【操作步骤】

步骤1：PyCharm软件下载。

在PyCharm官网中进入下载页面，如图4-9所示。

PyCharm分为Professional（专业版）和Community（社区版），其中社区版可以免费使用。选择"PyCharm Community Edition"下的"2021.2 - Windows (exe)"进行下载，选择下载文件保存路径为桌面。

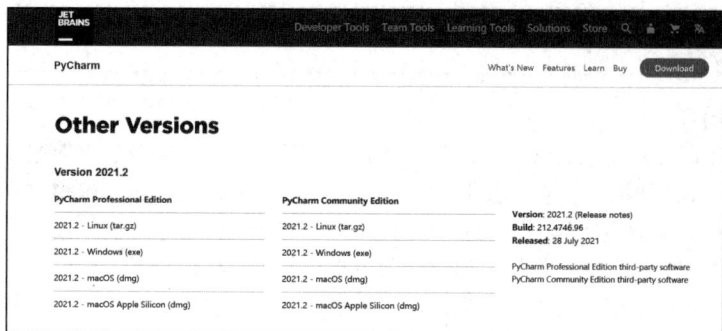

图4-9　PyCharm官网下载页面

步骤2：PyCharm软件安装。

在桌面双击下载的文件"PyCharm-community-2021.2"，出现图4-10所示的界面。

单击"Next"按钮，出现图4-11所示的页面。

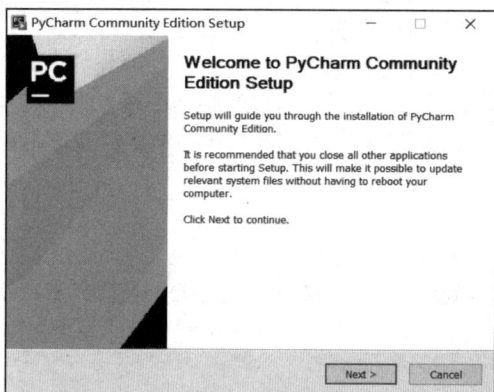

图4-10　PyCharm安装第1步

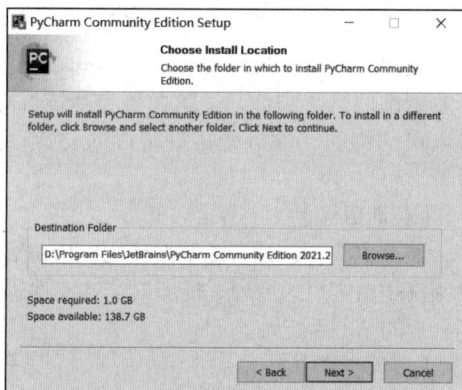

图4-11　PyCharm安装第2步

在本页面中，可以修改安装路径为"D:\Program Files\JetBrains\PyCharm Community Edition 2021.2"，也可以不做修改。单击"Next"按钮出现图4-12所示的页面。

在本页面中，勾选第一个复选框和最后一个复选框，创建桌面图标和关联拓展名为.py的Python程序文件。单击"Next"按钮出现图4-13所示的页面。

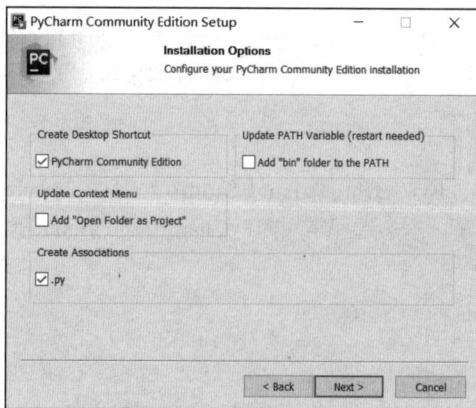

图4-12　PyCharm安装第3步

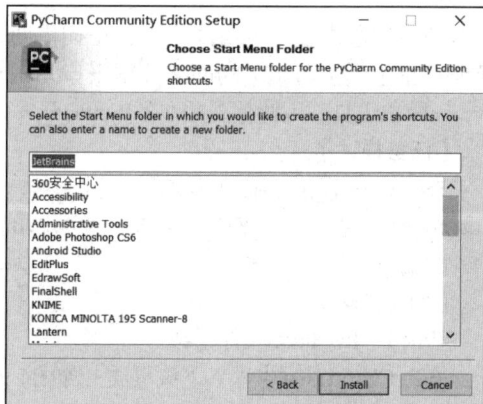

图4-13　PyCharm安装第4步

允许创建开始菜单，单击"Install"按钮开始安装PyCharm，出现图4-14所示的页面。

等待PyCharm的安装，安装完成后出现图4-15所示的页面。

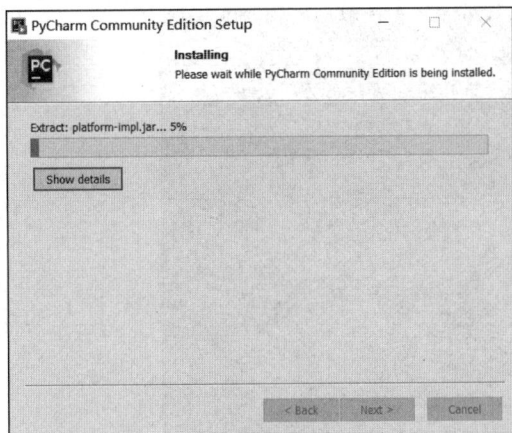

图4-14　PyCharm安装第5步

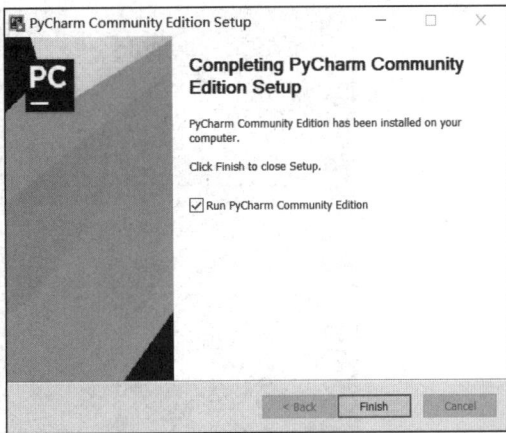

图4-15　PyCharm安装第6步

安装完成后，勾选"Run PyCharm Community Edition"复选框，单击"Finish"按钮，关闭安装页面并自动打开PyCharm，其首页如图4-16所示。

图4-16　PyCharm软件首页

步骤3：PyCharm开发环境配置。

在PyCharm软件首页，单击"New Project"按钮创建一个新工程，如图4-17所示。

步骤4：修改PyCharm工程路径。

顶部的"Location"表示新建的工程路径，推荐选择一个较短的路径；底部的Python解释器一定要选择Python的安装路径，这里选择的是"D:\Program Files (x86)\Python\python.exe"，正是前面Python的安装路径。选择完成之后单击"Create"按钮，进入新建的Python工程页面，如图4-18所示。

图4-17 创建Python工程

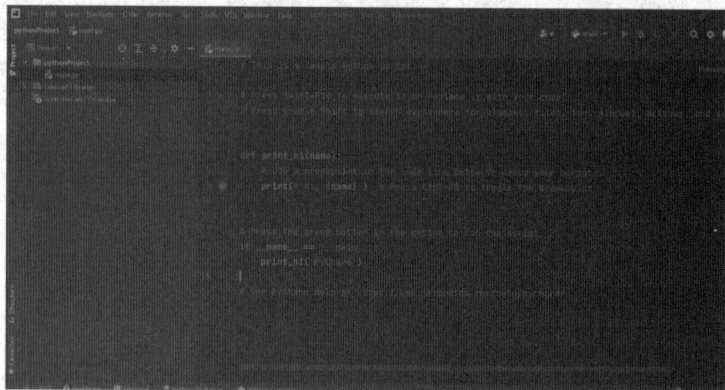

图4-18 新建的Python工程页面

步骤5：编写Python程序。

删除main.py中的全部内容，编写Python代码"print("hello, world")"，单击右上角的█，程序运行正常，如图4-19所示。

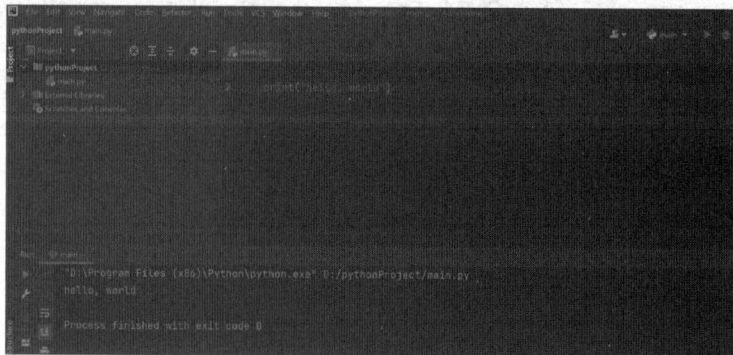

图4-19 编写Python程序

至此，PyCharm安装并配置完成。

实训二 供应商数据标准化

致信商贸公司由于业务需要，请小张整理供应商提供的商品数据，将其转换为标准格式以便财务对账。

【任务描述】

该公司多家供应商提供的采购数据存在格式混乱问题：订单编号以字母开头（如X-20250001）、价格字段混杂货币符号及单位（如¥123kg）。这些杂乱数据导致财务部门对账效率低下，人工校验错误率超15%，且无法直接导入ERP系统。为解决这一问题，公司决定制定统一数据标准，具体如下。

（1）订单编号需为纯数字。

（2）价格字段去掉混杂的货币符号与单位。

（3）拼接供应商名称、订单编号和价格，以形成完整信息，格式为：供应商ABC/产品20250001/价格123。

供应商提供的原始数据如下。

供应商1名称：abc company，订单编号：X-20250001，价格：¥123kg。

供应商2名称：Supplier ABC，订单编号：A-20250012，价格：¥45.6m。

供应商3名称：apple inc，订单编号：B*20250045，价格：¥235.6m。

【操作步骤】

步骤1：使用input()函数输入供应商1的3项信息。

```
supplier = input("请输入供应商名称: ")    # 例如: abc company
product_id = input("请输入订单编号: ")    # 例如: X-20250001
price = input("请输入价格: ")    # 例如: ¥123kg
```

步骤2：处理商品编号为纯数字。观察发现订单编号前2位为字母和符号，因此使用字符串的切片功能进行处理。

```
product_id = product_id[2:]    # 判断是否为纯数字
print(product_id)
```

步骤3：处理价格信息。价格信息中包含货币符号"¥"和单位"kg""m"，因此使用replace()进行替换。

```
Price=price.replace(¥","").replace("kg","").replace("m","")    # 清理货币符号
print(price)
```

步骤4：拼接供应商名称、订单编号和价格。使用"+"进行字符串的连接。

```
full_info="供应商"+supplier+"/"+"产品"+product_id+"/"+"价格"+price
print(full_info)
```

实训三 当日营业数据统计

致信商贸公司销售部门需要每日统计当日收银台的销售总额，便于营业数据统计，同时，需要标记今日销售是否包含特价商品（价格低于50元为特价商品）。

【任务描述】

为了便于统计当日销售总额，小张决定设计一个小程序，连续输入多笔商品价格，直到输入特定终止符"STOP"为止，计算总销售额。再借助DeepSeek大模型进行AI补全代码，以标记特价商品。

【操作步骤】

步骤1：初始化总金额变量。

```
total = 0.0
```

步骤2：循环接收商品价格输入，并判断终止条件（输入"STOP"），累加有效价格到总金额。

```
while True:
    price_input = input("请输入商品价格（输入STOP结束）: ")
    if price_input == "STOP":
        break
    total += float(price_input)
```

步骤3：输出总金额。

```
print(f"\n今日销售总额: ¥{total:.2f}")
```

步骤4：登录DeepSeek大模型，在对话框中输入提示词"以下是统计当日营业额的小程序。价格低于50元为特价商品，如何在循环中标记包含特价商品呢？"同时粘贴前3步的代码。如图4-20所示。

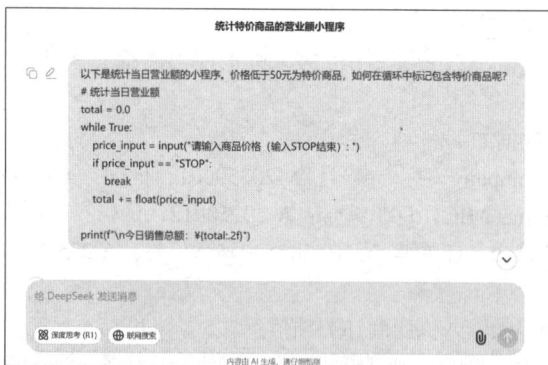

图4-20　在DeepSeek中输入提示词

步骤5：DeepSeek大模型生成结果，并进行解读。如图4-21、图4-22所示。

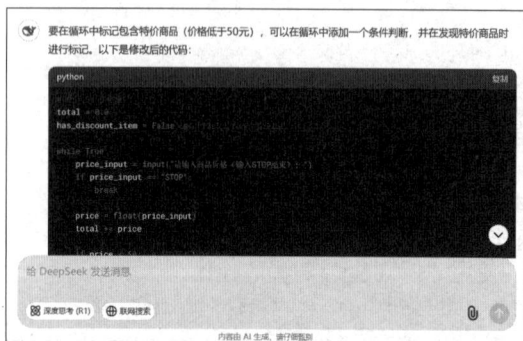

图4-21　DeepSeek生成参考代码

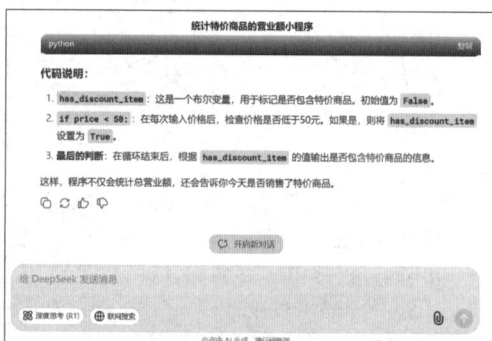

图4-22　DeepSeek进行代码说明

参考代码如下所示。

```
# 统计当日营业额
total = 0.0
has_discount_item = False  # 用于标记是否包含特价商品

while True:
    price_input = input("请输入商品价格（输入STOP结束）: ")
    if price_input == "STOP":
        break

    price = float(price_input)
    total += price

    if price < 50:  # 判断是否为特价商品
```

```
        has_discount_item = True

print(f"\n今日销售总额：¥{total:.2f}")

if has_discount_item:
    print("今日销售中包含特价商品。")
else:
    print("今日销售中不包含特价商品。")
```

步骤6：复制代码，粘贴至"PyCharm"中运行。

实训四　销售数据筛选

【任务描述】

现有一个文本文件，文件存放于D:/phone_list.txt中，该文件中存储了大量手机销售数据，请使用Python语言编写一段程序，从文件中筛选出售价小于1000的手机销售数据，并把它保存到D:/new_phone_list.txt中。通过本任务学会使用大模型工具（如 DeepSeek）辅助编程；掌握如何向大模型提问，获取代码片段和解决问题；学会调试和优化大模型生成的代码。

原始手机销售数据文件格式如下。

```
vivo X60;3999.00;系列新品上市
天语;259.00;大屏大字大声
中兴 ZTE V2022;698.00;新机发布购机无忧
华为nova7se;2799.00;华为直供原装正品
```

筛选后的手机销售数据文件格式如下。

```
天语;259.00;大屏大字大声
中兴 ZTE V2022;698.00;新机发布购机无忧
```

【操作步骤】

步骤1：明确任务需求。

明确任务的目标：读取文件、筛选数据、保存结果。

强调使用大模型工具（如 DeepSeek）来辅助完成每一步。

提问示例如下。

（1）如何用 Python 读取一个文本文件？

（2）如何筛选出文件中售价小于 1000 的数据？

（3）如何将筛选结果保存到新文件中？

步骤2：使用大模型工具生成代码片段。

引导学生打开DeepSeek或其他大模型工具。

学习如何对大模型提问，例如：

（1）如何用Python读取D:/phone_list.txt文件？

大模型回复如下。

```
with open("D:/phone_list.txt", "r", encoding="utf-8") as file:
    lines = file.readlines()
```

（2）如何按行读取文件内容并去掉换行符？

大模型回复如下。

```
for line in lines:
    line = line.strip()   # 去掉换行符
```

（3）如何将每行数据按逗号分割，并提取售价？

大模型回复如下。

```
data = line.split(",")   # 按逗号分割
price = int(data[1])     # 提取售价并转换为整数
```

（4）如何判断售价是否小于 1000？

大模型回复如下。

```
if price < 1000:
    print("售价小于 1000")
```

（5）如何将筛选结果保存到 D:/new_phone_list.txt 文件中？

大模型回复如下。

```
with open("D:/new_phone_list.txt", "w", encoding="utf-8") as file:
    file.write(line + "\n")
```

步骤3：组合代码片段。

大模型生成的代码是片段，需要组合成一个完整的程序。

代码的逻辑顺序：读取文件—处理每一行数据—筛选售价小于1000的数据—将结果保存到新文件。

组合后的代码示例如下。

```
# 读取文件
with open("D:/phone_list.txt", "r", encoding="utf-8") as file:
    lines = file.readlines()

# 筛选数据
result = []                              # 保存筛选结果
for line in lines[1:]:                   # 跳过标题行
    line = line.strip()                  # 去掉换行符
    data = line.split(",")               # 按逗号分割
    price = int(data[1])                 # 提取售价并转换为整数
    if price < 1000:                     # 判断售价是否小于 1000
        result.append(line)              # 满足条件则保存

# 写入新文件
with open("D:/new_phone_list.txt", "w", encoding="utf-8") as file:
    for item in result:
        file.write(item + "\n")

print("筛选结果已保存到 D:/new_phone_list.txt")
```

步骤4：调试和优化。

大模型编写的代码不一定完全正确，需要读者自行运行代码并检查错误。如果遇到错误，可以继续向大模型提问，例如提问：

运行代码时出现 ValueError: invalid literal for int() with base 10 错误，怎么办？

大模型回复如下。

可能是售价列包含非数字字符，可以使用 try-except 捕获异常。

通过上述方式与大模型沟通，可以逐步完成代码的编写。完成后的代码示例如下。

```
# 读取文件
with open("D:/phone_list.txt", "r", encoding="utf-8") as file:
    lines = file.readlines()

# 筛选数据
result = []                              # 保存筛选结果
for line in lines[1:]:                   # 跳过标题行
    line = line.strip()                  # 去掉换行符
    data = line.split(",")               # 按逗号分割
```

```
        try:
            price = int(data[1])          # 提取售价并转换为整数
            if price < 1000:              # 判断售价是否小于 1000
                result.append(line)     # 满足条件则保存
        except ValueError:
            print(f"无效数据：{line}")

# 写入新文件
with open("D:/new_phone_list.txt", "w", encoding="utf-8") as file:
    for item in result:
        file.write(item + "\n")

print("筛选结果已保存到 D:/new_phone_list.txt")
```


实训五　财务数据采集

【任务描述】

资产负债表是反映公司某一特定日期（月末、年末）全部资产、负债和所有者权益情况的会计报表。本节利用资产负债表的资料，可以看出公司资产的分布状态、负债和所有者权益的构成情况，据以评价公司资金营运、财务结构是否正常、合理；分析公司的流动性或变现能力，以及长、短期债务数量及偿债能力，评价公司承担风险的能力；利用该表提供的资料还有助于计算公司的获利能力，评价公司的经营绩效。

上市公司财务报表的作用首先在于提供决策有用的会计信息。编制财务报告不是最终目的，而是为上市公司现在和潜在的投资者、债权人及其他财务报告的使用者提供决策有用的财务信息。

下面本书以国电电力（600795）为例，演示如何通过网络爬虫采集上市公司的资产负债表信息。

任务一：财务报表数据采集指标分析

【操作步骤】

步骤1：国电电力的财务报表数据在同花顺的个股行情中有详细数据。网页详细信息如图4-23所示。

在该网页中，可以上市公司的查询资金流向、财务分析、股东股本等财务数据，其中需要采集的资产负债表所在位置：财务指标—资产负债表。

在资产负债表中可以看到，资产负债表每一个季度公布依次，其中包含了货币资金、应收票据、应收账款等重要的财务指标。

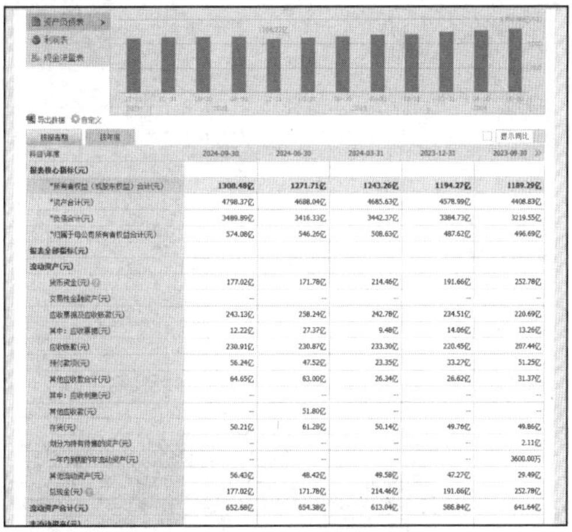

科目\年度	2024-09-30	2024-06-30	2024-03-31	2023-12-31	2023-09-30
报表核心指标(元)					
*所有者权益（或股东权益）合计(元)	1308.48亿	1271.71亿	1243.26亿	1194.27亿	1189.29亿
*资产合计(元)	4798.37亿	4688.04亿	4685.63亿	4578.99亿	4408.83亿
*负债合计(元)	3489.89亿	3416.33亿	3442.37亿	3384.73亿	3219.55亿
*归属于母公司所有者权益合计(元)	574.08亿	546.26亿	508.63亿	487.62亿	496.69亿
报表全部指标(元)					
流动资产(元)					
货币资金(元)	177.02亿	171.78亿	214.46亿	191.66亿	252.78亿
交易性金融资产(元)	--	--	--	--	--
应收票据及应收账款(元)	243.13亿	258.24亿	242.78亿	234.51亿	220.69亿
其中：应收票据(元)	12.22亿	27.37亿	9.48亿	14.06亿	13.26亿
应收账款(元)	230.91亿	230.87亿	233.30亿	220.45亿	207.44亿
预付款项(元)	56.24亿	47.52亿	23.35亿	33.27亿	51.25亿
其他应收款合计(元)	64.65亿	63.00亿	26.34亿	26.62亿	31.37亿
其中：应收利息(元)	--	--	--	--	--
其他应收款(元)	--	51.80亿	--	--	--
存货(元)	50.21亿	61.28亿	50.14亿	49.76亿	49.86亿
划分为持有待售的资产(元)	--	--	--	--	2.11亿
一年内到期的非流动资产(元)	--	--	--	--	3600.00万
其他流动资产(元)	56.43亿	48.42亿	49.58亿	47.27亿	29.49亿
总现金(元)	177.02亿	171.78亿	214.46亿	191.66亿	252.78亿
流动资产合计(元)	652.68亿	654.38亿	613.04亿	586.84亿	641.64亿

图4-23　国电电力的财务报表数据信息

步骤2：明确数据采集指标。本书选择的指标包括：财报日期、货币资金、应收账款、应收股利、长期股权投资、累计折旧、固定资产、应交税费，本书仅采集2024年第3季度的财务数据。

任务二：财务指标网页结构分析

【操作步骤】

步骤1：分析财务指标和财务数据的网页结构。在确定财务指标后，再分析该网页的html层次结构，打开网页后单击“F12”键，进入网页开发者模式，如图4-24所示。

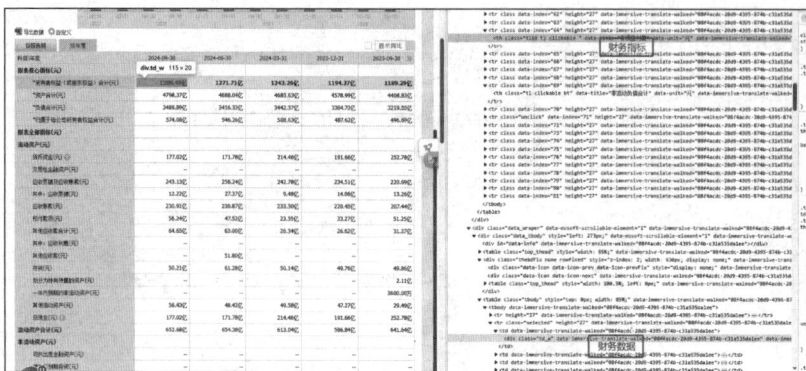

图4-24　进入网页开发者模式

通过分析，找到了财务指标和财务数据在网页结构中的位置信息，在图4-24右侧红色方框中进行标注。

步骤2：分析财务数据的每行数据。分别展开财务指标和财务数据的html层次结构，如图4-25所示。

发现每一个tr标签对应一行数据，并且财务指标和财务数据的行数据一一对应，这样只需采集指定行的数据即可采集需要的财务指标数据。

步骤3：分析财务指标的每列数据。在财务数据区域，又存在多列数据，每一列表示一个季度，进一步分析财务数据区域的网页结构，如图4-26所示。

图4-25　财务指标和财务数据的html层次结构

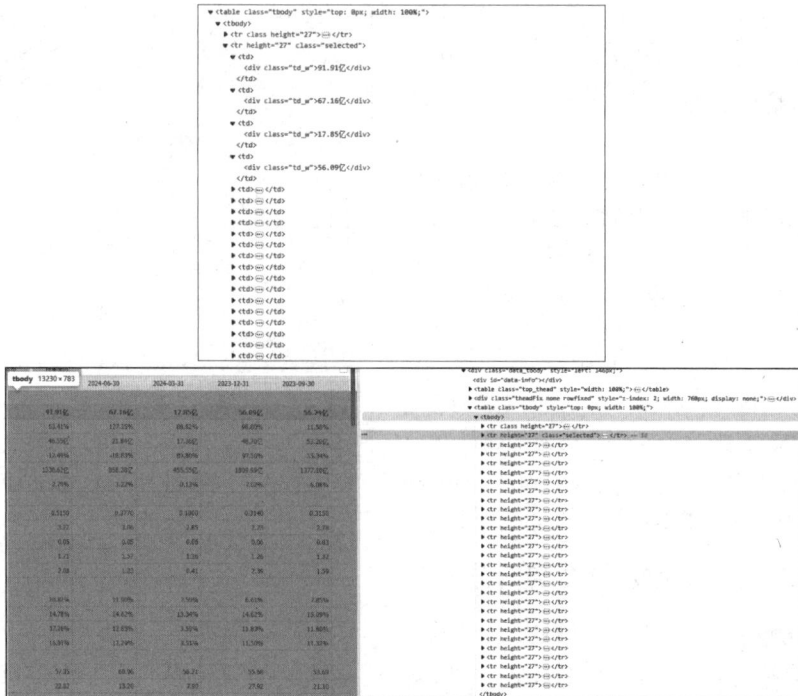

图4-26　进一步分析财务数据区域的网页结构

每一个tr标签中又包含多个td标签，每个td标签中的数据表示一个季度的数据。

任务三：财务指标数据采集程序编写

通过以上分析，清楚地知道了资产负债表的网页层次结构，也能快速定位需要分析的财务指标对应的位置，据此可以开始编写数据采集代码。

【操作步骤】

步骤1：使用Requests下载网页数据。

```
r=requests.get("https://basic.10jqka.com.cn/600795/finance.html",
headers=heads)
r.encoding = r.apparent_encoding
print(r.text)    #完整的html网页内容
```

步骤2：创建BeautifulSoup对象。

```
bs = BeautifulSoup(htmlContent, "html.parser")   #使用下载的网页内容创建bs对象
```

步骤3：查找财务数据采集指标。

```
tableTag = bs.find(id="cwzbTable").find(class_="data_tbody")
trtags = tableTag.find_all("tr")
```

步骤4：分别解析财务数据，以货币资金为例。

```
#货币资金(万元)
huobizijin =  trtags[3].find_all("td")[0].getText().replace("--", "")
```

步骤5：以文件方式保存解析的财务数据。

```
f = open("financial.txt", mode="a+", encoding="utf-8")
f.write(reportDate + ";" + huobizijin + ";" + yingshouzhangkuan + ";" +
yingshouguli + ";" + guquantouzi + ";" + leijizhejiu+";" + gudingzichan + ";" +
suifei + "\n")
f.close()
```

完整的财务数据采集程序如下。

```
import requests
from bs4 import BeautifulSoup

heads = {
     "User-Agent": "Mozilla/5.0 (Windows NT 10.0; WOW64)
AppleWebKit/537.36 (KHTML, like Gecko) Chrome/78.0.3904.108
Safari/537.36"
}
#解析网页内容
def parseHtmlContent(htmlContent):
    #解析网页
    bs = BeautifulSoup(htmlContent, "html.parser")
    tableTag = bs.find(id="cwzbTable").find(class_="data_tbody")
    trtags = tableTag.find_all("tr")

    #财报日期、货币资金、应收账款、应收股利、长期股权投资、累计折旧、固定资产、应交税费

    #财报日期
    reportDate = trtags[0].find_all("th")[0].getText().replace("--", "")
    #货币资金(万元)
    huobizijin =  trtags[3].find_all("td")[0].getText().replace("--", "")
    #应收账款
    yingshouzhangkuan = trtags[9].find_all("td")[0].getText().replace("--", "")
    #应收股利(万元)
    yingshouguli = trtags[15].find_all("td")[0].getText().replace("--", "")
```

课中实训

```
                #长期股权投资(万元)
                guquantouzi = trtags[33].find_all("td")[0].getText().replace("--", "")
                #累计折旧(万元)
                leijizhejiu = trtags[37].find_all("td")[0].getText().replace("--", "")
                #固定资产(万元)
                gudingzichan = trtags[40].find_all("td")[0].getText().replace("--", "")

                #应交税费(万元)
                suifei = trtags[70].find_all("td")[0].getText().replace("--", "")

                f = open("financial.txt", mode="a+", encoding="utf-8")
                f.write(reportDate + ";" + huobizijin + ";" + yingshouzhangkuan + ";" +
yingshouguli + ";" + guquantouzi + ";" + leijizhejiu+";" + gudingzichan + ";" +
suifei + "\n")
                f.close()


        #下载网页内容
        def downFinancial():
                #添加表头
                f = open("financial.txt ", mode="a+", encoding="utf-8")
                f.write("财报日期;货币资金;应收账款;应收股利;长期股权投资;累计折旧;固定资产;应
交税费" + "\n")
                f.close()

                r = requests.get("https://basic.10jqka.com.cn/600795/finance.html ",
headers=heads)
                r.encoding = r.apparent_encoding
                #print(r.text)
                #解析html网页,BeautifulSoup4
                parseHtmlContent(r.text)


        downFinancial()
```

实训项目评价 ↓

表1　学生技能自评表

序号	技能	佐证	达标	未达标
1	能够掌握HTML网页知识	能够分析网页层次结构		
2	能够掌握Python编程知识	能够使用Python进行基本的文本处理		
3	能够使用Requests和Beautiful Soup进行数据采集	能够采集网络中的财务数据和商品数据		

表2　学生素质自评表

序号	素质	佐证	达标	未达标
1	敬业精神	能够根据用户的需求，完整地采集用户需要的相关数据		
2	协作精神	能够和团队成员协作，共同完成实训任务		
3	认真、细致的钻研精神	能够在复杂、烦琐的网页层次结构中分析出有用的数据		

课后提升

案例一　采集女鞋数据

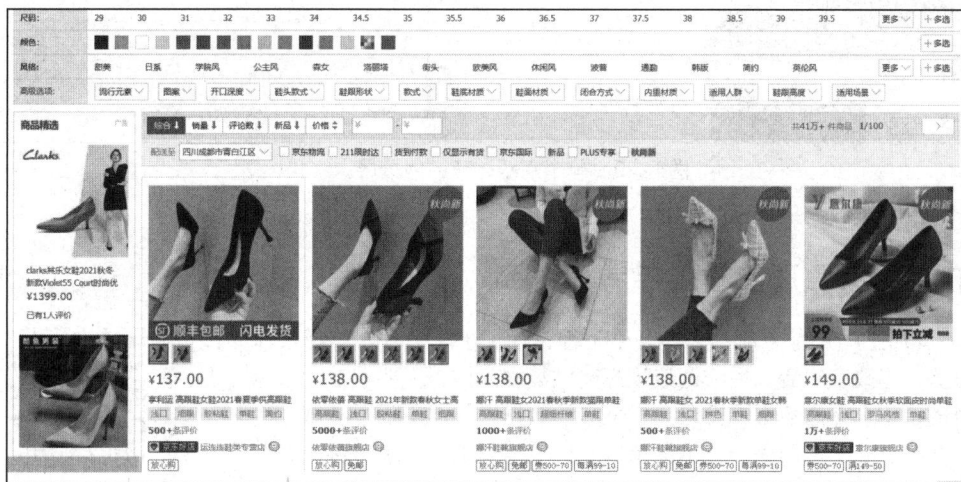

　　市场部要分析当前市场上的女鞋销售情况，以便把握当前的女鞋流行趋势，为未来的女鞋销售策略的制定提供决策依据。要求对京东的女鞋销售数据进行采集，以高跟鞋为例，要求采集女鞋的名称、标签、销售单价、描述信息和图片等信息。

　　（1）分析京东高跟鞋分类页面。

　　京东高跟鞋分类页面如图4-27所示。

图4-27　京东高跟鞋分类页面

　　（2）分析高跟鞋网址变化规律。

　　在浏览器的地址栏中观察高跟鞋分类页面的网址，同时单击底部的分页数字2、3等，此时浏览器的地址信息发生变化。

　　（3）分析高跟鞋网页层次结构。

　　高跟鞋整体网页层次结构如图4-28所示。

图4-28　高跟鞋整体网页层次结构

125

（4）分析单个高跟鞋商品网页层次结构。

单个高跟鞋商品网页层次结构如图4-29所示。

图4-29 单个高跟鞋商品网页层次结构

（5）女鞋数据采集程序编写。

案例二 采集成都市二手房数据

"安居工程"是一项重大的民生工程，为了了解二手房市场整体的行业态势，为政府出台二手房调控政策提供数据支撑，现要求数据采集工程师对成都市二手房数据进行采集，采集的数据包括但不限于区域、片区、小区名称、二手房面积、二手房单价、二手房总价、二手房楼层、装修状态等。

（1）分析链家二手房列表页面。

链家二手房列表页面如图4-30所示。

拓展阅读

完整的二手房数据
采集程序

图4-30 链家二手房列表页面

（2）分析链家二手房详情页面。

链家二手房详情页面如图4-31所示。

图4-31　链家二手房详情页面

（3）分析二手房列表页面层次结构。

二手房列表页面层次结构如图4-32所示。

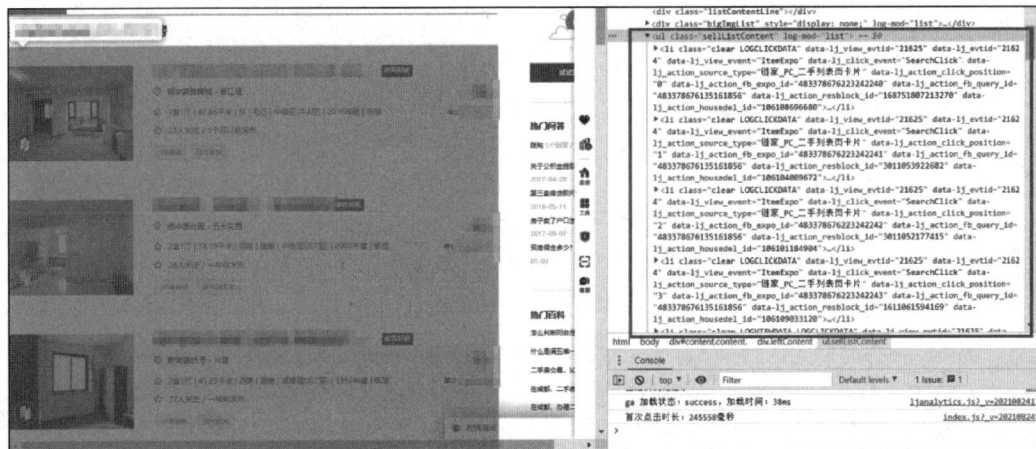

图4-32　二手房列表页面层次结构

（4）分析二手房详情页面层次结构。

二手房详情页面层次结构如图4-33所示。

图4-33 二手房详情页面层次结构

（5）二手房数据采集程序编写。

项目五

Python数据处理

学习目标 ↓

◀ 知识目标

1. 掌握NumPy及ndarray多维数组的结构
2. 掌握Series及DataFrame数据类型
3. 掌握使用pandas进行数据预处理与数据分析的方法
4. 掌握使用Matplotlib进行数据可视化的方法

◀ 能力目标

1. 能够正确安装数据处理所需第三方库并获取数据
2. 能够根据数据处理目标对数据进行清洗和预处理
3. 能够对数据进行正确的分析及整理
4. 能够对分析结果进行可视化呈现

◀ 素养目标

1. 培养严谨的科学态度、严密的逻辑思维
2. 遵守职业道德，实事求是，不弄虚作假，力求数据真实性

课前自学

当今社会每天都会产生海量的数据，如何管理、分析和运用这些数据，逐渐成为数据科学领域中一个重要的课题。数据处理分简单数据分析和数据挖掘，简单数据分析是指对数据进行预处理、简单的对比及分组、数据可视化等操作提取数据中有用的信息；数据挖掘则是从大量不规则的、随机产生的数据中，通过聚类模型、关联规则等，挖掘潜在价值的过程。

选取Python作为数据处理工具，通过NumPy、pandas和Matplotlib库，结合实际案例，对数据进行简单处理与分析。

一、Python 数据处理概述

在进行数据处理之前，数据处理人员要明确数据处理的目的和处理方法。下面主要介绍数据处理的概念和主要流程。

1．数据处理的概念

数据处理的目的是从大量看起来杂乱无章的数据中提取有用的信息，以便人们进行决策。数据处理所需知识涉及范围很广，对计算机、数学和统计学知识等都有要求。数据处理的各个步骤都离不开计算机技术，数据处理人员需要对编程语言（本项目选取Python）和各种数据的存储格式及方式都要有非常深入的了解；处理过程中存在大量的数学公式、数学符号，数据处理人员需要对线性代数和概率论两门学科的知识有一定的了解；对数据进行对比、分组等分析，则要求数据处理人员具备一定的统计学基础知识。

除了以上这些知识，数据处理人员还需要掌握相关领域的业务知识，以便对数据进行更精准的分析。

2．数据处理的流程

尽管数据处理看起来相当复杂，但是数据处理人员只要按照一定的流程对问题细化分析，复杂的问题也会迎刃而解。数据处理通常分为以下流程：明确目的、获取数据、数据预处理、建模分析、可视化与结论。

（1）明确目的

在进行数据处理之前，数据处理人员要明确通过数据想要获取什么有价值的信息，此步骤也称为需求分析。数据处理中明确目的是第一步，也是非常重要的一步，其决定了后续处理和分析的方向。

（2）获取数据

广义的数据包括文字、图片、声音、视频等，获取不同的数据需要用不同的方式。网页中的数据可以通过网络爬虫的方式获取（在项目四中已详细介绍，此处不赘述）；也可以通过发放问卷的方式收集数据，例如，问卷星可将收集到的数据直接转换为Excel表格形式。获取到的数据常以XLS、CSV、TXT和数据库等形式存放，pandas库中提供了不同数据类型的读取方法，便于数据处理与分析。

（3）数据预处理

数据预处理是指在进行主要的处理工作之前，对数据进行的处理，形成适合数据分析的样式，保证数据的一致性和有效性。数据处理的基本目的是从大量、杂乱无章、难以理解的数据中抽取并推导出对解决问题有价值、有意义的数据。如果数据本身存在错误，那么即使采用最先进的数据分析方法，得到的结果也是错误的，不具备任何参考价值，甚至还会误导决策。一般的数据都需要进行一定的处理才能用于后续的数据分析工作，即使非常"干净"的原始数据也需要先进行一定的处理才能使用。数据预处理包括对获取的数据进行清洗和标准化处理等工作，数据清洗主要处理缺失值、重复值、异常值及对数据进行加工，以便进一步处理和分析；数据标准化可以去除特征值间的量纲差异，以便数据形成统一的量化标准。

（4）建模分析

建模分析是指通过对比分析、分组分析、交叉分析、回归分析等方法，以及聚类模型、分类模型、关联模型等算法，发现数据中有价值的信息，并得出结论的过程。一般情况下模型主要有两个用途：一是预测数据的规律（使用回归模型）；二是进行数据分类（使用分类模型或聚类模型）。分析的方法有很多种，应根据需求选取合适的方法，从而得出有价值的信息。

（5）可视化与结论

数据处理人员对分析的结果选取合适的可视化呈现方式，形成直观的数据可视化结论，并撰写调研报告，以便用户做出正确的决策，真正做到用分析结果指导实践。

二、NumPy 计算基础

NumPy是用于数据科学计算的基础模块，其主要用途是完成科学计算和多维数组处理、存储和处理大型矩阵。NumPy库中的核心对象是ndarray数组，数据处理人员需学会并理解ndarray数组的结构，利用NumPy进行数据统计分析等相关操作，为后续的数据处理打下基础。

1．NumPy 简介

（1）数据的维度

数据按照维度进行划分，可分为一维数据、二维数据和多维数据。

- **一维数据：** 由一组有序/无序的数据组成，采用线性的方式组织形成的结构。例如，Python中的列表、集合等，C语言中的数组。
- **二维数据：** 由多个一维数据构成，是一维数据的组合形式。例如，表格中的行和列分别代表一个维度。
- **多维数据：** 利用基本的二元关系展示数据间的复杂结构。例如，Python中的字典。

以上维度的数据都可以用Python中的列表来表示，其中一维数据用一维列表来表示，二维数据和多维数据则用多维列表来表示。

```
[3.1398, 3.5434, 4.1323 ]   #一维数据
[[3.1398, 3.5434, 4.1323], [2.1256, 3.3534, 3.1323]]    #多维数据
```

（2）NumPy介绍

NumPy是Python处理数组和矢量运算的工具包，是进行高性能计算和数据分析的基础，是pandas、scikit-learn和Matplotlib的基础。NumPy提供了对数组进行快速运算的标准数学函数，并且提供了简单、易用的面向C的API。NumPy对于矢量运算不仅提供了很多方便的接口，而且比手动用基础的Python实现数组运算的速度要快。

在使用NumPy库的时候需要引用相应模块。

```
import NumPy as np
```

2．ndarray 数组

由于Python中的列表和字典在内存和速度方面都有各自的局限性，且不利于操作数据，不管做什么操作，都必须自定义函数，对列表和字典元素进行迭代映射，因此NumPy提供了一个*n*维数组ndarray对象类。数组对象可以去掉元素间所需的循环，使一维数组更像单个数据，因此数组运算可以提高运算速度，有助于节省运算时间和存储空间。

（1）ndarray数组的属性

ndarray是一个多维度数组对象，由两部分组成，即实际的数据和描述这些数据的元数据（数据维度、数据类型等）。ndarray数组的属性及说明如表5-1所示。

表5-1　ndarray数组的属性及说明

属性	说明
ndim	ndarray对象的维度
shape	返回一个元组，表示数组的尺寸，对于m行n列的矩阵，形状为(m,n)
size	ndarray中元素的个数，等于各维度长度的乘积
dtype	ndarray中存储的元素的数据类型
itemsize	ndarray中每个元素的字节数

（2）ndarray数组的数据类型

在数据处理过程中，为了得到更准确的计算结果，需要使用不同精度的数据类型。NumPy在原生Python数据类型的基础上进行了扩充，其中以数字结尾的数据类型表示其在内存中占有的位数。NumPy中的基本数据类型如表5-2所示。

表5-2　NumPy中的基本数据类型

数据类型	类型命名	说明
整数	int8（i1）、unit8（u1）； int16（i2）、uint16（u2）； int32（i4）、uint32（u4）； int64（i8）、uint64（u8）	有符号和无符号的8位、16位、32位、64位整数
浮点数	float16（f2）、 float32(f4或f)、 float64（f8或d）、 float128（f16或g）	float16为半精度浮点数，存储空间为16位2字节； float32为单精度浮点数，存储空间为32位4字节，与C语言的float对象兼容； float64为双精度浮点数，存储空间为64位8字节，与C语言的double及Python的float对象兼容； float128为扩展精度浮点数，存储空间为128位16字节
复数	complex64（c8）、 complex128（c16）、 complex256（c32）	两个浮点数表示的复数。 complex64使用两个32位浮点数表示； complex128使用两个64位浮点数表示； complex256使用两个128位浮点数表示
布尔数	bool	布尔型，存储True和False，字节长度为1
Python对象	O	Python对象类型
字符串	S10、U10	S为固定长度的字符串类型，每个字符的字节长度为1，S后跟随的数字表示要创建的字符串的长度； Unicode_为固定长度的Unicode类型，U后跟随的数字表示要创建的字符串的长度

在这里需要强调一点，在NumPy中，所有数组的数据类型是同质的，即数组中所有元素的数据类型必须是一致的，否则系统将无法识别数组的数据类型。

```
# ndarray数组由非同质对象构成
arr = np.array([[0,1,2,3],[1,2,3]])
print(arr.shape)
```

执行以上代码会给出一个警告，输出结果如下。

```
(2, )
```

查看arr的数据类型。

```
print(arr.dtype)
```

执行以上程序，输出结果如下。

```
object
```

由此可见，非同质ndarray对象无法有效发挥NumPy的优势，应尽量避免使用。

（3）ndarray数组的创建

① 利用array()函数创建数组。

NumPy提供的array()函数可以创建一维或多维数组，其语法格式如下。

```
np.array(object, dtype=None, copy=True, order='K', subok=False, ndim=0)
```

参数说明如下。

- object：数组。

该参数表示公开数组接口的任何对象，array()函数返回数组的对象，或任何（嵌套）序列，例如列表、元组等。

- dtype：数据类型，可选。

该参数表示数组所需的数据类型。如果没有给出，那么类型将被确定为保持序列中的对象所需的最小类型。此参数只能用于"upcast"数组。对于向下转换，使用astype(t)方法。

- copy：bool，可选。

如果该参数的值为True（默认值），则复制对象。否则，只有当array()返回副本，object是嵌套序列，或者需要副本来满足任何其他要求时，才会进行复制。

- order：{'K','A','C','F'}，可选。

该参数用于指定阵列的内存布局。如果object不是数组，则新创建的数组将按C顺序排列（行主要），除非指定了F，在这种情况下，它将按Fortran顺序（专业列）排列。如果object是数组，则以下说法成立。

当copy=False出于其他原因而复制时，结果copy=True与对A的一些例外情况相同，请参阅"注释"部分。默认顺序为K。

- subok：bool，可选。

如果该参数的值为True，则子类将被传递，否则返回的数组将被强制为基类数组（默认）。

- ndim：int，可选。

该参数用于指定结果数组应具有的最小维数。应根据需要，预先设置形状。

下面是使用array()函数创建数组的例子。

```
arr = np.array([0,1,2,3])
print(arr)
```

执行以上程序，输出结果如下。

```
[0, 1, 2, 3]
```

② 利用NumPy中的函数创建数组。

np.arange()：类似range()函数，返回ndarray类型，通过指定初始值、终值和步长来创建一维数组，创建的数组左闭右开，即包含初始值但不包含终值。

```
print(np.arange(0,10,1))
```

执行以上程序，输出结果如下。

```
[0, 1, 2, 3, 4, 5, 6, 7, 8, 9]
```

np.linspace()：通过初始值、终值和元素个数来创建一维数组，默认设置包括终值。

```
print(np.linspace(1,10,4))
```

执行以上程序，输出结果如下。

```
[ 1., 4., 7., 10.]
```

其他函数如下。

np.ones(shape)：根据shape创建一个全为1的数组，shape是元组类型。

np.zeros(shape)：根据shape创建一个全为0的数组，shape是元组类型。

np.full(shape,val)：根据shape创建一个数组，每个元素的值都是val。

np.eye(n)：创建一个$n \times n$单位矩阵，对角线元素为1，其余元素为0。

np.ones_like(a)：根据数组a的形状创建一个全为1的数组。

np.zeros_like(a)：根据数组a的形状创建一个全为0的数组。

np.full_like(a,val)：根据数组a的形状创建一个数组，每个元素的值都是val。

③ 利用随机函数创建数组。

在实际操作中，手动创建数组不仅浪费时间，而且往往创建的数组达不到标准，因此 NumPy提供了随机数组创建功能。NumPy的随机函数都在random子库中，可以创建简单的随机数组，也可以创建服从多种概率分布的随机数组。表5-3所示为常用的随机函数。

表5-3　常用的随机函数

函数	说明
rand(d0,d1,…,dn)	根据d0～dn创建随机数组，浮点数，[0,1)，服从均匀分布
randn(d0,d1,…,dn)	根据d0～dn创建随机数组，服从标准正态分布
randint(low[,high,shape])	根据shape创建随机整数数组，范围是[low,high)
seed(s)	随机数种子，s是给定的种子值
shuffle(a)	根据数组a的第1轴进行随机排列，改变数组x
permutation(a)	根据数组a的第1轴产生一个新的随机排列，不改变数组x
choice(a,[,size,replace,p])	从一维数组a中以概率p抽取元素，形成size形状的新数组，replace表示是否可以重用元素，默认为False

- **rand()**：rand()函数可创建服从均匀分布的随机数组，其中的数是[0,1)的浮点数。下例创建3行4列的服从均匀分布的随机数组。

```
print(np.random.rand(3,4))
```
执行以上程序，输出结果如下。
```
[[0.63674844  0.57066855  0.98798385  0.13550844]
 [0.57345626  0.29169956  0.94425378  0.34136135]
 [0.87915252  0.71770148  0.32106224  0.66474887]]
```

- **randn()**：randn()函数可创建服从正态分布的随机数组，下例创建3行4列的服从正态分布的随机数组。

```
print(np.random.randn(3,4))
```
执行以上程序，输出结果如下。
```
[[-0.40632769  1.19188166  -0.3141767  0.47865986]
 [ 0.67998318  0.59831646  0.28146176  -1.08851785]
 [-0.79716492  -1.07206842  0.88913935  -0.54850803]]
```

- **randint()**：randint()函数可创建有上下限范围的随机整数数组，其中low为最小值，high为最大值，shape为数组的形状。下例创建最小值为0、最大值为10、3行4列的随机整数数组。

```
print(np.random.randint(0,10,(3,4)))
```
执行以上程序，输出结果如下。
```
[[9, 8, 1, 9],
 [5, 1, 5, 6],
 [3, 7, 3, 3]]
```

- **seed()**：seed()函数的用法是通过设定和使用同一个随机数种子，得到和测试时一样的随机数组。

```
np.random.seed(10)
print(np.random.randint(0,10,5))
```
执行以上程序，输出结果如下。
```
[9, 4, 0, 1, 9]
```
再次执行seed()函数。
```
np.random.seed(10)
print(np.random.randint(0,10,5))
```

执行以上程序，输出结果如下。

```
[9, 4, 0, 1, 9]
```

shuffle()/permutation()：shuffle()和permutation()函数都能对数组进行随机重排，区别在于shuffle()函数直接改变原数组，而permutation()没有改变原数组。例如，利用shuffle()函数对数组进行随机重排。

```
arr=np.random.randint(100,200,(3,4))
print(arr)
```

执行以上程序，输出结果如下。

```
[[194, 160, 163, 158],
 [105, 158, 193, 184],
 [118, 101, 123, 152]]
```

然后执行shuffle()函数。

```
np.random.shuffle(arr)
print(arr)
```

执行以上程序，输出结果如下。

```
[[105, 158, 193, 184],
 [118, 101, 123, 152],
 [194, 160, 163, 158]]
```

可以发现，3行数据的顺序发生了改变。

- choice()：从一维数组中抽取元素，抽取元素的概率、抽取之后形成的数组形状均可以通过参数设置。

```
#首先创建一个一维数组
arr=np.random.randint(100,200,8)
print(arr)
```

执行以上程序，输出结果如下。

```
[133, 199, 154, 154, 145, 131, 182, 110]
```

然后执行choice()函数：

```
#从arr中抽取数组形成一个形状为(3,2)的新数组，其中值越大抽取的概率越高，不重复抽取数据
print(np.random.choice(arr,(3,2),p=arr/np.sum(arr),replace=False))
```

执行以上程序，输出结果如下。

```
[[154, 131],
 [154, 133],
 [182, 199]]
```

在random子库中，除了以上随机函数，还有一些随机函数可以生成服从某种概率分布的随机数组，例如，binomial()函数可以产生服从二项分布的随机数组、normal()函数可以产生服从正态（高斯）分布的随机数组、beta()函数可以产生服从beta分布的随机数组、chisquare()函数可以产生服从卡方分布的随机数组、gamma()函数可以产生服从gamma分布的随机数组、uniform()函数可以产生在[0,1]中均匀分布的随机数组。

3. 索引与切片

NumPy中，对ndarray的操作有很多种，常见的操作包括维度及类型转换、索引与切片、数组运算，以及数组统计等。

（1）索引与切片

① 一维数组的索引及切片。

一维数组的索引及切片与Python的列表相似，用整数作为索引可以获取数组中的某个或某几个元素。例如，对数组arr=np.array([9,8,7,6,5])进行索引。

```
#一维数组索引
print(arr[2])
```

执行以上程序，输出结果如下。

```
7
```

数组的切片用3个元素确定，即起始编号:终止编号（不包含）:步长，3个元素用冒号隔开，其中编号从0开始从左递增，或从-1开始从右递减。

```
#一维数组切片
print(arr[1:4:2])
```

执行以上程序，输出结果如下。

```
[8, 6]
```

② 多维数组的索引与切片。

多维数组则可以在每一个维度有一个索引，每个索引可以是数值、数值型的列表、切片或者布尔型的列表。在多维数组中，可以对各个元素进行递归访问，也可以传入一个用逗号隔开的列表来选取单个索引，例如arr[2][1][0]和arr[2,1,0]的效果一样。

多维数组的索引。

```
arr=np.arange(24).reshape(2,3,4)
print('多维数组为: \n',arr)
print('索引1: ',arr[1,2,3])
print('索引2: ',arr[-1,-2,-3])
```

执行以上程序，输出结果如下。

```
多维数组为:
 [[[ 0  1  2  3]
  [ 4  5  6  7]
  [ 8  9 10 11]]

 [[12 13 14 15]
  [16 17 18 19]
  [20 21 22 23]]]
索引1: 23
索引2: 17
```

对上面的多维数组进行切片操作。

```
print('切片1: \n',arr[:,1,-3])    #选取一个维度用:
print('切片2: \n',arr[:,1:3,:])   #每个维度切片方法与一维数组相同
print('切片3: \n',arr[:,:,::2])   #每个维度可以使用步长跳跃切片
```

执行以上程序，输出结果如下。

```
切片1:
 [ 5 17]
切片2:
 [[[ 4  5  6  7]
  [ 8  9 10 11]]

 [[16 17 18 19]
  [20 21 22 23]]]
切片3:
 [[[ 0  2]
  [ 4  6]
  [ 8 10]]

 [[12 14]
  [16 18]
  [20 22]]]
```

（2）数组统计

NumPy中常见的统计函数有sum()、mean()、average()、std()、var()、min()、max()、median()等，如表5-4所示。

表5-4　常见的统计函数

函数	说明
sum(a, axis=None)	根据给定轴axis计算数组a相关元素之和
mean(a, axis=None)	根据给定轴axis计算数组a相关元素的均值
average(a, axis=None, weights=None)	根据给定轴axis计算数组a相关元素的加权平均值
std(a, axis=None)	根据给定轴axis计算数组a相关元素的标准差
var(a, axis=None)	根据给定轴axis计算数组a相关元素的方差
min(a)、max(a)	计算数组a中元素的最小值、最大值
median(a)	计算数组a中元素的中位数（中值）

使用以上函数进行计算的时候几乎都需要注意轴的概念，当axis=0时，表示沿着列方向计算；当axis=1时，表示沿着行方向计算；当axis为默认值时，函数并不按照任何轴计算，而是计算一个总值，如下例所示。

```
arr=np.arange(20).reshape(4,5)
print('数组: \n',arr)
print('数组中元素的和为: \n',np.sum(arr))
print('数组列方向上元素的和为: \n',np.sum(arr,axis=0))
print('数组中元素的均值为: \n',np.mean(arr))
print('数组中元素的加权平均值为: \n',np.average(arr,axis=0,weights=[3,6,9,1]))
print('数组中元素的方差为: \n',np.var(arr))
print('数组中元素的标准差为: \n',np.std(arr))
print('数组中元素的最小值为: \n',np.min(arr))
print('数组中元素的最大值为: \n',np.max(arr))
print('数组中元素的中位数为: \n',np.median(arr))
```

执行以上程序，输出结果如下。

```
数组:
 [[ 0  1  2  3  4]
 [ 5  6  7  8  9]
 [10 11 12 13 14]
 [15 16 17 18 19]]
数组中元素的和为:
 190
数组列方向上元素的和为:
 [30 34 38 42 46]
数组中元素的均值为:
 9.5
数组中元素的加权平均值为:
 [ 7.10526316  8.10526316  9.10526316 10.10526316 11.10526316]
数组中元素的方差为:
 33.25
数组中元素的标准差为:
 5.766281297335398
数组中元素的最小值为:
 0
数组中元素的最大值为:
 19
数组中元素的中位数为:
 9.5
```

三、pandas 数据处理

pandas是基于NumPy的一种工具，是为了数据处理及分析而创建的。pandas在数据预处理及数据分析过程中发挥着重要的作用。

1．pandas 简介

（1）pandas库

pandas库中的核心是两个数据类型——Series（系列）和DataFrame（数据框），pandas主要基于这两个数据类型进行各类操作，如基本操作、运算操作、特征类操作和关联类操作等。

pandas与NumPy最大的区别在于，NumPy关注数据的结构表达，而pandas关注数据的应用表达，以及数据与索引之间的关系。在使用pandas库的时候需要引用相应模块。

```
import pandas as pd
```

（2）Series

Series类型由一组数据及与之相关的数据索引组成，用来表达一维数据结构，与数组类似，但多了一个存放数据索引的数组index。

① 创建Series，其语法格式如下。

```
Series([数据1,数据2,…],index[索引1,索引2,…])
```

创建Series，如下例所示。

```
s=pd.Series([1,3,5,7,9],index=['a','b','c','d','e'])
print(s)
```

执行以上程序，输出结果如下。

```
a    1
b    3
c    5
d    7
e    9
dtype: int64
```

② 获取index和values的数据。

```
print(s.index)
print(s.values)
```

执行以上程序输出，结果如下。

```
Index(['a', 'b', 'c', 'd', 'e'], dtype='object')
[1 3 5 7 9]
```

③ 索引。

Series对象的元素可以通过索引访问。自动索引和自定义索引并存，但不能混用。

```
print('索引的元素为: ',s[0])
print('索引的元素为: ',s['d'])
```

执行以上程序，输出结果如下。

```
索引的元素为:  1
索引的元素为:  7
```

还可以索引多个元素，如下例所示。

```
print('索引的元素为:\n',s[0:2])
print('索引的元素为:\n',s[['a','c','d']])    #多个元素索引用两个方括号
```

执行以上程序，输出结果如下。

```
索引的元素为:
a    1
b    3
dtype: int64
```

```
索引的元素为:
a   1
c   5
d   7
dtype: int64
```

（3）DataFrame

DataFrame类型由有相同索引的一组列组成，常用来表达二维数据表结构。DataFrame是一个表格型的数据类型，每列值类型可以不同。DataFrame既有行索引，又有列索引。

创建DataFrame对象最常用的方法是传递一个dict对象给DataFrame构造函数。dict对象以每一列的名称作为键，每个键都有一个数组作为值，如下例所示。

```
dict={'one':[1,2,3,4],'two':[9,8,7,6]}
df=pd.DataFrame(dict,index=['a','b','c','d'])
print(df)
```

执行以上程序，输出结果如下。

```
   one two
a   1   9
b   2   8
c   3   7
d   4   6
```

DataFrame对象还可以用二维ndarray对象直接创建。

```
df=pd.DataFrame(np.arange(10).reshape(2,5))
print(df)
```

执行以上程序，输出结果如下。

```
   0  1  2  3  4
0  0  1  2  3  4
1  5  6  7  8  9
```

DataFrame对象与Series对象一样，如果index数组没有明确指定索引，pandas会自动为其添加一行或一列从0开始的数值作为索引。

2．数据的导入与导出

pandas常处理的文件类型主要有TXT、CSV、Excel等，不同的数据类型导入与导出的方法不同。

（1）TXT文件

pandas使用read_table()函数来读取TXT文件，其语法格式如下。

```
read_table(filepath, sep='\t', header='infer', names=None, index_col=None,
dtype=None, encoding='utf-8', engine=None, nrows=None)
```

read_table()函数常用参数及说明如表5-5所示。

表5-5　read_table()函数常用参数及说明

参数名称	说明
filepath	接收string，代表文件路径。无默认值
sep	接收string，代表分隔符。默认为制表符
header	接收int或sequence，表示将某行数据作为列名。默认为infer，表示自动识别
names	接收array，表示列名。默认为None
index_col	接收int、sequence或False，表示索引列的位置。默认为None
dtype	接收dict，表示写入的数据类型。默认为None
encoding	编码类型
engine	接收C或Python，表示数据解析引擎。默认为C
nrows	接收int，表示读取前n行。默认为None

读取TXT文件如下例所示。

```
df=pd.read_table('lianjiahouselist.txt',sep=';')
print(df)
```

执行以上程序，输出结果如图5-1所示。

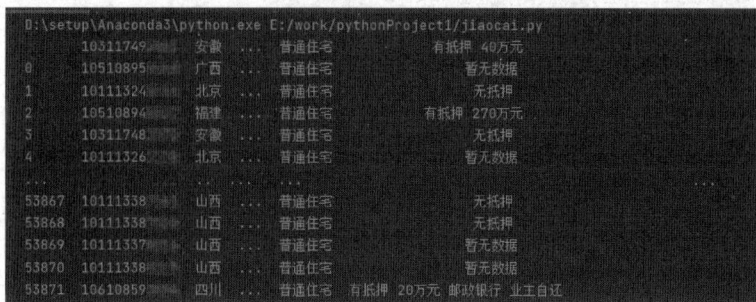

图5-1　导入数据

（2）CSV文件

读取和存放逗号分割值（Comma-Separated Values，CSV）文件分别用pandas的read_csv()函数和to_csv()函数，其常用参数参考表5-5。

（3）Excel文件

pandas使用read_excel()函数来读取.xls和.xlsx两种Excel文件，使用to_excel()函数来存储Excel文件，其常用参数参考表5-5。

（4）MySQL数据库文件

pandas使用read_sql()函数来读取MySQL数据库文件，其语法格式如下。

```
read_sql(sql, con=数据库)
```

其中sql为从数据库中查询数据的SQL语句，con为数据库的连接对象，需要在程序中创建，如下例所示。

```
import pymysql
conn = pymysql.connect(host='localhost',
                        user='root',
                        password='root',
                        database='test')
df = pd.read_sql("select * from tableTest",con=conn)
```

pandas使用to_sql()函数将DataFrame存储到数据库中，其语法格式如下。

```
to_sql(name, con, if_exists='fail', index=True, index_label=None, dtype=None)
```

to_sql()函数常用参数及说明如表5-6所示。

表5-6　to_sql()函数常用参数及说明

参数名称	说明
name	接收string，表示数据库名。无默认值
con	接收数据库连接。无默认值
if_exists	接收fail、replace和append，fail表示如果数据库表存在，则不执行写入操作；replace表示如果数据库表存在，则将原数据库表删除，再重新创建；append表示在原数据库的基础上追加数据。默认为fail
index	接收boolean，表示是否将行名（索引）传入数据库。默认为True
index_label	接收string或sequence，表示是否引用索引名称。如果index参数为True，此参数为None，则使用默认名称
dtype	接收dict，表示写入的数据类型。默认为None

3．数据预处理

（1）数据清洗

数据清洗是指将"脏数据"变成"干净数据"。数据清洗在数据处理过程中非常重要。

① 缺失值处理。

pandas用isnull()函数判断是否存在缺失值，如果存在缺失值，isnull()函数返回True，否则返回False。

对于缺失值，通常有3种处理方法：删除缺失值、增补缺失值、不处理。

- **删除缺失值**：pandas用dropna()函数删除数据结构中值为空的数据行，对于DataFrame数据，dropna()有以下使用方式。

```
data.dropna(how = 'all')     # 丢弃整行数据全为缺失值的行
data.dropna(axis = 1)        # 丢弃有缺失值的列
data.dropna(axis=1,how="all")    # 丢弃整列数据全为缺失值的列
data.dropna(axis=0,subset = ["Age", "Sex"])    # 丢弃Age和Sex这两列中有缺
失值的行
```

- **增补缺失值**：pandas用fillna()函数对数据进行增补，其语法格式如下。

```
fillna(method=None, limit=None, axis=0, inplace=False)
```

参数说明如下。

method：其取值为pad、ffill、backfill、bfill、None（pad/ffill表示用前一个非缺失值填充该缺失值，backfill/bfill表示用下一个非缺失值填充该缺失值，None表示指定一个值填充缺失值）。

limit：限制填充个数。

axis：修改填充方向。

inplace：其取值为True和False（True表示直接修改原对象，False表示创建一个副本，修改副本，原对象不变）。

- **不处理**：数据中有的缺失值对数据处理过程不会造成影响，或缺失值本身存在一定的使用价值，这种情况无须对缺失值做任何处理。

② 重复值处理。

pandas用duplicated()函数判断数据中是否存在重复值，用drop_duplicates()函数删除重复值。

（2）数据抽取

① 字段抽取。

slice()函数可以实现抽取某列上指定位置的数据，其语法格式如下。

```
slice(start,stop)
```

其中，start位置的数据可以被抽取出来，stop位置的数据抽取不到。

② 字段拆分。

split()函数可以将某列数据按照指定的字符拆分，其语法格式如下。

```
split(sep, n, expand=False)
```

其中，sep是用于分隔字符串的分隔符，n是分隔后新增的列数，expand代表是否扩展为DataFrame，默认是False。当expand的值为True时，返回DataFrame；当expand的值为False时，返回Series。

③ 条件筛选。

pandas可以根据一定的条件对数据进行抽取，其语法格式如下。

```
DataFrame(condition)
```

其中，condition为过滤条件。常用的condition类型如下。

比较运算：<、>、>=、<=、!=、==。

范围运算：between(left, right)。

空置运算：isnull(columns)。

字符匹配：str.contains(pattern, na=False)。

逻辑运算：&（与）、|（或）、not（取反）。

④ 切片抽取。

pandas提供了loc()函数和iloc()函数来实现数据抽取。loc()函数主要针对DataFrame索引名称进行切片，loc()函数可用来抽取某行数据或某条数据值，使用方法如下。

```
DataFrame.loc(行索引名称或条件[, 列索引名称])
```

iloc()函数的作用是使用切片位置选取数据，即使用自动索引值来索引元素，使用方法如下。

```
DataFrame.iloc(行索引位置[, 列索引位置])
```

（3）数据排序

① 对行和列（索引）排序。

sort_index(axis=0,ascending=True)方法在指定轴上根据索引进行排序，默认为升序（默认0轴即列方向）。

② 对数值排序。

对于Series类型的数据，排序的方法如下。

```
Series.sort_values(axis=0,ascending=True)
```

对于DataFrame类型的数据，排序的方法如下。

```
DataFrame.sort_values(by,axis=0,ascending=True)
# by代表axis轴上的某行（axis=1）或某列（axis=0）
```

（4）数据删除

pandas中的drop()函数可以删除Series的元素或DataFrame的某一行（列），其语法格式如下。

```
drop([ ],axis=0,inplace=False)
```

> **注意**
>
> drop()函数用于DataFrame的时候，默认情况下删除某一行或者几行，如果要删除列，必须设置axis=1。

（5）数据更改

pandas中的reindex()函数可以为Series或Dataframe对象添加或者删除索引。reindex()函数会返回一个新对象，其语法格式如下。

```
reindex(index=None, columns=None, …)
```

其中，index严格遵循给出的参数，默认用fill_value填充，值为NaN。

（6）数据运算

算术运算根据行列索引补齐后运算，运算默认产生浮点数，补齐时缺项填充NaN，其中，二维和一维、一维和零维之间为广播运算。

① DataFrame与DataFrame之间的运算。

维度相同、形状不同的DataFrame之间的四则运算，先自动补齐之后再参与运算，补齐值默认为NaN。

```
a=pd.DataFrame(np.arange(12).reshape(3,4))
b=pd.DataFrame(np.arange(20).reshape(4,5))
print('a的值为：\n',a)
print('b的值为：\n',b)
print('a+b的值为：\n',a+b)
```

执行以上程序，输出结果如下。

```
a的值为:
   0  1  2  3
0  0  1  2  3
```

```
1  4   5   6   7
2  8   9   10  11
```
b的值为：
```
    0   1   2   3   4
0   0   1   2   3   4
1   5   6   7   8   9
2   10  11  12  13  14
3   15  16  17  18  19
```
a+b的值为：
```
    0     1     2     3     4
0   0.0   2.0   4.0   6.0   NaN
1   9.0   11.0  13.0  15.0  NaN
2   18.0  20.0  22.0  24.0  NaN
3   NaN   NaN   NaN   NaN   NaN
```

② DataFrame与Series之间的运算。

DataFrame与Series之间的四则运算，先让Series在水平方向上扩展，在垂直方向上广播（默认axis=1），自动补齐之后再参与运算，补齐值默认为NaN。

```
a=pd.DataFrame(np.arange(20).reshape(4,5))
b=pd.Series(np.arange(4))
print('a的值为: \n',a)
print('b的值为: \n',b)
print('a+b的值为: \n',a+b)
```

执行以上程序，输出结果如下。

a的值为：
```
    0   1   2   3   4
0   0   1   2   3   4
1   5   6   7   8   9
2   10  11  12  13  14
3   15  16  17  18  19
```
b的值为：
```
0   0
1   1
2   2
3   3
dtype: int32
```
a+b的值为：
```
    0     1     2     3     4
0   0.0   2.0   4.0   6.0   NaN
1   5.0   7.0   9.0   11.0  NaN
2   10.0  12.0  14.0  16.0  NaN
3   15.0  17.0  19.0  21.0  NaN
```

若使用运算函数进行四则运算，可以在运算过程中添加参数。四则运算函数如表5-7所示。

表5-7　四则运算函数

函数	说明
add(d, **argws)	类型间加法运算，可选参数
sub(d, **argws)	类型间减法运算，可选参数
mul(d, **argws)	类型间乘法运算，可选参数
div(d, **argws)	类型间除法运算，可选参数

其中，可选参数主要用于设置默认填充值和运算的方向。

```
a=pd.DataFrame(np.arange(20).reshape(4,5))
b=pd.DataFrame(np.arange(12).reshape(3,4))
print('a的值为：\n',a)
print('b的值为：\n',b)
print('a+b的值为：\n',b.add(a,fill_value=100))
```

执行以上程序，输出结果如下。

```
a的值为：
    0   1   2   3   4
0   0   1   2   3   4
1   5   6   7   8   9
2  10  11  12  13  14
3  15  16  17  18  19
b的值为：
   0  1   2   3
0  0  1   2   3
1  4  5   6   7
2  8  9  10  11
a+b的值为：
       0      1      2      3      4
0    0.0    2.0    4.0    6.0  104.0
1    9.0   11.0   13.0   15.0  109.0
2   18.0   20.0   22.0   24.0  114.0
3  115.0  116.0  117.0  118.0  119.0
```

（7）日期处理

除了数值型和类别型两种类型，时间类型也是数据处理过程中常见的数据类型，通过时间类型数据可以获取到对应的年、月、日、时、分、秒及星期等信息。但是时间类型数据在读入的时候往往以字符串的形式存在，无法直接用于分析，因此需要使用pandas进一步处理。

①日期转换。

日期转换是指将字符型的日期转换成时间类型数据的过程，其语法格式如下。

```
to_datetime(dateString, format)
```

format参数及说明如表5-8所示。

表5-8　format参数及说明

参数名称	说明
%Y	年份
%m	月份
%d	天
%H	小时
%M	分钟
%S	秒

②日期格式化。

日期格式化是指将时间类型数据按照给定的格式转换成字符型的数据，其语法格式如下。

```
apply(lambda x: datetime.string.strftime(x,format))
```

③日期抽取。

日期抽取是指从时间类型数据中抽取出需要的部分属性，其语法格式如下。

```
Date.dt.property
```

property属性及说明如表5-9所示。

表5-9　property属性及说明

参数名称	说明
second	取值1~60，代表秒
minute	取值1~60，代表分
hour	取值1~24，代表小时
day	取值1~31，代表天
month	取值1~12，代表月份
year	代表年份
weekday	取值1~7，代表星期

4．数据分析

（1）基本统计

基本统计又称为描述性统计，用describe()函数实现。常见的统计函数如表5-10所示。

表5-10　常见的统计函数

函数	说明
size()	计数
sum()	求和
mean()	求均值
var()	求方差
std()	求标准差

（2）分布分析

分布分析是根据分析的目的，将定量数据进行等距或不等距的分组，从而研究各组分布规律的一种分析方法。分布分析用cut()函数实现，其语法格式如下。

```
cut(series, bins, right, labels)
```

cut()函数具体的参数及说明如表5-11所示。

表5-11　cut()函数具体的参数及说明

参数名称	说明
series	接收Series，代表需要分组的数据。无默认值
bins	接收Series或List，代表分组的依据数组。无默认值
right	接收boolean，代表分组右边是否闭合。默认为True
labels	表示分组的自定义标签，可以不定义。默认为NULL

（3）分组分析

分组分析是根据分组字段将分析对象划分成不同的部分，以对比分析各组之间的差异性的一种分析方法，常用的统计指标有计数、求和及求均值。

分组分析用groupby()函数实现，常见的形式如下。

```
df.groupby(by=['分类1','分类2',…])[ '被统计的列'.agg({列别名1:统计函数1,列别名2:统计函数2,…})]
```

groupby()函数的参数及说明如表5-12所示，其中size、sum、mean属于统计函数。

表5-12 groupby()函数的参数及说明

参数名称	说明
by	接收用于分组的列，无默认值
[]	接收用于统计的列名，无默认值
agg	统计别名，显示统计值的名称，统计函数用于统计数据
size	计数
sum	求和
mean	求均值

（4）交叉分析

交叉分析通常用于分析两个或两个以上分组变量之间的关系。通过动态改变版面布置，按照不同方式分析数据。交叉分析用pivot_table()函数实现，其语法格式如下。

```
pivot_table(values, index, columns, aggfunc,fill_value)
```

pivot_table()函数的参数及说明如表5-13所示。

表5-13 pivot_table()函数的参数及说明

参数名称	说明
values	接收数据透视表中的值，无默认值
index	接收数据透视表中的行，无默认值
columns	接收数据透视表中的列，无默认值
aggfunc	统计函数
fill_value	NaN值的统一替换

（5）结构分析

结构分析是在分组的基础上计算各个组成部分所占的比例，进而分析总体的内部特征的一种方法。结构分析使用的函数如下。

```
sum(axis)
div(sum(axis),axis)
```

axis=0代表列，axis=1代表行。

（6）相关分析

相关分析是指研究两个事物之间是否存在某种相关性的分析方法。假如有X和Y两个变量，则有以下3种结果。

① 如果X增大，Y增大，那么两个变量正相关。

② 如果X增大，Y减小，那么两个变量负相关。

③ 如果X增大，Y无变化，那么两个变量不相关。

两个变量之间的相关性可以用协方差来判断。

① 协方差大于0，X和Y正相关。

② 协方差小于0，X和Y负相关。

③ 协方差等于0，X和Y不相关。

相关性还可以更进一步来描述，如表5-14所示。

表5-14 相关系数与相关程度

相关系数 $|r|$ 的取值范围	说明
$0.8 < |r| \leq 1.0$	极强相关
$0.6 < |r| \leq 0.8$	强相关
$0.4 < |r| \leq 0.6$	中等程度相关
$0.2 < |r| \leq 0.4$	弱相关
$0 \leq |r| \leq 0.2$	极弱相关或不相关

> **注意**
>
> 相关分析使用corr()函数实现。

四、Matplotlib 数据可视化

数据可视化是指借助图形化手段将一组数据以图形的形式表示出来，并利用数据分析和开发工具发现其中未知信息的数据处理过程。数据可视化的目的是准确、高效、全面地传递信息，使人们发现数据间的规律和特征，并挖掘出有价值的信息，从而提高数据沟通的效率。

1．Matplotlib 基础

Matplotlib库是一个用于绘制2D图表的Python库，能够绘制图表、定制图表元素或样式，其提供了一套表示和操作图形/图像及其内部对象和函数的工具。Matplotlib也可用于绘制3D图表。pyplot是Matplotlib的内部模块，提供了操作Matplotlib库的经典Python编程接口。

pyplot的使用方式类似MATLAB，当使用pyplot API绘图时，首先确保系统已安装Matplotlib模块，然后需要使用"import matplotlib.pyplot as plt"语句导入pyplot模块，之后才可以使用该模块调用绘图函数在当前画布和绘图区域绘制图表。

① 创建画布与子图。

在画图之前首先要创建一张空白的画布，并可以选择是否将整个画布划分成多个部分，方便在同一幅图上绘制多个图形，如果只需要绘制一个图形，这部分可以省略。pyplot中创建画布及创建并选中子图的常用函数如表5-15所示。

表5-15　pyplot中创建画布及创建并选中子图的常用函数

函数	说明
plt.figure()	创建一个空白画布，可以指定画布的大小、像素
figure.add_subplot()	创建并选中子图，可以指定子图的行数、列数和选中图片的编号

② 添加画布内容。

创建画布后开始绘制图形的主体部分，包括图形的数据和辅助元素两部分。图形的数据是图形形成的主要依据，主要包括x轴的数据和y轴的数据。辅助元素是指根据数据绘制的图形之外的元素，常用的辅助元素包括坐标轴、标题、图例、网格、参考线、注释文本等。pyplot中添加各类标签和图例的常用函数如表5-16所示。

表5-16　pyplot中添加各类标签和图例的常用函数

函数	说明
plt.title()	添加标题，可以给标题设置位置、颜色、字体大小等样式参数
plt.xlabel()	添加x轴名称，设置样式参数同上
plt.ylabel()	添加y轴名称，设置样式参数同上
plt.xlim()	指定当前图形x轴的范围，只能确定一个数值区间
plt.ylim()	指定当前图形y轴的范围，只能确定一个数值区间
plt.xticks()	指定x轴刻度的数目与取值
plt.yticks()	指定y轴刻度的数目与取值
plt.legend()	指定当前图形的图例，可以指定图形的大小、位置和标签
plt.grid()	添加坐标轴网格
plt.annotate()	添加指向型注释文本
plt.text()	添加无指向型注释文本

③ 保存与显示图形。

设置好图形的数据及辅助元素后，将图形显示并保存下来。保存与显示图形的常用函数如表5-17所示。

表5-17　保存与显示图形的常用函数

函数	说明
plt.savefig()	保存绘制的图形，可以指定图形的分辨率、边缘的颜色等参数
plt.show()	在本机显示图形

④ 绘制一个简单的图形。

```
import NumPy as np
    import matplotlib.pyplot as plt
    data=np.array([1,2,3,4,5])          #准备数据
    plt.plot(data)                       #绘制图表
    plt.show()                           #展示图表
```

执行以上程序，输出结果如图5-2所示。

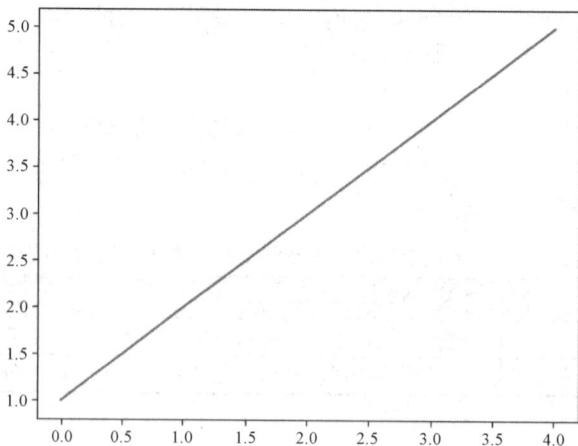

图5-2　使用Matplotlib绘制图形

需要说明的是，当调用plot()函数绘制图表时，若只传入单个列表或数组，则会将传入的列表或数组作为y轴的数据，并自动生成一个与该列表或数组相同的、首位元素为0的递增序列作为x轴的数据，即[0,1,2,3,4]。

下面使用pyplot的函数绘制一个三角函数的图形。

```
import NumPy as np
import matplotlib.pyplot as plt
plt.rcParams['font.family']=['SimHei']  #设置中文字体为SimHei
plt.rcParams['axes.unicode_minus']=False
x=np.arange(-np.pi,np.pi,0.01)
y1=np.sin(x)
y2=np.cos(x)
plt.title('y=sin(x)&cos(x)')  #添加标题
plt.xlabel('x轴')  #x轴名称
plt.ylabel('y轴')  #y轴名称
plt.xlim((-np.pi,np.pi))  #x轴的范围
plt.ylim((-1,1))  #y轴的范围
plt.xticks([-np.pi,0,np.pi],['$-\pi$','$0$','$\pi$'])  #x轴的刻度
plt.yticks([-1,-0.5,0,0.5,1])  #y轴的刻度
plt.plot(x,y1)
```

```
plt.plot(x,y2)
plt.legend(['$sin(x)$','$cos(x)$'],shadow=True)   #设置图例
plt.annotate('最小值',xy=(-np.pi/2,-1.0),xytext=(-np.pi/2,-0.5),arrowprops=
dict(arrowstyle='->'))  #添加指向型注释文本
plt.text(2.10,0.10,'y=sin(x)',bbox=dict(alpha=0.2))
plt.text(0.90,-0.40,'y=cos(x)',bbox=dict(alpha=0.2))
plt.show()
```

执行以上程序，输出结果如图5-3所示。

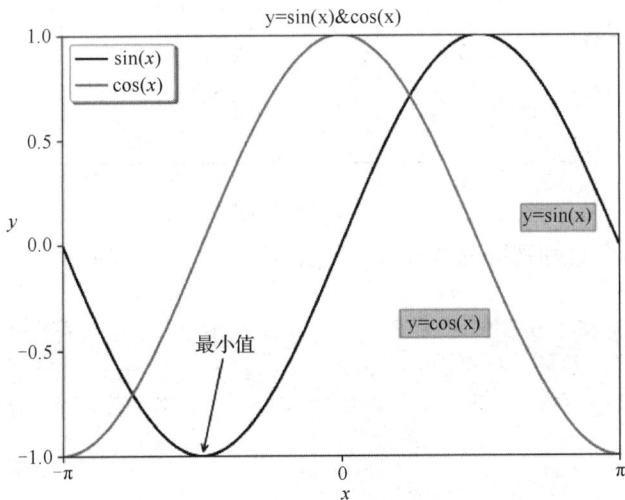

图5-3　三角函数图形

2．Matplotlib 数据可视化

Matplotlib拥有丰富的API，通过API可以绘制常见的图形，如线形图、条形图、直方图、饼图、散点图等。

（1）绘制线形图

使用pyplot的plot()函数可以快速绘制线形图，plot()函数的语法格式如下。

```
plot(x, y, fmt, scalex=True, data=None, label=None, *args, **kwargs)
```

部分参数说明如下。

- x：表示 x 轴的数据。
- y：表示 y 轴的数据。
- Fmt：表示快速设置线条样式的字符串。
- Label：表示应用于图例的标签文本。

使用pyplot的plot()函数还可以绘制具有多个线条的线形图，Matplotlib会自动为每个线条分配不同的颜色，每个序列使用相同的 x 轴和 y 轴。

```
import NumPy as np
import matplotlib.pyplot as plt
x=np.arange(0,np.pi*2,0.01)
y1=np.sin(x)
y2=np.cos(x)
plt.plot(x,y1)
plt.plot(x,y2)
plt.show()
```

执行以上程序，输出结果如图5-4所示。

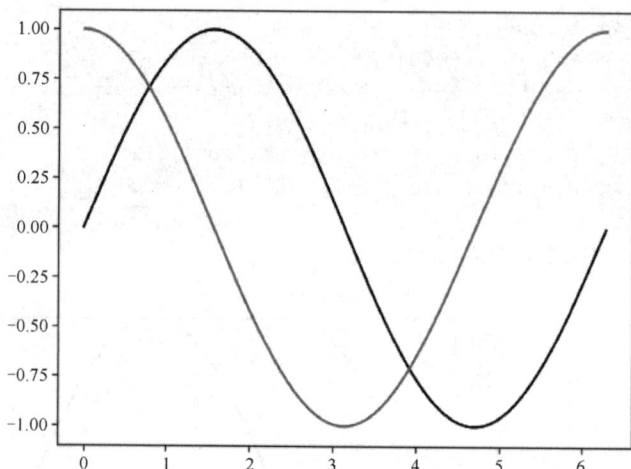

图5-4 线形图

绘制图形时还可以根据需要选择线形（linestyle）、颜色（color）、数据标记（marker）、字体（text）等。

```
import NumPy as np
import matplotlib.pyplot as plt
x=np.arange(-5,6,1)
y1=2*x
y2=x*x
#绘制图形，并使用颜色、线形、数据标记
plt.plot(x,y1,color='cyan',linestyle='--',marker='*')
plt.plot(x,y2,color='magenta',linestyle=':',marker='o')
plt.show()
```

执行以上程序，输出结果如图5-5所示。

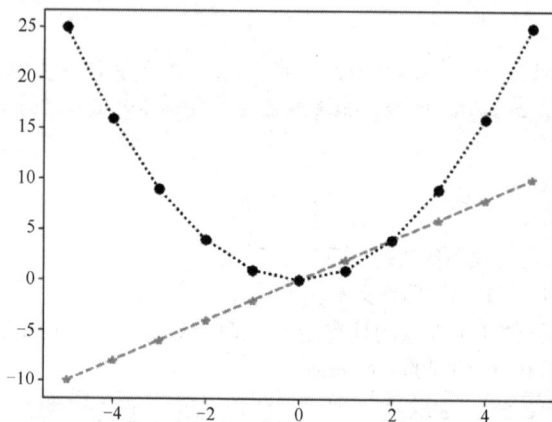

图5-5 线形图样式优化

（2）绘制条形图

条形图是一种常见的图形，使用pyplot的bar()函数可以快速绘制条形图或堆积条形图，bar()函数的语法格式如下。

```
bar(y, width, height=0.8, left=None, align='center' *, **kwargs)
```

其参数说明如下。

- y：表示条形的y坐标值。
- width：表示条形的宽度，默认为0.8。

- height：表示条形的高度。
- left：表示条形图左侧的*x*坐标，默认为0。
- align：表示条形的对齐方式，有center和edge两个值，其中center表示将条形与刻度线居中对齐，edge表示将条形的底边与刻度线对齐。

① 绘制垂直条形图。

使用bar()函数绘制垂直条形图，如下所示。

```
import NumPy as np
import matplotlib.pyplot as plt
x=[0,1,2,3,4]
y=[5,7,3,4,6]
plt.bar(x,y)
plt.xlabel('x')
plt.ylabel('y')
plt.show()
```

执行以上程序，输出结果如图5-6所示。

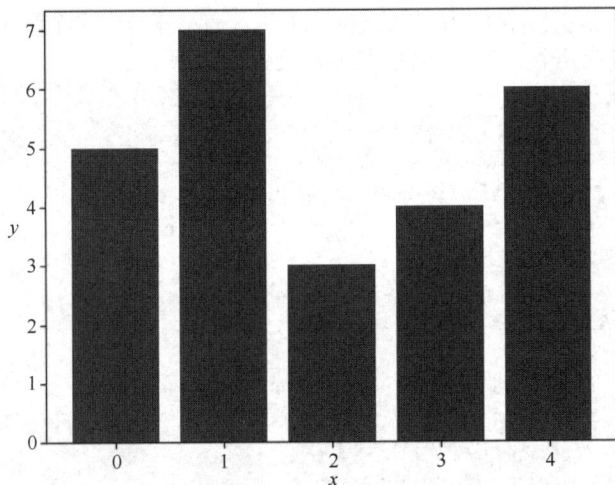

图5-6   垂直条形图

② 绘制水平条形图。

水平条形图用barh()函数实现，bar()函数的参数对该函数依然有效，唯一的区别在于两条轴的用途与垂直条形刚好相反。使用barh()函数绘制水平条形图，如下所示。

```
import NumPy as np
import matplotlib.pyplot as plt
plt.rcParams['font.family']=['SimHei']    #设置中文字体为SimHei
plt.rcParams['axes.unicode_minus']=False
x=[0,1,2,3,4]
y=[5,7,3,4,6]
stdl=[0.8,1,0.4,0.9,1.3] #标准差序列
plt.title('水平条形图')
plt.barh(x,y,xerr=stdl,error_kw={'ecolor':'0.1','capsize':6},alpha=0.7)
#把标准差序列传给xerr
plt.xlabel('x')
plt.ylabel('y')
plt.show()
```

执行以上程序，输出结果如图5-7所示。

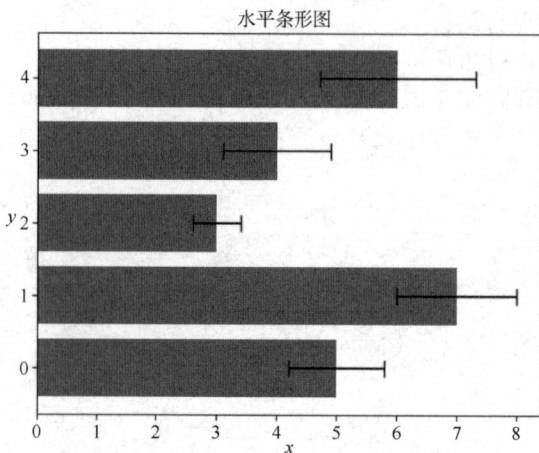

图5-7　水平条形图

③ 绘制多序列条形图。

条形图还可以通过把每个类别占据的空间分成几个部分来显示多个序列的数值，需要显示几个条形，就将其分为几个部分。绘制多序列条形图，如下所示。

```python
import NumPy as np
import matplotlib.pyplot as plt
plt.rcParams['font.family']=['SimHei']
plt.rcParams['axes.unicode_minus']=False
x=np.arange(5)
y1=[4,6,2,6,8]
y2=[7,4,2,5,3]
y3=[4,3,6,2,4]
bw=0.3
plt.title('多序列条形图')
plt.bar(x,y1,bw,color='b')
plt.bar(x+bw,y2,bw,color='g')
plt.bar(x+2*bw,y3,bw,color='r')
plt.xticks(x+1.5*bw,['A','B','C','D','E'])
plt.show()
```

执行以上程序，输出结果如图5-8所示。

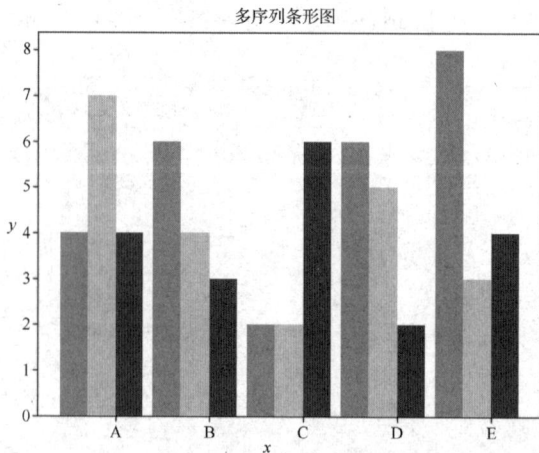

图5-8　多序列条形图

④ 绘制多序列堆积条形图。

多序列条形图还可以通过堆积的方式实现，通常用多序列堆积条形图来展示几个数据之间的占比关系。要把简单的多序列条形图转换为多序列堆积条形图，需要在每个bar()函数中添加bottom参数，把每个序列赋值给相应的bottom参数，如下所示。

```
import NumPy as np
import matplotlib.pyplot as plt
plt.rcParams['font.family']=['SimHei']
plt.rcParams['axes.unicode_minus']=False
plt.title('多序列堆积条形图')
x=np.arange(4)
y1=np.array([4,6,2,6])
y2=np.array([4,2,5,3])
y3=np.array([4,3,2,4])
plt.axis=([0,4,0,15])
plt.bar(x,y1)
plt.bar(x,y2,bottom=y1)
plt.bar(x,y3,bottom=(y1+y2))
plt.xticks(x,['2018','2019','2020','2021'])
plt.show()
```

执行以上程序，输出结果如图5-9所示。

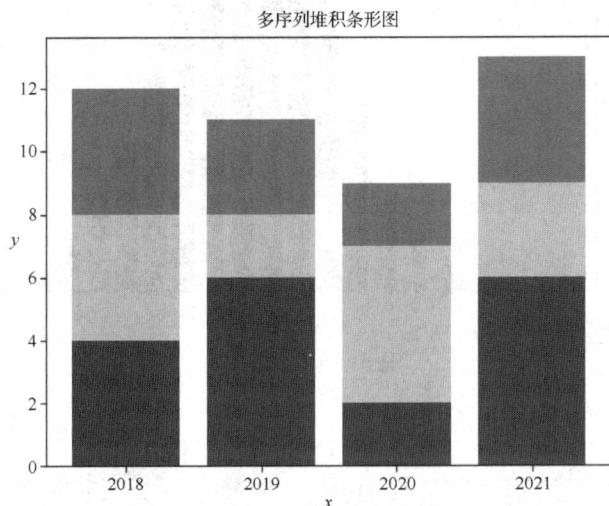

图5-9 多序列堆积条形图

（3）绘制直方图

直方图由一系列高度不等的纵向相邻矩形组成，矩形的面积与落在其x轴对应的区间的元素成正比。直方图常被用于样本分布等统计研究。pyplot的hist()函数可以用于绘制直方图，hist()函数的语法格式如下。

```
hist(x, bins=None, normed=False, color=None, stacked=False,…, **kwargs)
```

其参数说明如下。

- x：接收array，表示每个bin（箱子）分布的数据，对应x轴，无默认值。
- bins：接收数值，指定bin（箱子）的个数，也就是总共有几个条形，无默认值。
- normed：接收boolean，指定密度，即每个条形的占比，默认为1。
- color：指定条形的颜色。
- stacked：接收boolean，若为True，则会生成多个系列的堆叠直方图，默认为False。

使用hist()函数绘制直方图，如下所示。

```
import NumPy as np
import matplotlib.pyplot as plt
plt.rcParams['font.family']=['SimHei']
plt.rcParams['axes.unicode_minus']=False
y=np.random.standard_normal((600,2))  #生成形状为(600,2)的随机正态分布数组
plt.hist(y,bins=20,label=['1st','2nd'])
plt.legend(loc=0)
plt.xlabel('值')
plt.ylabel('频率')
plt.title('直方图')
plt.show()
```

执行以上程序，输出结果如图5-10所示。

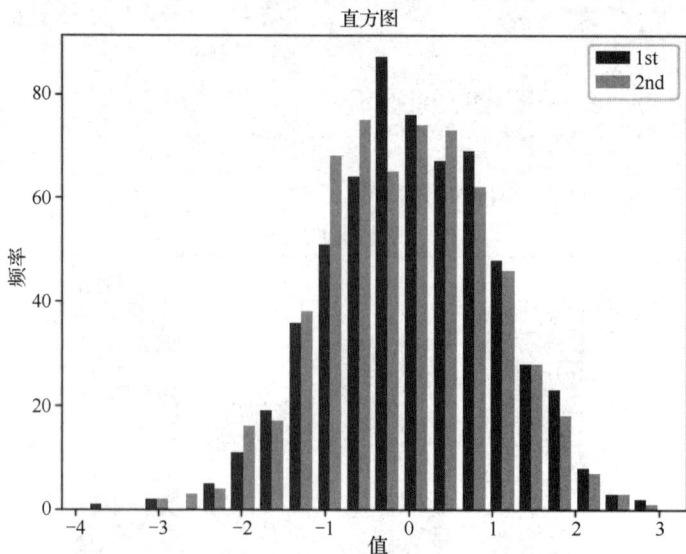

图5-10 直方图

（4）绘制饼图

pyplot中绘制饼图用pie()函数实现，其基本语法格式如下。

```
pie(x, explode=None, labels=None, colors=None, autopct=None, pctdistance=0.6,
hadow=False, labeldistance=1.1, startangle=None, radius=None)
```

pie()函数常用参数及其说明如下。

- x：接收array，表示x轴的数据，无默认值。
- explode：接收array，指定每一项的名称，默认为None。
- colors：接收特定string或包含颜色字符串的array，表示饼图颜色，默认为None。
- autopct：接收特定string，指定数值的显示方式，默认为None。
- pctdistance：接收float，指定每一项的比例autopct和距离的圆心半径大小，默认为0.6。
- labeldistance：接收float，指定每一项的名称labels和距离的圆心半径大小，默认为1.1。
- radius：接收float，表示饼图的半径，默认为None。

使用pie()函数绘制饼图，如下所示。

```
import matplotlib.pyplot as plt
plt.rcParams['font.family']=['SimHei']
plt.rcParams['axes.unicode_minus']=False
```

```
labels=['苹果','三星','华为','小米']
values=[45,30,15,10]
colors=['blue','green','orange','yellow']
explode=[0,0,0,0.3]
plt.pie(values,labels=labels,explode=explode,colors=colors,shadow=True,
autopct='%3.1f%%',startangle=180)
plt.axis('equal')
plt.show()
```

执行以上程序，输出结果如图5-11所示。

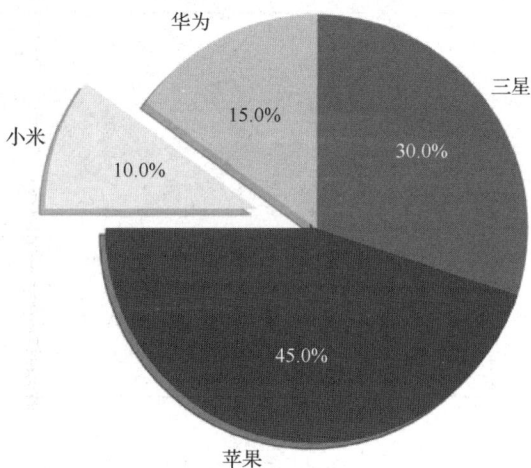

图5-11 饼图

（5）绘制散点图

散点图以一个特征为横坐标，以另一个特征为纵坐标，是利用坐标点的分布形态反映特征间的统计关系的一种图形。值由点在图表中的位置表示，类别由图表中的不同标记表示，通常用于比较跨类别的数据。散点图通常在两种情况下比较常用：一种是验证几个特征之间是否存在关联关系的趋势，关联趋势是线性的还是非线性的；另一种是判断是否有一个点或多个点偏离大多数点，从而判断出离群点做进一步处理。

散点图通过点的疏密程度和变化趋势表示两个特征的数量关系，如果有3个特征，若其中一个特征为类别类，散点图改变不同特征的点的形状或颜色，即可了解两个数值特征和这个类别特征之间的关系。

pyplot中用于绘制散点图的函数为scatter()，其语法格式如下。

```
pyplot.scatter(x, y, s=None, c=None, marker=None, cmap=None, norm=None, vmin=
None, vmax=None, vmin=None, alpha=None, linewidths=None, verts=None, edgecolors=
None, hold=None, data=None, **kwargs)
```

scatter()函数常用参数及其说明如下所示。

- x、y：接收array，表示x轴和y轴对应的数据，无默认值。
- s：接收数值或一维array，指定点的大小，若传入一维array，则表示每个点的大小，默认为None。
- c：接收数值或一维array，指定点的颜色，若传入一维array，则表示每个点的颜色，默认为None。
- marker：接收特定string，表示绘制的点的类型，默认为None。
- alpha：接收0～1的小数，表示点的透明度，默认为None。

使用scatter()函数绘制散点图，如下所示。

```
import matplotlib.pyplot as plt
import  NumPy as np
x=np.arange(0.0,50.0,0.5)
y=x**1.5+np.random.rand(*x.shape)*30
plt.scatter(x,y,c='r',marker='.')
plt.xlabel('x')
plt.ylabel('y')
plt.show()
```

执行以上程序，输出结果如图5-12所示。

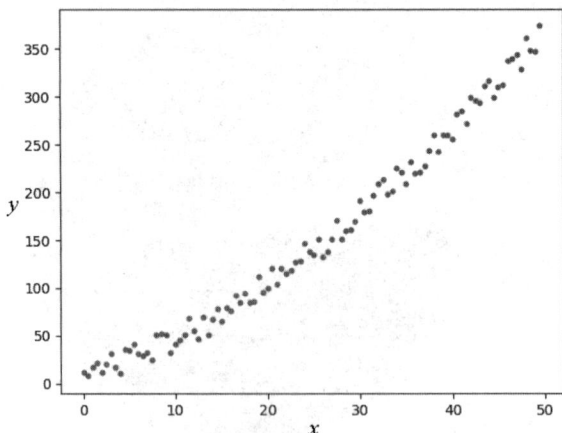

图5-12　散点图

拓展阅读

　　Python作为数据分析领域的"领军语言"，也加入Echarts的使用行列，Python开发公司研发出方便Python开发者使用的可视化工具，自此便诞生了pyecharts库。pyecharts是一个针对Python开发者开发的、用于生成 Echarts 图表的库。pyecharts与Matplotlib相比，具有以下优势。

* 简单的API让开发者使用起来更流畅，且支持链式调用。
* 程序可在主流的Jupyter Notebook或JupyterLab工具上运行。
* 程序可以轻松地集成至 Flask、Sanic、Django 等主流的Web框架中。
* 灵活的配置项，可以轻松地绘制出精美的图表。
* 详细的文档和示例可以帮助开发者快速启动项目。
* 多达400个地图文件，可为地理数据可视化提供强有力的支撑。

　　pyecharts库提供了简单的API和众多示例，可以帮助开发者快速地开发项目。下面使用pyecharts快速绘制一个柱形图。

```
from pyecharts.charts import Bar
from pyecharts import options as opts
bar = Bar(init_opts=opts.InitOpts(width='600px', height='300px'))
bar.add_xaxis(["衬衫", "羊毛衫", "雪纺衫", "裤子", "高跟鞋", "袜子"])
bar.add_yaxis("商家A", [5, 20, 36, 10, 75, 90])
bar.set_global_opts(title_opts=opts.TitleOpts(title="柱形图示例"))
bar.render_notebook()
```

运行以上程序，输出结果如图5-13所示。

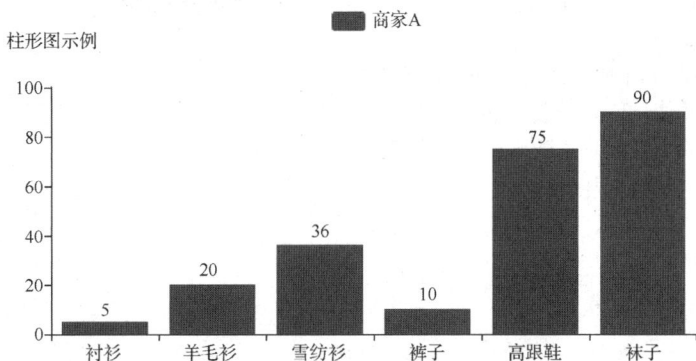

图5-13　柱形图

与Matplotlib相比，pyecharts可通过更少的代码绘制带有标题、图例、注释文本的柱形图。pyecharts在v1版本增加了链式调用的功能。链式调用是指简化同一对象多次访问属性或调用方法的编码方式，避免多次重复使用同一个对象变量，使代码变得简洁、易懂。

自学自测 ↓

（一）单选题

1. 下列选项中，属于数组操作的是（　　　）。

 A. ndim   B. shape   C. size   D. add

2. 关于groupby()函数的说法错误的是（　　　）。

 A. groupby()函数的作用是分组统计

 B. 调用groupby()函数返回的结果是一个DataFrame对象

 C. 通过groupby()函数可以计算分组后数据的总和或均值

 D. df.groupby('A')与df.groupby(df['A'])的作用相同

3. 下列选项中，使用loc()、iloc()函数正确的是（　　　）。

 A. df.loc['列名','索引名']，df.iloc['索引位置','列位置']

 B. df.loc['列名','索引名']，df.iloc['列位置','索引位置']

 C. df.loc['索引名','列名']，df.iloc['索引位置','列位置']

 D. df.loc['索引名','列名']，df.iloc['列位置','索引位置']

4. 用于绘制水平条形图的函数是（　　　）。

 A. pie()   B. scatter()   C. bar()   D. barh()

（二）多选题

1. 下列选项中，属于数组常用的统计函数的有（　　　）。

 A. slice()   B. sum()   C. split()   D. std()

2. 关于drop_duplicates()函数的说法正确的有（　　　）。

 A. 仅对DataFrame和Series类型的数据有效 B. 仅支持单一特征的数据去重

 C. 数据重复时默认保留第一个数据   D. 该函数不会改变原始数据排列

3. 下列选项中，用于给图表添加注释文本的函数有（   ）。

    A. plt.plot(x,y)   B. plt.show()

    C. plt.annotate(s,xy)   D. plt.text(x,y,'text')

（三）简答题

1. 如何创建100个服从正态分布的随机数？

2. 如何正确使用loc()函数、iloc()函数索引某个值？

3. groupby()函数的基本语法格式是什么？

4. 散点图有哪些功能？

课中实训

【实训资料】

成都数据帮团队是刚成立的创业团队，是紧跟大数据时代特色所成立的小型公司。当今时代每天都在产生海量数据，这些零散杂乱的数据不做任何处理显然是毫无意义可言的，但是通过数据分析、处理、挖掘及可视化后会产生实用的价值，为特定的项目产生重大的远见关联趋势。该团队站在时代风口，争取将自己的知识转化为最大的利益。

该团队主要负责的业务方向为：项目数据处理分析、投资项目评估、经济效益评价、项目融资、社会经济咨询、投资中介等。负责的业务范围：项目数据处理分析评估，为众多投资人提供专业项目分析服务，减少投资风险；撰写项目数据分析报告，目前的可行性分析报告和商业计划书的质量急待提高；提供融资服务，项目融资与项目分析工作紧密相连，是项目分析工作价值的体现；项目理财策划：项目运营的关键是现金流，是数据真实的体现，CPDA重要的工作是对未来运营情况的判断；行业、项目数据服务，科学、严谨、有效的数据收集和整理工作，对众多企业（金融服务业）而言是至关重要的。

你作为该团队的一员，主要负责项目数据处理分析。

（1）根据客户提供的数据和指标，进行分析与处理，满足客户的需求。并在此基础上对该数据进行挖掘、建立关联模型。挖掘出潜在的价值。

（2）根据完成的项目做一份简单易懂的可视化PPT报告，并为客户讲解最后的指标趋势及挖掘出的潜在价值，为客户做出自己公司的商业决策提供强有力的依据。

（3）每次做完项目后征求客户的同意，建立属于我们团队自己的后备资源库，打造一个全面的数据仓库，为团队之后的业务提供更有力的数据支撑。

【实训目标】

通过本实训，读者能学会使用Python的3个第三方库——NumPy、pandas及Matplotlib，学会使用pandas进行数据的读取、存放及预处理与分析，学会使用NumPy中的分析函数对数据进行分析，以及学会使用Matplotlib中的可视化工具，并使用正确的可视化图形将结果展现出来。

【实训步骤】

（1）完成课前自学，掌握NumPy、pandas、Matplotlib的相关知识。

（2）独立完成实训一。

（3）小组合作完成实训二。

（4）小组合作完成实训三。

（5）小组合作完成实训四。

实训一　销售数据统计分析

现有从某网上爬取到的书店的图书数据（已保存为TXT格式），读取前5行数据，如图5-14所示。读取销售数据集中的销售价格数据，并对其进行统计分析。

	商品名称	价格	类别	图片	发货
0	【九年级下册历史】人教版9九年级下册历史人教版初三九下册历史九年级下册世界历史人教版	11.2	图书	https://img12.360buyimg.com/n1/s200x200_jfs/t1...	闪电发货，全新正版
1	初中9九年级下册历史书人教版部编版 初中初三3下册历史书 9年级下册历史九下册本教材人民教育出版社	15.8	图书	https://img10.360buyimg.com/n1/s200x200_jfs/t1...	新华直销，正版保证，京东快递，当天发货，极速送达
2	【套装五本】初中九年级下册语文数学化学历史道德与法治书全套人教版部编版课本初三下册全套教...	52.8	图书	https://img11.360buyimg.com/n1/s200x200_jfs/t1...	新华直销，正版保证，京东快递，当天发货，极速送达
3	【新华书店正版】全新现货人教部编版九年级下册语文课本初中三年级下册语文书人民教育出版社九...	15.6	图书	https://img13.360buyimg.com/n1/s200x200_jfs/t1...	新华书店正版，绿色环保印刷，京东云仓直达
4	初中9九年级下册语文书人教版部编版课本本教材教科书9年级语文下册九年级语文课本九下语文人民教...	15.8	图书	https://img13.360buyimg.com/n1/s200x200_jfs/t1...	新华直销，正版保证，京东快递，当天发货，极速送达

图5-14　图书数据

任务一：读取数据

【任务描述】

首先，将销售数据集中的销售价格数据提取出来，存放在price.csv文件中。其次，读取该文件中的数据。

【操作步骤】

```
import NumPy as np
np.set_printoptions(threshold=np.inf)
price = np.loadtxt("data/price.csv")
print("销售价格表为：\n",price)
```

执行以上程序，输出结果部分截图，如图5-15所示。

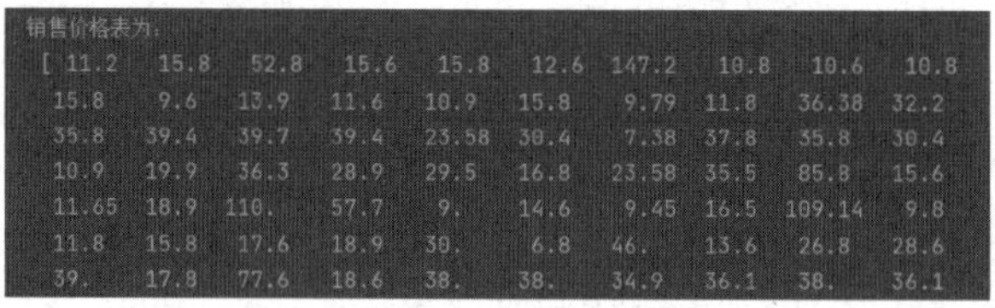

```
销售价格表为:
 [ 11.2    15.8    52.8    15.6    15.8    12.6   147.2    10.8    10.6    10.8
   15.8     9.6    13.9    11.6    10.9    15.8     9.79   11.8    36.38   32.2
   35.8    39.4    39.7    39.4    23.58   30.4     7.38   37.8    35.8    30.4
   10.9    19.9    36.3    28.9    29.5    16.8    23.58   35.5    85.8    15.6
   11.65   18.9   110.     57.7     9.     14.6     9.45   16.5   109.14    9.8
   11.8    15.8    17.6    18.9    30.      6.8    46.     13.6    26.8    28.6
   39.     17.8    77.6    18.6    38.     38.     34.9    36.1    38.     36.1
```

图5-15　销售价格表

任务二：对价格进行排序

【任务描述】

对价格按照从小到大的顺序排列。

【操作步骤】

```
price.sort()
print("排序后的销售价格表为：\n",price)
```

执行以上程序，输出结果部分截图，如图5-16所示。

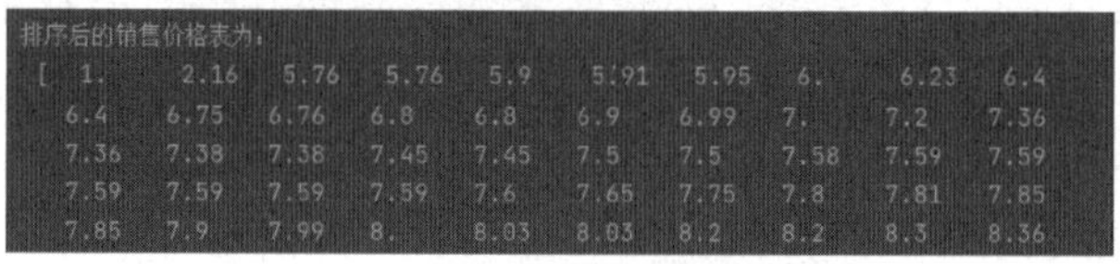

```
排序后的销售价格表为:
 [  1.      2.16    5.76    5.76    5.9     5.91    5.95    6.      6.23    6.4
    6.4     6.75    6.76    6.8     6.8     6.9     6.99    7.      7.2     7.36
    7.36    7.38    7.38    7.45    7.45    7.5     7.5     7.58    7.59    7.59
    7.59    7.59    7.59    7.59    7.6     7.65    7.75    7.8     7.81    7.85
    7.85    7.9     7.99    8.      8.03    8.03    8.2     8.2     8.3     8.36
```

图5-16　排序后的销售价格表

任务三：对价格进行去重

【任务描述】

把价格数据中重复的值去掉。

【操作步骤】

```
np.unique(price)
print("去重后的销售价格表为：\n",price)
```

执行以上程序，输出结果部分截图如图5-17所示。

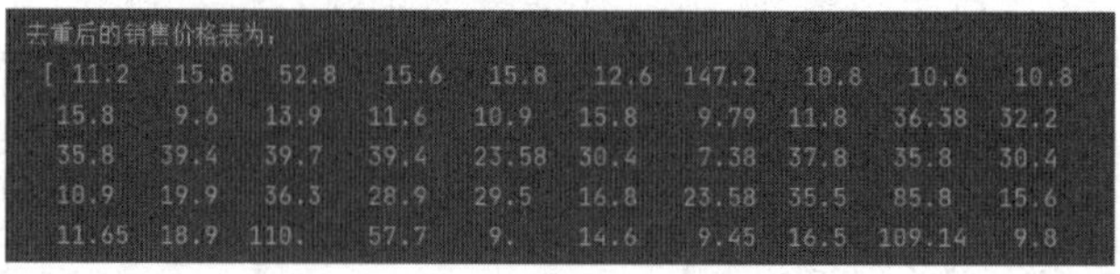

```
去重后的销售价格表为:
 [ 11.2    15.8    52.8    15.6    15.8    12.6   147.2    10.8    10.6    10.8
   15.8     9.6    13.9    11.6    10.9    15.8     9.79   11.8    36.38   32.2
   35.8    39.4    39.7    39.4    23.58   30.4     7.38   37.8    35.8    30.4
   10.9    19.9    36.3    28.9    29.5    16.8    23.58   35.5    85.8    15.6
   11.65   18.9   110.     57.7     9.     14.6     9.45   16.5   109.14    9.8
```

图5-17　去重后的销售价格表

任务四：对价格进行基本统计分析

【任务描述】

使用NumPy中的基本统计函数对数据的总和、均值、标准差、方差、最小值、最大值等进行统计分析。

【操作步骤】

```
print("价格之和为: ",np.sum(price))
print("价格的均值为: ",np.mean(price))
print("价格的标准差为: ",np.std(price))
print("价格的方差为: ",np.var(price))
print("价格的最小值为: ",np.min(price))
print("价格的最大值为: ",np.max(price))
```

执行以上程序，输出结果如图5-18所示。

```
价格之和为：  115894.77
价格的均值为：  39.021808080808086
价格的标准差为：  31.112326936509337
价格的方差为：  967.9768874042445
价格的最小值为：  1.0
价格的最大值为：  262.6
```

图5-18　数据统计分析结果

拓展阅读

销售数据统计分析程序

实训二　链家二手房数据处理

为了了解二手房市场整体的行业态势，现对从链家网采集到的数据进行处理与分析，目的是分析国内二手房的价格分布及各个地区的二手房价格特征，从而为政府出台二手房调控政策提供数据支撑，为广大购房者提供价格依据。

任务一：二手房数据预处理

【任务描述】

导入数据并依据要分析的内容做数据清洗与预处理工作。

【操作步骤】

步骤1：导入数据。

使用pandas库的read_table()函数导入数据。

```
df=pd.read_table('lianjiahouselist.txt',sep=';')
df.columns=['编号','省','市','区县','位置','详细地址','单价','总价','户型','楼层','面积','户型结构','套内面积','建筑类型','朝向','建筑结构','装修类型','梯户比','有无电梯','上传时间','房屋类型','住宅类型','抵押情况']
df.reindex(columns=df.columns)
print(df.head())
```

执行以上程序，输出结果如图5-19所示。

步骤2：查看数据类型。

```
print(df.info())
```

执行以上程序，输出结果如图5-20所示。

通过info()函数可以看出，数据中编号一列数据为数值类型，其他均为非数值类型，需要转换数据格式。

```
            编号   省  ...  住宅类型                    抵押情况
0  105108955444  广西  ...  普通住宅           暂无数据
1  101113240556  北京  ...  普通住宅            无抵押
2  105108940027  福建  ...  普通住宅  有抵押  270万元
3  103117482573  安徽  ...  普通住宅            无抵押
4  101113262238  北京  ...  普通住宅           暂无数据

[5 rows x 23 columns]

Process finished with exit code 0
```

图5-19　二手房数据

```
<class 'pandas.core.frame.DataFrame'>
RangeIndex: 53872 entries, 0 to 53871
Data columns (total 23 columns):
 #   Column  Non-Null Count  Dtype
---  ------  --------------  -----
 0   编号      53872 non-null  int64
 1   省       53872 non-null  object
 2   市       53872 non-null  object
 3   区县      53870 non-null  object
 4   位置      53870 non-null  object
 5   详细地址    53872 non-null  object
 6   单价      53872 non-null  object
 7   总价      53872 non-null  object
 8   户型      53072 non-null  object
 9   楼层      53872 non-null  object
 10  面积      53872 non-null  object
 11  户型结构    52748 non-null  object
 12  套内面积    53072 non-null  object
 13  建筑类型    52748 non-null  object
 14  朝向      53872 non-null  object
 15  建筑结构    53072 non-null  object
 16  装修类型    53072 non-null  object
 17  梯户比     52748 non-null  object
 18  有无电梯    52748 non-null  object
 19  上传时间    53872 non-null  object
 20  房屋类型    53103 non-null  object
 21  住宅类型    53872 non-null  object
 22  抵押情况    53872 non-null  object
dtypes: int64(1), object(22)
memory usage: 9.5+ MB
None
```

图5-20　二手房数据类型

步骤3：提取需要的数据。

由于数据字段较多，筛选出数据处理需要的字段。

```
data=df[['省','市','区县','位置','详细地址','单价','户型','楼层','面积']]
print(data.head())
```

执行以上程序，输出结果如图5-21所示。

步骤4：缺失值处理。

查看是否存在缺失值。

```
print(data.isnull().sum())
```

执行以上程序，输出结果如图5-22所示。

```
    省    市    区县    位置  ...        单价        户型          楼层       面积
0  广西  防城港  防城区   防城区  ...   6539元/平米  2室1厅1厨1卫  高楼层 (共10层)      78㎡
1  北京   北京   朝阳   十里河  ...  97882元/平米  3室1厅1厨2卫  中楼层 (共7层)  149.16㎡
2  福建   厦门   思明  体育中心  ...  66883元/平米  4室2厅1厨2卫  低楼层 (共20层)  142.04㎡
3  安徽   安庆  宜秀区    大桥  ...   8334元/平米  2室1厅1厨1卫  中楼层 (共6层)      60㎡
4  北京   北京   朝阳   十里河  ...  49986元/平米  3室1厅1厨2卫  中楼层 (共6层)  134.04㎡

[5 rows x 9 columns]

Process finished with exit code 0
```

图5-21　提取到的数据字段

```
省         0
市         0
区县        2
位置        2
详细地址      0
单价        0
户型      800
楼层        0
面积        0
dtype: int64

Process finished with exit code 0
```

图5-22　查看缺失值

找出区县的缺失值。

```
print(data[data['区县'].isnull()])  #找出区县的缺失值
```

执行以上程序，输出结果如图5-23所示。

	省	市	区县	位置	详细地址	单价	户型	楼层	面积
36833	河南	平顶山	NaN	NaN	沁园南院	3857元/平米	3室2厅1厨2卫	高楼层（共7层）	153m²
36834	河南	平顶山	NaN	NaN	沁园南院	5883元/平米	3室2厅1厨2卫	中楼层（共7层）	153m²

```
Process finished with exit code 0
```

图5-23　区县的缺失值

可以看出，缺失值中区县可以向前填充，即直接将前一列的数据复制过来。

```
data[data['区县'].isnull()]=data[data['区县'].isnull()].fillna(method=
'ffill',axis=1)
```

剩下的缺失值直接用#填充。

```
data=data.fillna('#')
```

步骤5：重复值处理。

查看是否存在重复值。

```
print(data.duplicated().sum())
```

执行以上程序，输出结果如图5-24所示。

接着直接删除重复值。

```
data=data.drop_duplicates()
```

步骤6：数据拆分。

由于对"单价"字段需要做数据分析，所以需要去掉"单价"字段的单位并将其转化为数值类型。

首先判断是否所有数据都包含"元/平方米"。

```
print(sum(~(data['单价'].str.contains('元/平方米'))))
```

执行以上程序，输出结果如图5-25所示。

```
932

Process finished with exit code 0
```

图5-24　查看重复值

```
0

Process finished with exit code 0
```

图5-25　查看不包含"元/平方米"的数据

然后将"元/平方米"去掉并将"单价"转化为数值类型，接着将单位换算为"万元"。

```
#map()函数，根据提供的函数对指定序列（单价序列）做映射
#astype() 转换数据类型
#assign()对变量进行更新，包括变量的value和shape
data=data.assign(单价=np.round(data.单价.str.replace('元/平米','').astype
(np.float32).map(lambda x:x/10000)),2))
```

步骤7：异常值处理。

```
print(data.单价.describe())   #最小值为异常值
```

执行以上程序，输出结果如图5-26所示。

```
count    52940.000000
mean         1.151113
std          1.335700
min          0.000000
25%          0.600000
50%          0.790000
75%          1.040000
max         17.470000
Name: 单价, dtype: float64

Process finished with exit code 0
```

图5-26　查看数据描述

由于单价最小值不可能为0，所以将0视为异常值，需要去掉。

```
data=data[data.单价>0]
```

任务二：二手房数据分析

【任务描述】

根据单价的分布判断全国及部分区域的二手房价格分布。

【操作步骤】

```
bins=[0,1,2,3,4,5,7,10,15,20]
pd.cut(data.单价,bins)  #将数据进行离散化、将连续变量进行分段汇总
#全国房价分布
print('全国房价分布：\n',pd.cut(data.单价,bins).value_counts())
#四川攀枝花房价分布
dataPZH=data[data.市=='攀枝花']
print('攀枝花房价分布：\n',pd.cut(dataPZH.单价,bins).value_counts())
#北京房价分布
dataBeijing=data[data.省=='北京']
print('北京房价分布：\n',pd.cut(dataBeijing.单价,bins).value_counts())
```

执行以上程序，输出结果如图5-27所示。

```
全国房价分布：
 (0, 1]      38499
(1, 2]       9632
(5, 7]       1365
(2, 3]       1206
(3, 4]        836
(4, 5]        825
(7, 10]       440
(10, 15]      132
(15, 20]        4
Name: 单价, dtype: int64
攀枝花房价分布：
 (0, 1]      6579
(1, 2]       412
(2, 3]         3
(3, 4]         2
(4, 5]         1
(5, 7]         0
(7, 10]        0
(10, 15]       0
(15, 20]       0
Name: 单价, dtype: int64
北京房价分布：
 (5, 7]      951
(4, 5]      521
(7, 10]     317
(3, 4]      196
(2, 3]      110
(10, 15]     66
(0, 1]       35
(1, 2]       32
(15, 20]      1
```

图5-27 二手房价格分布分析

任务三：二手房数据可视化

【任务描述】

通过以上分析，可以得出全国、四川攀枝花及北京的房价分布，要想将分析得出的数据更直观地呈现给用户，可将其可视化。

【操作步骤】

步骤1：绘制全国房价分布图。

```
pd.cut(data.单价,bins).value_counts().plot.bar(rot=20)
plt.title('全国房价分布')
plt.show()
```

执行以上程序，输出结果如图5-28所示。

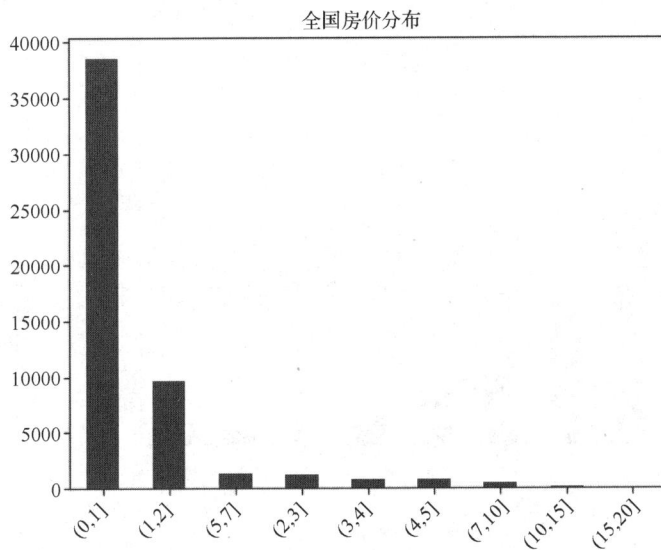

图5-28　全国房价分布图

步骤2：绘制四川攀枝花房价分布图。

```
pd.cut(dataPZH.单价,bins).value_counts().plot.bar(rot=20)
plt.title('四川攀枝花房价分布')
plt.show()
```

执行以上程序，输出结果如图5-29所示。

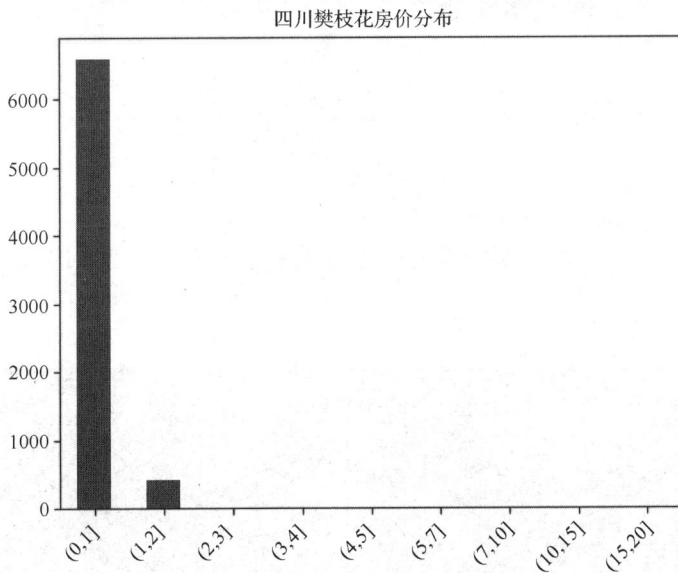

图5-29　四川攀枝花房价分布图

步骤3：绘制北京房价分布图。

```
pd.cut(dataBeijing.单价,bins).value_counts().plot.bar(rot=20)
plt.title('北京房价分布')
plt.show()
```

执行以上程序，输出结果如图5-30所示。

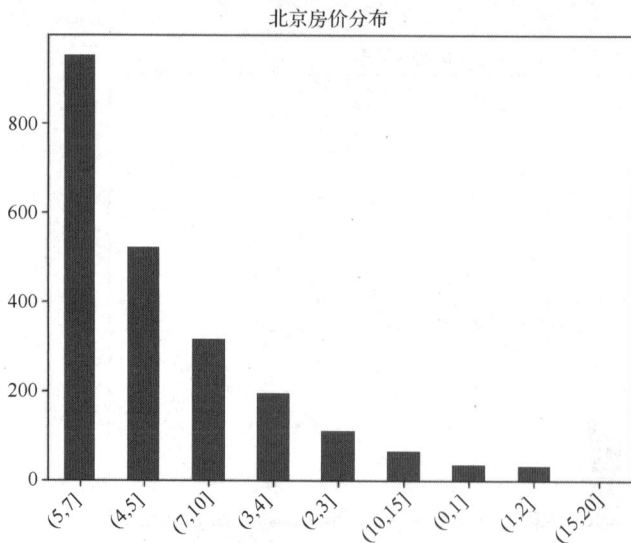

图5-30　北京房价分布图

实训三　去哪儿网数据处理

去哪儿网等平台上有大量的旅行线路数据，可通过大数据分析为景区制定营销策略、优化旅游产品、提供数据支撑。提取多维度的游客数据，能有效帮助景区解决旺季景区营运压力大、淡季景区如何揽客、如何实现游客的二次消费、紧急事件如何预警等难题。

任务一：去哪儿网数据预处理

【任务描述】

将从去哪儿网平台爬取到的数据导入，进行数据预处理与数据清洗操作。

【任务步骤】

步骤1：导入数据。

使用pandas库的read_csv()函数导入数据。

```
df=pd.read_csv('E:/qunar_freetrip.csv',sep='\t',encoding='gbk')
print(df.head())
```

执行以上程序，输出结果如图5-31所示。

图5-31　去哪儿网旅行数据

步骤2：查看数据类型。

```
print(df.info())
```

执行以上程序，输出结果如图5-32所示。

```
<class 'pandas.core.frame.DataFrame'>
RangeIndex: 5100 entries, 0 to 5099
Data columns (total 14 columns):
 #   Column      Non-Null Count  Dtype
---  ------      --------------  -----
 0   Unnamed: 0  5100 non-null   int64
 1   出发地        5098 non-null   object
 2   目的地        5099 non-null   object
 3   价格         5072 non-null   float64
 4   节省         5083 non-null   float64
 5   路线名        5100 non-null   object
 6   酒店         5100 non-null   object
 7   房间         5100 non-null   object
 8   去程航司       5100 non-null   object
 9   去程方式       5100 non-null   object
 10  去程时间       5100 non-null   object
 11  回程航司       5100 non-null   object
 12  回程方式       5100 non-null   object
 13  回程时间       5100 non-null   object
dtypes: float64(2), int64(1), object(11)
memory usage: 557.9+ KB
None

Process finished with exit code 0
```

图5-32 查看数据类型

通过info()函数可以看出，数据中价格和节省两列数据为数值类型，其他均为非数值类型。

步骤3：去掉列名中的空格。

```
#列名中有空格，需要去掉空格
data=df.rename(columns=lambda x: x.strip())
print(data.head())
```

执行以上程序，输出结果如图5-33所示。

```
   Unnamed: 0  出发地  目的地    价格  ...          去程时间          回程航司  回程方式        回程时间
0           0  哈尔滨   北海  2208.0  ...  17:10-21:50  春秋航空 9C8742    直飞  10:20-15:05
1           1   成都  泸沽湖  1145.0  ...  19:45-21:20  成都航空 EU2738    直飞  23:30-01:05
2           2   广州   沈阳  2702.0  ...  08:05-11:45  深圳航空 ZH9652    经停  08:20-13:05
3           3   上海  九寨沟  1954.0  ...  21:55-01:15  成都航空 EU6677    直飞  17:45-20:35
4           4   广州   天津  1608.0  ...  06:55-10:00  海南航空 HU7201    直飞  20:15-23:25

[5 rows x 14 columns]

Process finished with exit code 0
```

图5-33 去掉列名中的空格后的数据

步骤4：提取需要的数据。

由于数据字段较多，筛选出数据处理需要的字段。

```
data1=data[['出发地', '目的地', '价格', '节省', '路线名', '酒店']]
print(data1.head())
```

执行以上程序，输出结果如图5-34所示。

```
  出发地  目的地  ...                                    路线名                          酒店
0  哈尔滨   北海  ...    哈尔滨-北海3天2晚 | 入住北海祥丰嘉年华大酒店 + 春秋航空往返机票    北海祥丰嘉年华大酒店 舒适型 4.7分/5分
1   成都  泸沽湖  ...  成都-泸沽湖3天2晚 | 入住7天酒店丽江古城中心店 + 成都航空往返机票  7天酒店丽江古城中心店 经济型 4.0分/5分
2   广州   沈阳  ...   广州-沈阳3天2晚 | 入住沈阳中煤宾馆 + 南方航空/深圳航空往返机票        沈阳中煤宾馆 舒适型 4.5分/5分
3   上海  九寨沟  ...         上海-九寨沟3天2晚 | 入住红原芸谊大酒店 + 成都航空往返机票       红原芸谊大酒店 舒适型 4.6分/5分
4   广州   天津  ...  广州-天津3天2晚 | 入住天津逸海明珠大酒店 + 奥凯航空/海南航空往返机票    天津逸海明珠大酒店 高档型 4.1分/5分

[5 rows x 6 columns]

Process finished with exit code 0
```

图5-34 提取需要的数据

步骤5：缺失值处理。

```
#查看是否存在缺失值
print((data1.isnull()).sum())
```

执行以上程序，输出结果如图5-35所示。

```
#出发地的缺失值处理
chufa=data1.loc[data1.出发地.isnull(),'路线名'].str.slice(0,2).values
data1.loc[data1.出发地.isnull(),'出发地']=[x for x in chufa]
#目的地的缺失值处理
data1.loc[data1.目的地.isnull(),'目的地']=data1.loc[data1.目的地.isnull(),
'路线名'].str.slice(3,5)
#删除价格和节省的缺失值
data2=data1.dropna()
```

步骤6：异常值处理。

```
#异常值处理
print(data2.价格.describe())
```

执行以上程序，输出结果如图5-36所示。

```
出发地      2
目的地      1
价格      28
节省      17
路线名      0
酒店      0
dtype: int64

Process finished with exit code 0
```

图5-35 查看缺失值

```
count      5055.000000
mean       1765.761227
std        2584.157919
min         578.000000
25%        1253.500000
50%        1632.000000
75%        2028.500000
max      179500.000000
Name: 价格, dtype: float64

Process finished with exit code 0
```

图5-36 查看数据描述

通过三倍标准差去除异常值。

```
#异常值处理
#三倍标准差判断法
standard=(data2.价格-data2.价格.mean())/data2.价格.std()
data3=data2.drop(data2[standard.abs()>3].index,axis=0)
```

步骤7：文本字符串处理。

```
data3[['酒店名','类型','星级']]=data3['酒店'].str.split(' ',2,True)
data3['星级']=data3.星级.str.slice(0,3).astype(np.float32)
print(data3.head())
```

执行以上程序，输出结果如图5-37所示。

```
  出发地  目的地    价格    节省  ...                       酒店          酒店名   类型   星级
0  哈尔滨   北海  2208.0  650.0  ...   北海祥丰嘉年华大酒店 舒适型 4.7分/5分   北海祥丰嘉年华大酒店  舒适型  4.7
1   成都  泸沽湖  1145.0  376.0  ...  7天酒店丽江古城中心店 经济型 4.0分/5分  7天酒店丽江古城中心店  经济型  4.0
2   广州   沈阳  2702.0  618.0  ...        沈阳中煤宾馆 舒适型 4.5分/5分       沈阳中煤宾馆  舒适型  4.5
3   上海  九寨沟  1954.0  484.0  ...       红原芸谊大酒店 舒适型 4.6分/5分      红原芸谊大酒店  舒适型  4.6
4   广州   天津  1608.0  422.0  ...    天津逸海明珠大酒店 高档型 4.1分/5分    天津逸海明珠大酒店  高档型  4.1

[5 rows x 9 columns]
```

图5-37 异常值、文本字符串处理后的数据

任务二：去哪儿网数据分析

【任务描述】

预处理后的数据，可以通过条件查询，判断旅行线路中的价格分布，筛选出需要的信息，

也可以通过分布分析、分组分析、交叉分析及相关分析等，进一步为旅行社调整运营模式做数据支撑。

【操作步骤】

步骤1：条件查询。

```
#筛选出从成都出发价格小于1200的旅行线路
print(data3[(data3.价格<1200)&(data3.出发地=='成都')])
```

执行以上程序，输出结果如图5-38所示。

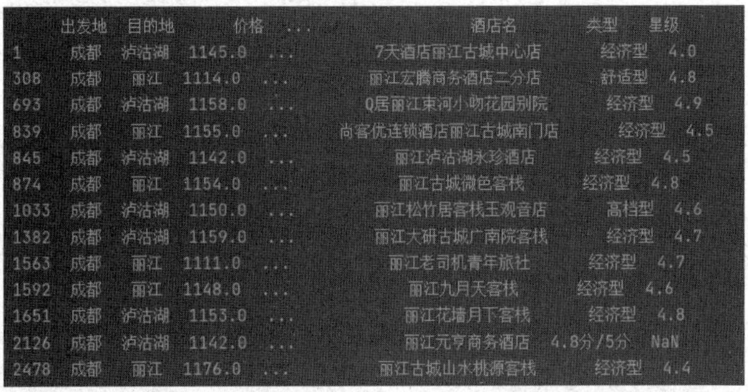

```
     出发地  目的地      价格  ...                 酒店名     类型   星级
1     成都  泸沽湖  1145.0  ...         7天酒店丽江古城中心店    经济型  4.0
308   成都   丽江  1114.0  ...          丽江宏腾商务酒店二分店    舒适型  4.8
693   成都  泸沽湖  1158.0  ...          Q居丽江束河小吻花园别院    经济型  4.9
839   成都   丽江  1155.0  ...      尚客优连锁酒店丽江古城南门店    经济型  4.5
845   成都  泸沽湖  1142.0  ...           丽江泸沽湖永珍酒店    经济型  4.5
874   成都   丽江  1154.0  ...            丽江古城微色客栈   经济型  4.8
1033  成都  泸沽湖  1150.0  ...          丽江松竹居客栈玉观音店    高档型  4.6
1382  成都  泸沽湖  1159.0  ...          丽江大研古城广南院客栈    经济型  4.7
1563  成都   丽江  1111.0  ...           丽江老司机青年旅社    经济型  4.7
1592  成都   丽江  1148.0  ...            丽江九月天客栈   经济型  4.6
1651  成都  泸沽湖  1153.0  ...            丽江花墙月下客栈   经济型  4.8
2126  成都  泸沽湖  1142.0  ...           丽江元亨商务酒店  4.8分/5分  NaN
2478  成都   丽江  1176.0  ...          丽江古城山水桃源客栈    经济型  4.4
```

图5-38　从成都出发价格小于1200元的旅行线路

```
#筛选出价格为1000～1200的旅行线路并按价格升序排序
print(data3[data3.价格.between(1000,1200)].sort_values(by='价格'))
```

执行以上程序，输出结果如图5-39所示。

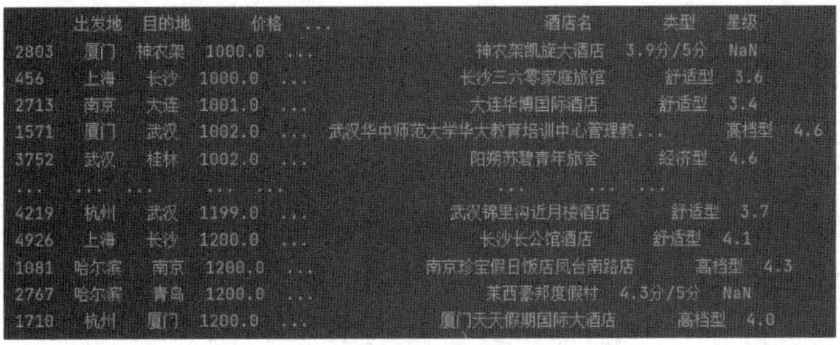

```
      出发地  目的地      价格  ...                    酒店名     类型   星级
2803   厦门  神农架  1000.0  ...               神农架凯旋大酒店  3.9分/5分  NaN
456    上海   长沙  1000.0  ...              长沙三六零家庭旅馆     舒适型  3.6
2713   南京   大连  1001.0  ...              大连华博国际酒店     舒适型  3.4
1571   厦门   武汉  1002.0  ...  武汉华中师范大学华大教育培训中心管理教...     高档型  4.6
3752   武汉   桂林  1002.0  ...              阳朔苏碧青年旅舍     经济型  4.6
...   ...  ...     ...  ...                    ...    ...  ...
4219   杭州   武汉  1199.0  ...             武汉锦里沟近月楼酒店     舒适型  3.7
4926   上海   长沙  1200.0  ...              长沙长公馆酒店     舒适型  4.1
1081  哈尔滨   南京  1200.0  ...          南京珍宝假日饭店凤台南路店     高档型  4.3
2767  哈尔滨   青岛  1200.0  ...              莱西豪邦度假村  4.3分/5分  NaN
1710   杭州   厦门  1200.0  ...            厦门天天假期国际大酒店     高档型  4.0
```

图5-39　价格为1000～1200元的旅行线路

步骤2：分组分析。

```
#统计不同的出发地与目的地条件下旅行线路的个数及均价
print(data3.groupby(['出发地','目的地'])['价格'].agg([np.size,np.mean]))
```

执行以上程序，输出结果如图5-40所示。

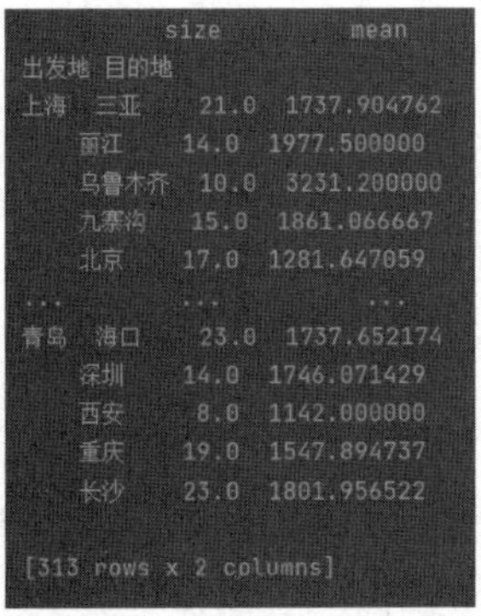

```
             size         mean
出发地 目的地
上海  三亚      21.0  1737.904762
    丽江      14.0  1977.500000
    乌鲁木齐    10.0  3231.200000
    九寨沟     15.0  1861.066667
    北京      17.0  1281.647059
...          ...          ...
青岛  海口      23.0  1737.652174
    深圳      14.0  1746.071429
    西安       8.0  1142.000000
    重庆      19.0  1547.894737
    长沙      23.0  1801.956522

[313 rows x 2 columns]
```

图5-40　按出发地及目的地统计旅游路线

步骤3：交叉分析。

```
# 交叉分析
print(data3.pivot_table(values=['价格'],index=['出发地'],columns=['目的
地'],aggfunc=[np.size,np.mean]))
```

执行以上程序，输出结果如图5-41所示。

目的地	size 价格				...	mean 价格				
	三亚	三亚湾	上海	丽江	...	陵水	青岛	黄山	鼓浪屿	
出发地					...					
上海	21.0	NaN	NaN	14.0	...	NaN	941.631579	1286.466667	NaN	
北京	14.0	NaN	NaN	12.0	...	NaN	1236.312500	NaN	NaN	
南京	11.0	NaN	NaN	22.0	...	1988.25	1147.400000	NaN	NaN	
厦门	21.0	NaN	NaN	NaN	...	NaN	NaN	NaN	NaN	
哈尔滨	21.0	NaN	NaN	NaN	...	NaN	1263.583333	NaN	NaN	
大连	11.0	NaN	18.0	NaN	...	NaN	794.363636	NaN	NaN	
天津	13.0	NaN	NaN	18.0	...	NaN	976.312500	NaN	NaN	
宁波	NaN	NaN	NaN	NaN	...	NaN	1242.312500	NaN	NaN	
广州	20.0	NaN	NaN	14.0	...	NaN	NaN	1832.800000	NaN	
成都	17.0	NaN	NaN	16.0	...	NaN	1754.954545	NaN	2065.526316	
杭州	21.0	NaN	NaN	18.0	...	NaN	1001.736842	NaN	NaN	
武汉	14.0	NaN	NaN	NaN	...	NaN	NaN	NaN	NaN	
沈阳	15.0	NaN	NaN	18.0	...	NaN	1020.619048	NaN	NaN	
济南	15.0	NaN	NaN	17.0	...	NaN	NaN	NaN	NaN	
深圳	18.0	NaN	NaN	17.0	...	NaN	NaN	NaN	NaN	
西安	22.0	17.0	NaN	17.0	...	NaN	NaN	NaN	1441.400000	
重庆	20.0	NaN	NaN	16.0	...	NaN	1609.700000	NaN	1770.055556	
长春	NaN	NaN	NaN	NaN	...	NaN	1448.388889	NaN	NaN	
青岛	NaN	NaN	NaN	17.0	...	NaN	NaN	NaN	NaN	

```
[19 rows x 104 columns]
```

图5-41 交叉分析

步骤4：相关分析。

```
#相关分析
print(data3['价格'].corr(data3['星级']))
```

执行以上程序，输出结果如图5-42所示。

步骤5：分布分析。

```
#以成都为出发地的旅行线路价格分布分析
bins=[0,500,1000,2000,3000,4000,5000,6000,7000]
dataCD=data3[data3.出发地=='成都']
print(pd.cut(dataCD.价格,bins).value_counts())
```

执行以上程序，输出结果如图5-43所示。

```
0.0827819069652836

Process finished with exit code 0
```

图5-42 相关分析

```
(1000, 2000]    201
(2000, 3000]     87
(3000, 4000]      4
(0, 500]          0
(500, 1000]       0
(4000, 5000]      0
(5000, 6000]      0
(6000, 7000]      0
Name: 价格, dtype: int64
```

图5-43 以成都为出发地的旅行线路价格
分布分析

```
#酒店星级分布分析
bins1=[0.0,1.0,2.0,3.0,3.5,4.0,4.3,4.5,4.8,5.0]
print(pd.cut(data3.星级,bins1).value_counts())
```

执行以上程序，输出结果如图5-44所示。

图5-44　酒店星级分布分析

任务三：去哪儿网数据可视化

【任务描述】

通过以上分析，可以得出旅行线路价格及酒店星级分布，要想将分析得出的数据更直观地呈现给用户，可将其可视化。

【操作步骤】

步骤1：旅行线路价格分布可视化。

```
pd.cut(dataCD.价格,bins).value_counts().plot.bar(rot=20)
plt.title('以成都为出发地的旅行线路价格分布分析')
plt.show()
```

执行以上程序，输出结果如图5-45所示。

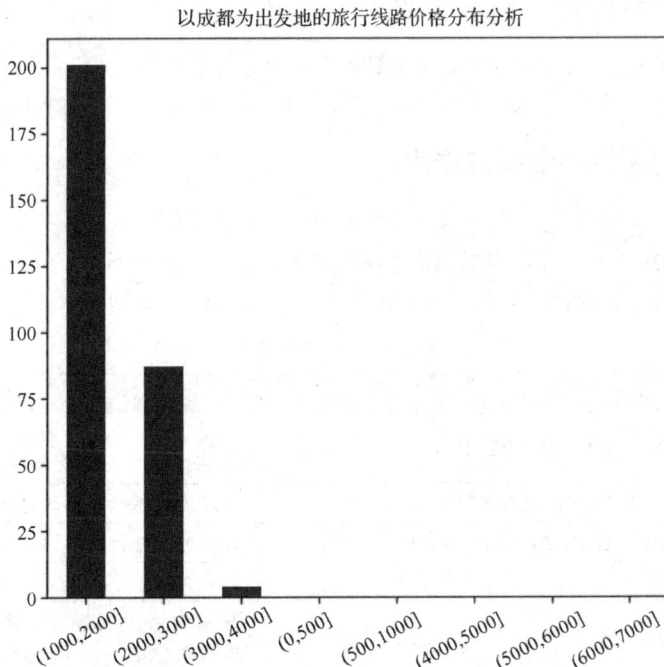

图5-45　旅行线路价格分布柱形图

步骤2：酒店星级分布可视化。

```
#酒店星级分布分析
bins1=[0.0,3.0,3.5,4.0,4.3,4.5,4.8,5.0]
star = pd.cut(data3.星级,bins1).value_counts().to_dict()
```

```
starData = list(star.values())
starLabel = list(star.keys())
plt.pie(starData,labels=starLabel,autopct='%3.1f%%',pctdistance=0.75)
plt.show()
```

执行以上程序，输出结果如图5-46所示。

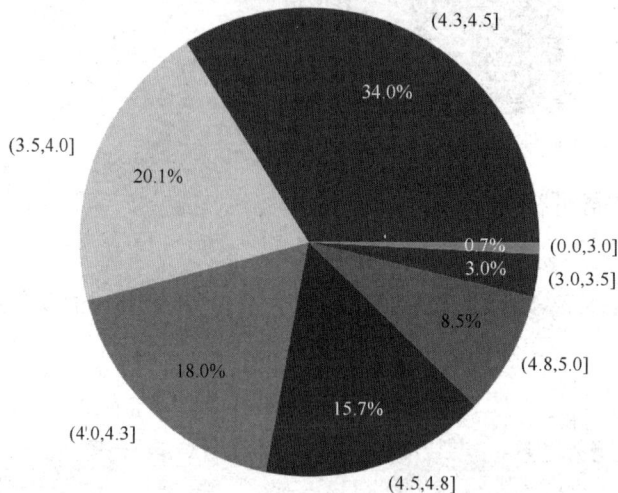

图5-46　酒店星级分布饼图

拓展阅读

去哪儿网数据处理
程序

实训四　旅游金融数据分析系统

基于去哪儿网旅行数据和财务管理系统数据，构建旅游金融数据分析平台。通过整合旅行消费数据与财务数据，分析旅游线路成本收益、客户消费特征等，为旅游企业提供经营决策支持。

任务一：创建旅游金融数据库

【任务描述】

创建数据库travel_finance、及数据库中需要的两张表：旅游产品表（travel_products）和财务凭证表（financial_vouchers）。两张表的详细信息如表5-18、表5-19所示。

表5-18　旅游产品表

字段名	数据类型	说明
product_id	INT AUTO_INCREMENT	主键，旅游产品的唯一标识，自增长（每新增一条记录自动+1）
departure	VARCHAR(20) NOT NULL	出发地，旅行线路的起始城市，不可为空
destination	VARCHAR(20) NOT NULL	目的地，旅行线路的终点城市，不可为空
route_name	VARCHAR(100) NOT NULL	路线名称，具体行程名称，不可为空
base_price	DECIMAL(10,2) NOT NULL	基础价格，线路的标价（单位：元），保留两位小数，不可为空
discount	DECIMAL(5,2) DEFAULT 0	折扣率，当前优惠比例，默认为0
hotel_info	TEXT	酒店详情，包含酒店名称、房型、服务等文本描述
created_at	TIMESTAMP DEFAULT CURRENT_TIMESTAMP	创建时间，记录首次录入系统的时间

表5-19　财务凭证表

字段名	数据类型	说明
voucher_id	INT AUTO_INCREMENT	主键，财务凭证的唯一标识，自增长
product_id	INT NOT NULL	外键，关联的旅游产品ID（product_id），不可为空
transaction_date	DATE NOT NULL	交易日期，财务发生的实际日期，不可为空
amount	DECIMAL(12,2) NOT NULL	金额，交易涉及的具体数额（单位：元），支持亿元级金额，不可为空
voucher_type	ENUM('收入','成本','费用') NOT NULL	凭证类型： -收入：如客户支付的旅游费用 -成本：如支付给供应商的费用 -费用：如运营开销 不可为空

【操作步骤】

步骤1：创建数据库。

打开MySQL 8.0 command line client，输入用户名root的密码，进入MySQL界面，开始执行创建数据库语句。

```
create database travel_finance
```

执行以上程序输出结果如图5-47所示。

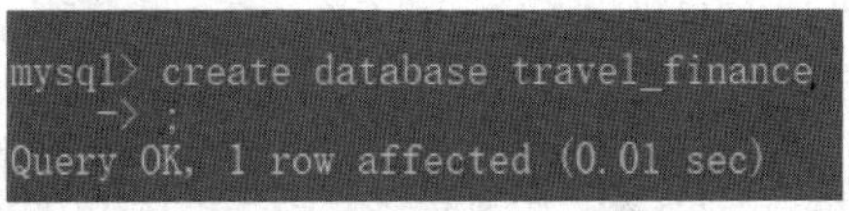

图5-47　创建数据库

步骤2：创建数据表结构。

```
-- 旅游产品表
CREATE TABLE travel_products (
    product_id INT AUTO_INCREMENT PRIMARY KEY,
    departure VARCHAR(20) NOT NULL,
    destination VARCHAR(20) NOT NULL,
    route_name VARCHAR(100) NOT NULL,
    base_price DECIMAL(10,2) NOT NULL,
    discount DECIMAL(5,2) DEFAULT 0,
    hotel_info TEXT,
    created_at TIMESTAMP DEFAULT CURRENT_TIMESTAMP
) ENGINE=InnoDB DEFAULT CHARSET=utf8mb4;

-- 财务凭证表（扩展会计系统）
CREATE TABLE financial_vouchers (
    voucher_id INT AUTO_INCREMENT PRIMARY KEY,
    product_id INT NOT NULL,
    transaction_date DATE NOT NULL,
    amount DECIMAL(12,2) NOT NULL,
    voucher_type ENUM('收入','成本','费用') NOT NULL,
    FOREIGN KEY (product_id) REFERENCES travel_products(product_id)
) ENGINE=InnoDB;
```

执行以上程序输出结果如图5-48所示。

课中实训

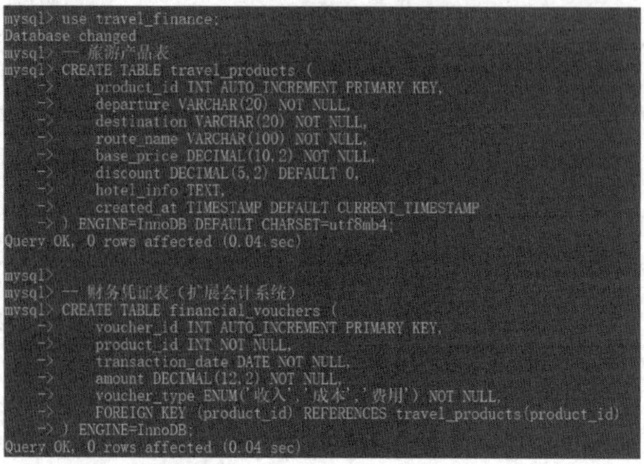

图5-48 创建数据表结构

步骤3：使用sql语句添加数据记录。

（1）旅游产品表（travel_products）

```
INSERT INTO travel_products (departure, destination, route_name, base_
price, discount, hotel_info) VALUES
('北京', '三亚', '北京-三亚5日游', 2999.00, 0.10, '三亚亚特兰蒂斯酒店-海景套房-
含早餐'),
('上海', '丽江', '上海-丽江6日游', 3999.00, 0.15, '丽江悦榕庄-山景房-含晚餐'),
('广州', '桂林', '广州-桂林4日游', 1999.00, 0.05, '桂林香格里拉-江景房-含早餐'),
('深圳', '厦门', '深圳-厦门3日游', 1499.00, 0.20, '厦门康莱德-海景房-含早餐'),
('成都', '九寨沟', '成都-九寨沟5日游', 3499.00, 0.10, '九寨天堂洲际-山景房-含早餐'),
('重庆', '张家界', '重庆-张家界4日游', 2499.00, 0.12, '张家界铂尔曼-山景房-含早餐'),
('杭州', '黄山', '杭州-黄山3日游', 1799.00, 0.08, '黄山悦榕庄-山景房-含早餐'),
('南京', '西安', '南京-西安5日游', 2799.00, 0.10, '西安w酒店-城景房-含早餐'),
('武汉', '长沙', '武汉-长沙2日游', 999.00, 0.05, '长沙君悦-江景房-含早餐'),
('西安', '敦煌', '西安-敦煌6日游', 4999.00, 0.15, '敦煌山庄-沙漠景观房-含早餐'),
('厦门', '武夷山', '厦门-武夷山4日游', 2299.00, 0.10, '武夷山悦华-山景房-含早餐'),
('青岛', '大连', '青岛-大连3日游', 1599.00, 0.10, '大连君悦-海景房-含早餐'),
('长沙', '凤凰古城', '长沙-凤凰古城3日游', 1299.00, 0.05, '凤凰古城民宿-河景房-
含早餐'),
('昆明', '大理', '昆明-大理4日游', 1899.00, 0.10, '大理洱海天域-海景房-含早餐'),
('贵阳', '黄果树', '贵阳-黄果树2日游', 899.00, 0.05, '黄果树宾馆-山景房-含早餐'),
('郑州', '洛阳', '郑州-洛阳2日游', 799.00, 0.05, '洛阳钼都利豪-城景房-含早餐'),
('天津', '承德', '天津-承德3日游', 1499.00, 0.10, '承德避暑山庄宾馆-园景房-含早餐'),
('哈尔滨', '雪乡', '哈尔滨-雪乡4日游', 2999.00, 0.15, '雪乡民宿-雪景房-含早餐'),
('沈阳', '长白山', '沈阳-长白山5日游', 3499.00, 0.10, '长白山柏悦-山景房-含早餐'),
('乌鲁木齐', '喀纳斯', '乌鲁木齐-喀纳斯6日游', 5999.00, 0.20, '喀纳斯山庄-湖景
房-含早餐');
```

（2）财务凭证表（financial_vouchers）

```
INSERT INTO financial_vouchers (product_id, transaction_date, amount,
voucher_type) VALUES
(1, '2023-10-01', 2999.00, '收入'),
(1, '2023-10-02', 1500.00, '成本'),
(2, '2023-10-03', 3999.00, '收入'),
(2, '2023-10-04', 2000.00, '成本'),
(3, '2023-10-05', 1999.00, '收入'),
(3, '2023-10-06', 1000.00, '成本'),
(4, '2023-10-07', 1499.00, '收入'),
```

```
        (4, '2023-10-08', 800.00, '成本'),
        (5, '2023-10-09', 3499.00, '收入'),
        (5, '2023-10-10', 1800.00, '成本'),
        (6, '2023-10-11', 2499.00, '收入'),
        (6, '2023-10-12', 1200.00, '成本'),
        (7, '2023-10-13', 1799.00, '收入'),
        (7, '2023-10-14', 900.00, '成本'),
        (8, '2023-10-15', 2799.00, '收入'),
        (8, '2023-10-16', 1400.00, '成本'),
        (9, '2023-10-17', 999.00, '收入'),
        (9, '2023-10-18', 500.00, '成本'),
        (10, '2023-10-19', 4999.00, '收入'),
        (10, '2023-10-20', 2500.00, '成本');
```

执行以上程序输出结果如图5-49所示。

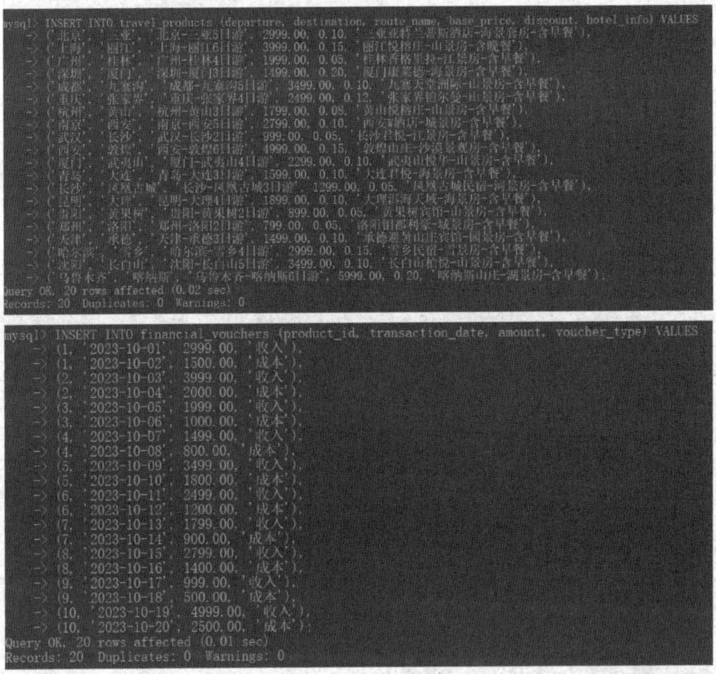

图5-49　添加数据记录

步骤4：打开Navicat查看数据记录。

查看结果如图5-50所示。

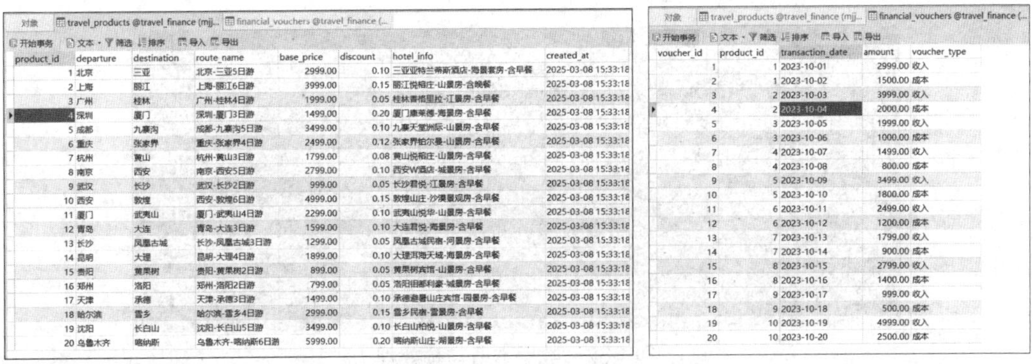

图5-50　查看数据记录

任务二：数据准备与预处理

【任务描述】

从MySQL数据库读取旅游产品和金融凭证数据，进行多表合并操作，为后续分析准备基础数据集。

【操作步骤】

步骤1：创建数据库连接。

```
from sqlalchemy import create_engine
engine = create_engine('mysql+pymysql://root:root@localhost:3306/travel_finance')
```

步骤2：定义数据加载函数。

```
def load_data():
    products = pd.read_sql('SELECT * FROM travel_products', engine)
    vouchers = pd.read_sql('SELECT * FROM financial_vouchers', engine)
    return products.merge(vouchers, on='product_id')
```

步骤3：执行数据合并。

```
df = load_data()
print(df.head())   # 查看合并后的前5行数据
print(df.shape)    # 查看数据集维度
```

整合代码后如图5-51所示，注意将数据库的用户名和密码改成自己的用户名和密码。

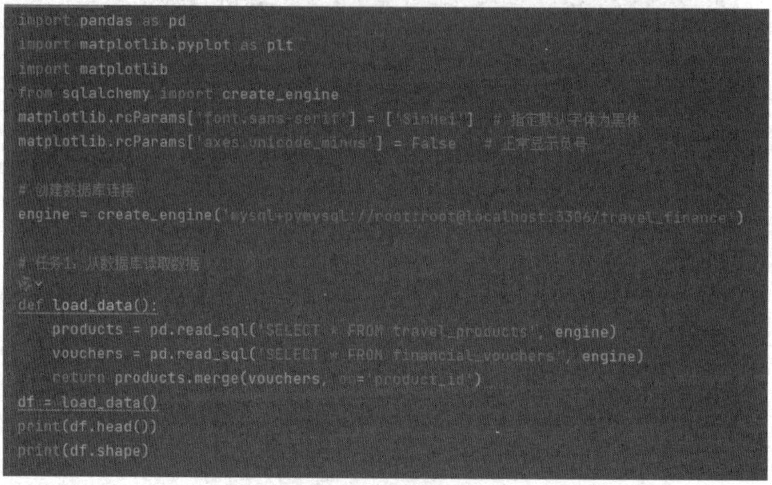

```
import pandas as pd
import matplotlib.pyplot as plt
import matplotlib
from sqlalchemy import create_engine
matplotlib.rcParams['font.sans-serif'] = ['SimHei']  # 指定默认字体为黑体
matplotlib.rcParams['axes.unicode_minus'] = False   # 正常显示负号

# 创建数据库连接
engine = create_engine('mysql+pymysql://root:root@localhost:3306/travel_finance')

# 任务1：从数据库读取数据
def load_data():
    products = pd.read_sql('SELECT * FROM travel_products', engine)
    vouchers = pd.read_sql('SELECT * FROM financial_vouchers', engine)
    return products.merge(vouchers, on='product_id')
df = load_data()
print(df.head())
print(df.shape)
```

图5-51　整合代码

执行以上程序输出结果如图5-52所示。

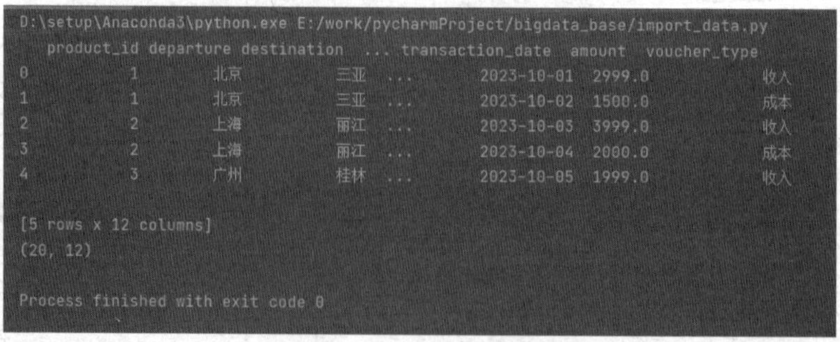

```
D:\setup\Anaconda3\python.exe E:/work/pycharmProject/bigdata_base/import_data.py
   product_id departure destination  ... transaction_date  amount  voucher_type
0           1        北京          三亚  ...       2023-10-01  2999.0            收入
1           1        北京          三亚  ...       2023-10-02  1500.0            成本
2           2        上海          丽江  ...       2023-10-03  3999.0            收入
3           2        上海          丽江  ...       2023-10-04  2000.0            成本
4           3        广州          桂林  ...       2023-10-05  1999.0            收入

[5 rows x 12 columns]
(20, 12)

Process finished with exit code 0
```

图5-52　数据准备与预处理

任务三：数据分析与可视化

【任务描述】

运用pandas进行简单的数据分析与处理，结合Matplotlib中的直方图、散点图、饼图、折线图等基本图形进行可视化分析。

【操作步骤】

步骤1：价格描述统计。

```python
def price_analysis():
    print("\n价格描述统计：")
    plt.hist(df['base_price'], bins=5, density=True,histtype='bar')
    plt.title('旅游产品价格分布直方图')
    plt.xlabel('价格（元）')
    plt.ylabel('比例')
    plt.show()
```

步骤2：折扣与收入相关性分析。

```python
def discount_analysis():
    correlation = df['discount'].corr(df['amount'])
    print(f"\n折扣与收入相关系数：{correlation:.2f}")

    plt.figure(figsize=(8, 6))
    plt.scatter(df['discount'], df['amount'], alpha=0.8)
    plt.title('折扣与收入关系散点图')
    plt.xlabel('折扣率')
    plt.ylabel('收入金额（元）')
    plt.show()
```

步骤3：酒店类型分析。

```python
def hotel_analysis():
    # 从酒店信息中提取类型
    df['hotel_type'] = df['hotel_info'].str.split('-').str[1]

    plt.figure(figsize=(10, 6))
    df['hotel_type'].value_counts().plot.pie(autopct='%1.1f%%')
    plt.title('酒店房型分布饼图')
    plt.ylabel('')
    plt.show()
```

步骤4：收入趋势分析。

```python
def income_trend():
    monthly_income = df.groupby('transaction_date')['amount']
    plt.plot(monthly_income.mean(), marker='o')
    plt.title('月度收入趋势分析')
    plt.xlabel('月份')
    plt.ylabel('收入金额（元）')
    plt.xticks(rotation=30)
    plt.show()
```

步骤5：执行可视化。

```python
price_analysis()
discount_analysis()
hotel_analysis()
income_trend()
```

执行以上程序输出结果如图5-53所示。

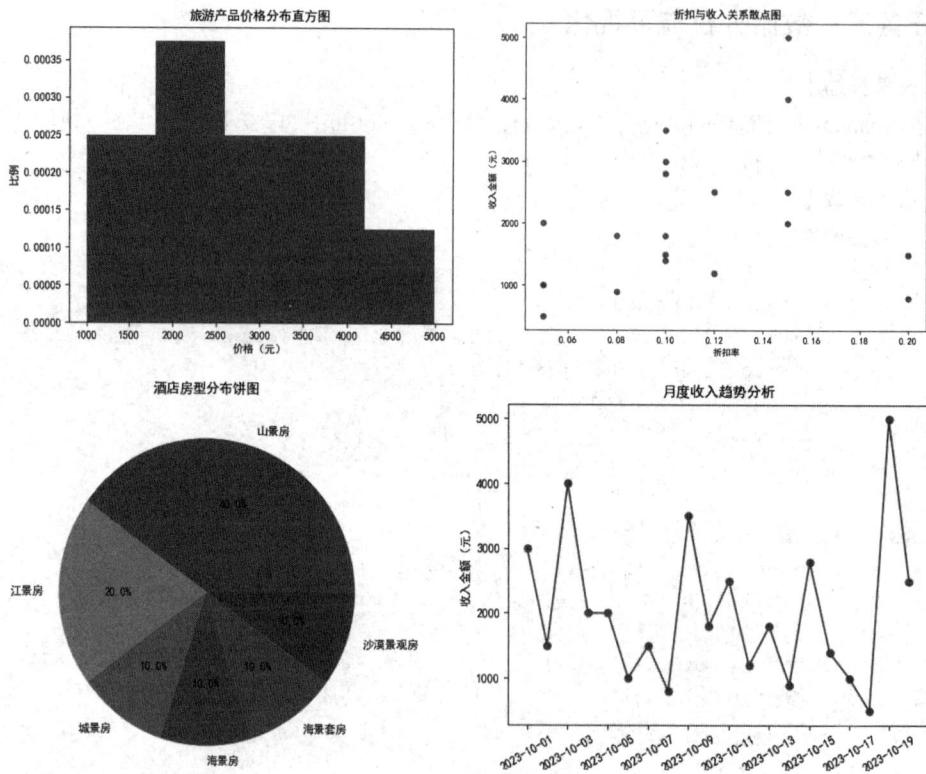

图5-53　可视化展示

实训项目评价 ↓

表1　学生技能自评表

序号	技能	佐证	达标	未达标
1	掌握NumPy基础知识	能够使用数组并对其进行索引、切片及基本运算、统计操作		
2	掌握pandas数据处理基本方法	能够使用pandas进行数据预处理与分析		
3	能够使用Matplotlib画图	能够使用Matplotlib将分析结果展现出来		

表2　学生素质自评表

序号	素质	佐证	达标	未达标
1	敬业精神	能够根据分析目标，完成数据处理及分析		
2	协作精神	能够和团队成员协作，共同完成实训任务		
3	认真细致的钻研精神	能够清洗干净"脏数据"，并分析出有价值的信息		

课中实训

课后提升

案例一　网易财报数据处理

分析公司的财务报表（简称财报），为公司现在和潜在的投资者、债权人及其他财务报表的使用者提供有利于决策的财务信息。资产负债表是反映公司某一特定日期（月末、年末）全部资产、负债和所有者权益情况的会计报表。通过资产负债表可以看出公司资产的分布状态、负债和所有者权益的构成情况，据以评价公司资金营运、财务结构是否正常、合理；分析公司的资金流动性或变现能力，以及长、短期债务数量和偿债能力，评价公司承担风险的能力；评价公司的获利能力及公司的经营绩效。

拓展阅读

网易财报数据

网易财报数据如图5-54所示。

	公司名称	财报日期	货币资金	应收账款	应收股利	长期股权投资	投资性房地产	累计折旧	固定资产	应交税费
0	斯太退	2021-03-31	12,693	93	NaN	NaN	NaN	NaN	NaN	1,296
1	聚力文化	2021-09-30	17,327	29,284	NaN	NaN	2,882	NaN	NaN	1,609
2	皇台酒业	2021-09-30	154	342	NaN	NaN	NaN	NaN	NaN	5,213
3	退市鹏起	2021-09-30	659	32,278	300	12,837	497	NaN	NaN	9,539
4	江山股份	2021-09-30	72,839	86,800	NaN	27,317	2,411	NaN	NaN	5,665

图5-54　网易财报数据

请根据网易财报数据，完成以下操作。

（1）用正确的方法导入数据。

（2）查看数据类型。

（3）查看与处理缺失值。

（4）将货币资金、应收账款、应收股利、长期股权投资、投资性房地产、固定资产、应交税费几项数据中的文本字符串处理成正确的格式。

（5）根据货币资金，将各个公司分类，按照分类统计公司的个数，并通过图形展示出来。

（6）查阅公式，计算各公司的流动资产和非流动资产，将各个公司按照流动资产与非流动资产的数量进行分类统计，并通过图形展示出来。

拓展阅读

网易财报数据处理程序

案例二　天猫订单数据处理

运营岗位每天都需要不断分析各种数据，从而保持店铺稳定、良性发展。通过对产生的订单数据进行分析，不仅可以分析出商品销售量和销售额的变化趋势及原因，还可以分析出用户行为，对关联商品进行挖掘营销，进而对用户进行个性化推荐营销。

天猫订单数据如图5-55所示。

	订单编号	总金额	买家实际支付金额	收货地址	订单创建时间	订单付款时间	退款金额
0	1	178.8	0.0	上海	2020-02-21 00:00:00	NaN	0.0
1	2	21.0	21.0	内蒙古自治区	2020-02-20 23:59:54	2020-02-21 00:00:02	0.0
2	3	37.0	0.0	安徽省	2020-02-20 23:59:35	NaN	0.0
3	4	157.0	157.0	湖南省	2020-02-20 23:58:34	2020-02-20 23:58:44	0.0
4	5	64.8	0.0	江苏省	2020-02-20 23:57:04	2020-02-20 23:57:11	64.8

图5-55　天猫订单数据

课后提升

请根据天猫订单数据，完成以下操作。

（1）用正确的方法导入数据。

（2）去掉列名中的空格。

（3）查看与处理重复值。

（4）查看与处理缺失值。

（5）对收货地址做字符串处理，去掉多余文字。

（6）统计总订单数、已完成订单数、未付款订单数、退款订单数、总订单金额、总退款金额、总实际收入金额等，并存入字典。

（7）统计各个地区的订单量，并以柱形图的形式显示出来。

（8）按照订单创建时间分析订单走势，以线形图的形式显示出来。

拓展阅读

天猫订单数据处理程序

项目六

浪潮可视化大数据工具应用

◢ 知识目标

1. 掌握运营分析、客户分析、财务分析的业务知识
2. 掌握应用可视化数据管理分析工具的方法
3. 掌握应用数据可视化工具的方法
4. 掌握业务流程优化方法

◢ 能力目标

1. 完成项目分析工作,具有更强综合技术应用能力
2. 熟练使用SQL对关系数据库进行DML操作
3. 熟练应用工具完成数据挖掘、数据清洗、数据分析、结果展示等操作

◢ 素养目标

1. 了解国家科技自强不息的拼搏精神
2. 立足业务管理岗位,及时了解各种行业政策,拓宽知识面
3. 培养正确、细致、严谨、规范的实际操作态度和职业品德
4. 培养良好的职业素质,优秀的团队协作精神,遵纪守法的道德法律意识

课前自学

一、浪潮大数据分析产品架构

1. 浪潮集团简介

浪潮集团（简称浪潮）是我国领先的云计算、大数据服务商，旗下拥有浪潮信息、浪潮软件、浪潮国际3家上市公司，业务涵盖云数据中心、云服务大数据、智慧城市、智慧企业四大产业群组，具备IaaS、PaaS、DaaS、SaaS这4个层面的整体解决方案服务能力。

浪潮凭借高端服务器、海量存储、云操作系统、信息安全技术为客户打造领先的云计算基础架构平台，基于浪潮政务、企业、行业信息化软件、终端产品和解决方案，全面支撑政府、企业和行业云建设，已为全球120多个国家和地区提供了IT产品和服务。

作为我国最早出现的IT品牌之一，浪潮70多年来，始终致力于成为先进的信息科技产品开发商和领先的解决方案和运营服务商，引领信息科技浪潮，推动社会文明进步。

2. 浪潮大数据分析产品简介

在大数据背景下，各种繁杂数据层出不穷，一时难以掌握其基本特征及一般规律，这给企业的数据分析工作增添了不小的难度。企业构建大数据平台，归根结底是构建企业的数据资产运营中心，发挥数据价值，支撑企业发展。另外，针对一些管理信息化与生产自动化程度高的企业，已经具备了很好的数据基础，却难以挖掘数据价值，需要充分发挥AI技术的作用。因此，浪潮提出以数据为核心、应用为导向、ABC技术为支撑（A——AI，人工智能；B——Big Data，大数据；C——Cloud Computer，云计算），构建企业智慧大脑的解决方案，通过实时、持续处理企业海量异构数据，提取关键信息辅助各级管理者智能决策，根据规则驱动企业资源计划（Enterprise Resource Planning，ERP）等系统自动启动业务流程，帮助企业实现自动化、智能化升级。大数据平台如图6-1所示。

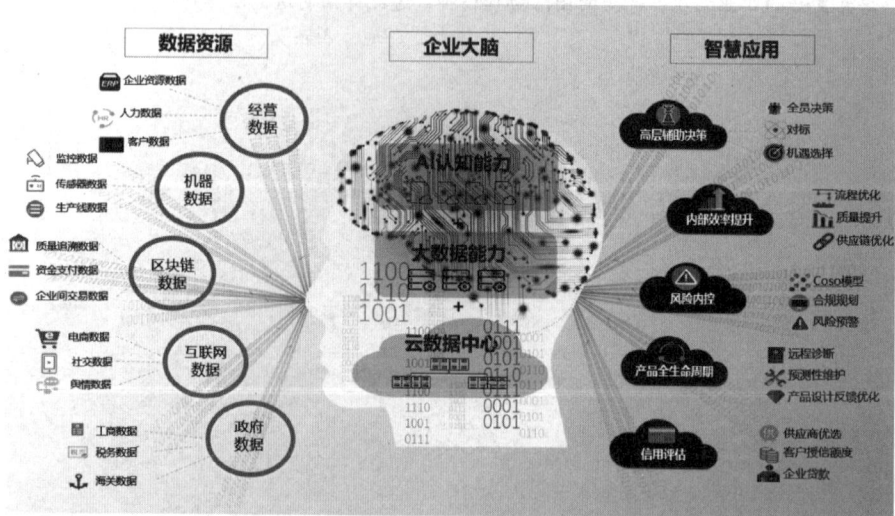

图6-1 大数据平台

浪潮大数据分析产品分为数据管理平台（Data Management Platform，DMP）与商业分析（Business Analysis，BA）两个部分，DMP重点关注数据的采集与整理，BA重点关注数据的分析与应用，二者合力协助企业提升"采、存、管、算、用"五大核心数据能力，构建企业的数据资源、云平台、数据采集、数据存储、数据计算、数据挖掘、数据运营、数据运用、数据治理、数据安全等平台。浪潮大数据分析产品如图6-2所示。

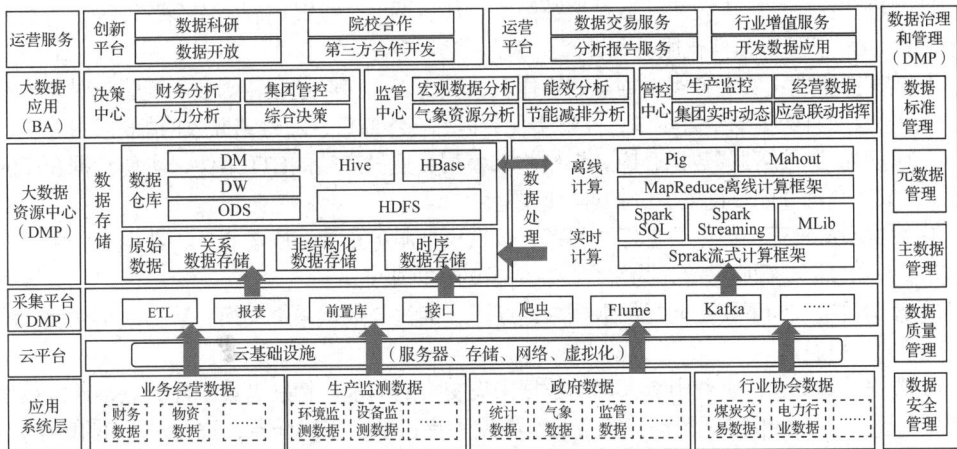

图6-2　浪潮大数据分析产品

二、DMP

1．DMP简介

随着企业发展，产生的数据类型越来越多、数据量越来越大，数据已成为重要的资产，数据仓库、大数据分析系统的建设逐渐成为热点。但由于企业缺少专业的数据仓库建设和管理工具，因此数据仓库建设步履维艰，管理过程困难重重。为了解决客户遇到的此类问题，浪潮自主研发，推出了DMP。

浪潮DMP是一款专业面向数据仓库实施的智能、敏捷的数据全生命周期管理应用平台，能够有效解决企业面临的数据架构、数据标准、数据质量问题，可全方位满足用户对数据管理和数据服务应用时效性及准确性需求，在很大程度上能降低数据集成实施技术门槛，使复杂的工作简单化、重复的工作智能化。

浪潮DMP是支撑企业数据仓库建设和数据管理的工具，具有智能、敏捷、高效、协同等特点，可实现对数据全生命周期的管理。浪潮DMP如图6-3所示。

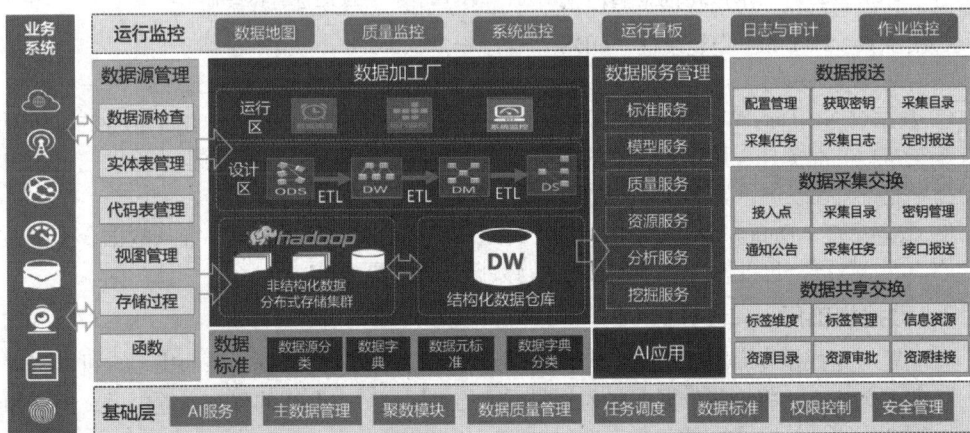

图6-3　浪潮DMP

DMP由基础层、数据源管理、数据加工厂、数据服务管理、数据报送、数据采集交换、数据共享交换、数据标准等模块构成，功能强大且高度集成，能够提高数据处理、数据仓库建设的效率，更好地支持企业数据分析和挖掘应用。

① 基础层：底层框架技术，通过聚数模块、任务调度、权限控制、安全管理等，为数据仓库模型和ETL设计提供组件化服务和计算引擎。

② 数据源管理：实现各类数据源的实体表、代码表、存储过程、函数、视图等对象的管理和检查，预置多种数据源检查规则，能够实现数据源在线监管，随时掌握数据源的变化。

③ 数据加工厂：预置数据仓库分层结构和模型，提供丰富的ETL组件，实现数据仓库的快速搭建，解决数据仓库建设难、维护难等问题。

④ 数据服务管理：提供数据标准服务、数据模型服务、数据质量服务、数据资源服务、数据分析服务和数据挖掘服务等，为客户提供完备的数据服务。

⑤ 数据报送：为下属企业提供数据报送通道，通过与数据采集交换、数据共享交换功能的配合完成数据报送。

⑥ 数据采集交换：企业中有大量的数据采集交换的需求，特别是集团性企业，通过数据采集交换平台，企业能够定义数据采集节点、数据采集目录、采集任务，进而对下属单位的数据进行采集。

⑦ 数据共享交换：对企业所拥有的数据进行标签化和目录化管理，形成可以共享交换的数据资源，进而进行数据共享，能够支撑国有资产监督管理委员会、委管企业、集团性企业完成数据的共享交换。

⑧ 数据标准：数据标准模块为企业提供数据标准落地的能力，将企业数据标准形成技术标准，为数据中心、应用系统提供数据标准依据。

2．数据加工厂——数据仓库基础知识

工厂分层模块提供了对数据仓库各层的分层定义，具备各层的维护、数据模型、ETL过程搭建等功能。根据数据仓库建设的标准化，工厂分层分为ODS操作数据、DW数据仓库、DM数据集市3层，如图6-4所示。

① 操作型数据仓储（Operational Data Store，ODS）作为数据库到数据仓库的一种过渡，其数据结构一般与数据来源保持一致，便于减少ETL的工作复杂性。ODS的数据周期一般比较短。

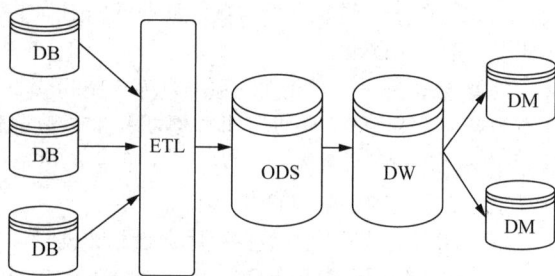

图6-4　数据加工厂

② 数据仓库（Data Warehouse，DW），是一个很大的数据存储集合，出于企业的分析报告和决策支持目的而创建，用于对多样的业务数据进行筛选与整合。它可为企业提供一定的BI能力，指导业务流程改进，监视时间、成本、质量及控制。

③ 数据集市（Data Mart，DM），为了特定的应用目的或应用范围，而从数据仓库中独立出来的一部分数据，也可称为部门数据或主题数据，其主要面向应用。

3．数据加工厂——设计区

- 主题域是数据仓库中核心的内容，通常是联系较为紧密的数据主题的集合。可以根据业务的关注点，将这些数据主题划分到不同的主题域。主题域的确定必须由最终用户和数据仓库的设计人员共同完成。
- 主题是在较高层次上将企业信息系统中的数据进行综合、归类和分析利用的一个抽象概念。
- 维表即代码表，包含创建维度所基于的数据。维表存在于主题域和主题模块中。
- 模型实质是数据仓库中的事实表，包含表基本信息及表字段信息。
- ETL是指将数据从来源端经过抽取、转换、加载至目的端的过程。

三、大数据分析产品（BA）

1．BA简介

大数据时代，一切业务需要数据化，数据已成为重要资产，驾驭数据成为一种能力。在国家科技计划的支撑和客户项目的推动下，浪潮形成了国内领先的企业大数据分析产品（BA），助力企业驾驭数据。

浪潮BA面向我国企业，以"助力数字化转型，成就智慧企业"为目标，通过数据治理、展示工具、分析应用3个层次提供服务，充分挖掘、发挥数据资源的价值，以数据重构企业智慧。浪潮BA如图6-5所示。

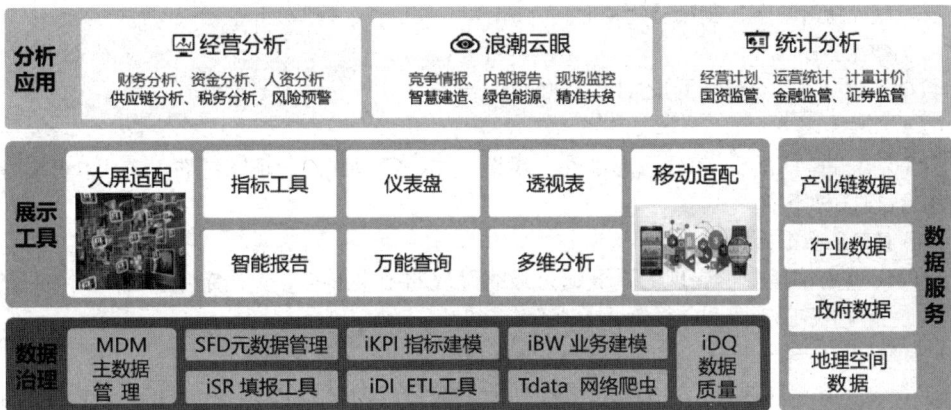

图6-5　浪潮BA

在数据治理层，浪潮BA既可以基于现有业务系统的数据库直接分析，也可以建设数据仓库，基于数据仓库进行分析。在数据仓库模式下，浪潮BA提供ETL工具和建模工具，能够快速构建数据仓库。

在展示工具层，浪潮BA可提供丰富的展示工具，包括仪表盘、万能查询、透视表、指标工具、智能报告等工具，实现各种形式的信息呈现。

在分析应用层，浪潮BA具备强大的大数据分析能力。

（1）丰富的分析展示工具

浪潮BA能够提供丰富的地理信息系统（Geographic Information System，GIS）电子地图、Web透视表、智能报告、多维分析、Web仪表盘、万能查询等展示工具，其灵活性、直观性、交互性赢得了广大政府、企事业单位管理层的一致好评。浪潮Web仪表盘是一款为项目人员、客户打造的自助分析工具，客户利用该工具可以灵活定义由饼图、条形图、仪表、表格、参数组成的网页式界面，支持追溯联查。

（2）紧跟市场热点的分析应用

浪潮云眼是面向企业高层、基于内外部各类经营、传感数据、以大屏幕为主要形式的可视化产品，包括超尺寸展示、流数据支持、虚拟现实、地理信息、人工智能、混合云部署等六大关键技术，能够直观展示企业实力和提升企业洞察力。

（3）全终端访问方式

浪潮BA致力于整合企业经营相关的数据，为企业管理层提供关键信息，为经营决策提供数据支撑，解决传统的主要通过PC安装客户端的问题，提供Web一站式访问形式，支持浏览器、邮件推送、企业门户集成、桌面微件、监控大屏和移动设备等全终端访问。

（4）模型驱动特性

浪潮BA基于模型驱动应用思想，对各种功能做了分析归类，整理形成了模型元数据清单，并确定每一种模型元数据的描述标准。围绕模型元数据，开发出了两类工具，一类是设计工具，在设计时态，定制人员借助设计工具图形化形成相应模型元数据；另一类是解析工具，在运行时态，系统自动解析元数据，形成最终的分析功能。

通过模型驱动的体系结构（Model Driven Architecture，MDA），针对同一组模型元数据，开发3套解析引擎和用户界面（User Interface，UI）框架，可使柔性化BI平台运行在WinForm桌面程序、纯浏览器和移动设备3种环境下，实现同一种设置，多种运行方式的灵活扩展。

2．商务智能仪表盘基础

（1）仪表盘

浪潮BA-商务智能在新Web平台框架基础上开发的工具软件，用于重点解决部署难、支持移动风格展现、界面样式切换、GIS部件、页面一键发布，同时程序在易用性上得到了很大的提升。仪表盘支持客户端、浏览器两种形式的访问。

（2）数据集定义

数据集对应某一个分析图形或图表的数据。

（3）部件定义

对数据集进行封装，包括图形部件、表格部件、参数部件、地图部件、类 Excel 表格部件、组合部件6种类型。

（4）HTML页面定义

HTML页面，是分析展现的页面，是最终呈现的结果形态。页面中包含已经封装好的部件，同时可调整各图形之间的位置、大小等布局信息。

（5）智能报告

提供一个Word报告定义的工具，可以满足最终用户完成经营报告等功能的定制需求。用户可利用此功能扩展报告模板，自动生成分析报告，报告的内容包括图表、关键数据和对运行情况的常规分析。

自学自测 ↓

（一）单选题

1. DM表示（　　　）。
    A. 数据来源　　　　B. 操作型数据仓储　　　C. 数据集市　　　　D. 数据仓库
2. 数据集对应某一个分析（　　　）的数据。
    A. 图形或图表　　　B. 文档　　　　　　　　C. 表格　　　　　　D. 地图

（二）多选题

1. 浪潮BA包含（　　　）3层。
    A. 数据整合　　　　B. 商务智能　　　　　　C. 经营分析　　　　D. 图表制作
2. 浪潮DMP是支撑企业数据仓库建设和数据管理的工具，具有（　　　）等特点。
    A. 智能　　　　　　B. 敏捷　　　　　　　　C. 高效　　　　　　D. 协同
3. 工厂分层功能组根据数据仓库建设的标准化，将数据仓库分为（　　　）3层。
    A. ODS　　　　　　B. 商务智能仪表盘　　　C. DW　　　　　　　D. DM

（三）简答题

1. 浪潮BA有助于企业提升哪些核心数据能力？
2. 简要描述浪潮DMP的功能。
3. 浪潮BA的3层结构分别具有什么功能？

课中实训

【实训资料】

OnlyYoung服饰股份有限公司是一家以系列成人休闲服饰和儿童服饰为主导产品的品牌服饰公司。该公司旗下目前拥有"花样"和"花蕊"两大服饰品牌。其中，"花样"品牌创立于1996年，产品及品牌定位为年轻、时尚、活力、高性价比的大众休闲服饰，主要面向16～30岁的青少年群体，以及刚踏入社会的年轻群体。该品牌曾荣获我国服装品牌营销大奖、成就大奖，是我国休闲服饰领先品牌。"花蕊"品牌创立于2015年，定位为专业、时尚童装，主要面向0～14岁中产阶级及小康家庭的童装消费群体。

该公司采取直营与加盟相结合、线上与线下互补的多元化营销网络发展模式。截至2018年12月31日，该公司已在全国各省、自治区、直辖市等建立了9905家线下门店，其中直营店1218家，联营店280家，加盟店8407家。同时，公司在淘宝、天猫、唯品会等国内知名电子商务平台建立了线上销售渠道。该公司注重信息化建设，很早就成立了信息中心，通过信息化应用，深化内部商品企划、商品开发、生产计划、生产订单安排等业务链条的沟通串联，与优质供应商深度合作，进一步提升品质及优化采购成本。该公司在2015年成立了大数据分析中心，设置了数据分析师、数据分析专员等岗位，司职大数据分析工作。

2018年，通过全体员工的共同努力，该公司坚持围绕服饰主业，促进多品牌战略的实施与发展，支持和推动新业务的成长，全力推动公司发展的大平台和四大产业集群——"服装产业集群、儿童产业集群、电商产业集群、新兴产业集群"的建设。该公司取得了一系列优秀的经营业绩与成果，再创零售收入、营业收入及利润新高。该公司实现营业总收入约157.19亿元，较上年同期增长30.71%；实现营业利润20.80亿元，同比增长37.65%。截至2018年12月31日，该公司总资产为165.68亿元。

该公司计划于2019年1月30日汇报2018年发展综合情况，此次汇报需要借助公司的数据资产和数据分析工具对公司进行深入洞察，深入了解公司历年经营情况、行业水平、同行企业情况，以及供应商供应情况、经销商销售情况等相关信息，以全面了解公司目前状况，支撑此次汇报，并能够指导2019年公司年度规划决策。

大数据分析中心承担此次数据分析任务，数据分析师将开展对应业务数据处理和分析工作，工作任务分为数据整理和数据分析。

【实训目标】

在本实训中，学生通过分组合作，熟练掌握浪潮可视化大数据工具的应用方法，对公司业务数据（运营数据与客户数据）展开整理、分析和可视化呈现，共同完成一次完整的数据分析，形成综合性数据分析报告。

【实训步骤】

（1）完成课前自学，了解浪潮可视化大数据工具。

（2）小组分工完成实训一。

（3）小组分工完成实训二。

（4）小组合作完成实训三。

【操作规则】

1. 命名规则

在进行路径建立时，需要在标题、代号、数据库表等命名中添加前缀，前缀为登录账号。

参照表6-1，在DMP"数据加工厂_设计区_工厂分层_ODS操作数据"路径下创建主题域及主题，通过"创建自定义模型（全部字段需要手动定义）"方式创建指定名称的表。

路径命名规则如表6-1所示。

课中实训

表6-1　路径命名规则

路径	标题/简称	代号	数据源连接	描述	数据库表
主题域	编号+财务	编号+CW	默认数据源连接	不填	
主题	编号+现金流量	编号+XJLL	默认数据源连接	不填	
数据模型	编号+现金流量简表	编号+XJLLJB		不填	编号+XJLLJB_ODS

示例：编号为KS011，则上述路径实际命名如表6-2所示。

表6-2　编号KS011路径命名示例

路径	标题/简称	代号	数据源连接	描述	数据库表
主题域	KS011财务	KS011CW	默认数据源连接	不填	
主题	KS011现金流量	KS011XJLL	默认数据源连接	不填	
数据模型	KS011现金流量简表	KS011XJLLJB		不填	KS011XJLLJB_ODS

由于DMP及BA工具可操作模块较多，在操作过程中，无须进行操作的步骤不进行描述，仅需针对题目所列项目进行操作，未列项目保持原始状态，无须进行操作。

2．组件使用方式

（1）连接组件：默认使用左连接。使用连接组件时，必须先使用排序组件进行排序，仅使用连接组件可能造成数据遗漏。连接组件使用方式如图6-6所示。

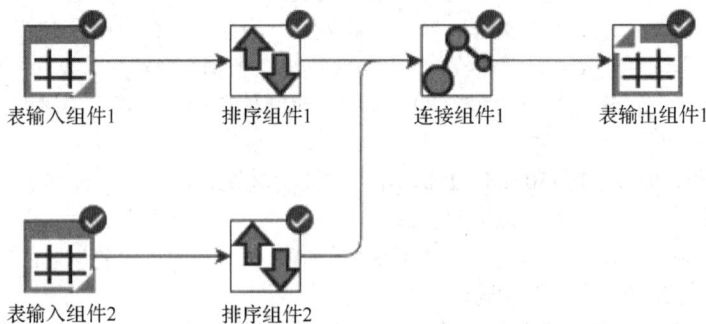

图6-6　连接组件使用方式

（2）排序组件：默认使用升序，大小写不敏感。

（3）分组组件：聚合别名默认为字段名首字母缩写（使用大写字母），其他命名方式无法完成字段映射。使用分组组件时，需先对数据进行排序，否则可能出现分组错误的情况。分组组件使用方式如图6-7所示。

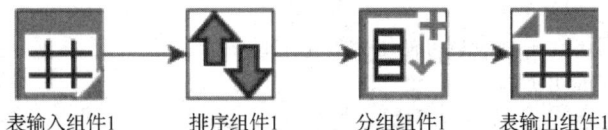

图6-7　分组组件使用方式

需要进行数据过滤时，使用"表输入组件"里的"过滤条件"进行过滤。

3．路径建立

在DMP工具中建立路径时，维表属于主题，不要在主题域中新建维表。

使用DMP和BA工具进行路径建立时，请注意路径的层级，在同一层级下建立不同子层级时，上级层级仅为方便查找路径使用，请勿重复建立。

4．输出数据顺序

在DMP工具中，表结构和表数据可能存在顺序与操作步骤描述不一致的情况，只要表结构和表数据完整，就不会影响操作结果。

5．删除数据表

出现需要删除维表或数据模型的情况时，如果数据库中无数据，系统会提示是否删除表对应的数据库，请选择删除；如果数据库中已有数据，新建数据库时出现数据库名重复，请在数据库名称后增加一位数字。

6．ETL组件修改

ETL组件需要修改时，需将要修改的组件删除后，重新添加该组件，如果直接在组件上修改，可能出现修改无效的现象。

实训一 数据整理

任务一：运营数据分析

【任务描述】

为了分析各个门店的销售数据，销售部要求运营分析专员从销售管理系统抽取相关数据，整理公司2018年各产品销售情况、各地域销售情况及各渠道销售情况的数据，用于销售分析。

【操作步骤】

步骤1：在ODS层创建表。

在DMP"数据加工厂_设计区_工厂分层_ODS操作数据"路径下创建主题域和主题，通过"创建自定义模型（全部字段需要手动定义）"方式创建指定名称的表。在ODS层创建表的路径要求，如表6-3所示。

表6-3 在ODS层创建表的路径要求

路径	标题／简称	代号	数据源连接	描述	数据库表
主题域	运营	YY	默认数据源连接	不填	
主题	销售分析	XSFX	默认数据源连接	不填	
维表	门店信息表	MDXXB	默认数据源连接	不填	MDXXB_ODS
维表	商品信息表	SPXXB	默认数据源连接	不填	SPXXB_ODS
数据模型	销售明细表	XSMXB		不填	XSMXB_ODS

门店信息表，如表6-4所示，其中，ID字段为MDBM，文字字段为MDMC。

表6-4 门店信息表

字段名	别名	数据类型	长度／字符	精度	描述
MDBM	门店编码	字符型	10		
MDMC	门店名称	字符型	20		
MDLX	门店类型	字符型	10		
SF	省份	字符型	20		
CS	城市	字符型	20		

商品信息表，如表6-5所示，其中，ID字段为SPBM，文字字段为SPMC。

表6-5　商品信息表

字段名	别名	数据类型	长度/字符	精度	描述
SPBM	商品编码	字符型	6		
SPMC	商品名称	字符型	10		
PP	品牌	字符型	6		

销售明细表，如表6-6所示。

表6-6　销售明细表

字段名	别名	数据类型	长度/字符	精度	是否为空	是否为主键	描述
DJBM	单据编码	字符型	20		否	是	
RQ	日期	日期型			否	否	
MDBM	门店编码	字符型	10		否	否	
SPBM	商品编码	字符型	6		否	否	
XSSL	销售数量	整型			否	否	
XSJE	销售金额	浮点型	20	2	否	否	

操作说明如下。

（1）路径的简称、代号、数据源连接符合要求。

（2）维表和数据模型的简称、代号、数据库表名称符合表6-3～表6-6的要求。

（3）表的字段数量、顺序、字段名、每个字段的属性设置符合表6-3～表6-6的要求，该字段的所有属性设置均需完全正确。

后续所有表设置均如上要求，不再提示。

步骤2：在ODS层转换数据。

在DMP"数据加工厂_设计区_工厂分层_ODS操作数据_ETL"路径下创建指定名称的表。

门店信息表的ETL命名，如表6-7所示。

表6-7　门店信息表的ETL命名

路径	转换标题	转换代号	描述
ETL	门店信息表ETL	MDXXBETL	

门店信息表的ETL要求，如表6-8所示。

表6-8　门店信息表的ETL要求

组件名称	数据源连接	选择表
表输入组件	销售管理系统	YY_MDXXB
表输出组件	默认数据源连接	MDXXB_ODS

门店信息表的输出数据，如表6-9所示。

表6-9　门店信息表的输出数据

MDBM	MDMC	MDLX	SF	CS
D131313	济南店	直营店	山东省	济南
D021313	西安店	加盟店	陕西省	西安
D090537	杭州店	联营店	浙江省	杭州
D120866	广州店	加盟店	广东省	广州
D031307	北京店	联营店	北京市	北京

续表

MDBM	MDMC	MDLX	SF	CS
D040703	上海店	直营店	上海市	上海
D180739	合肥店	加盟店	安徽省	合肥
D117854	南京店	直营店	江苏省	南京
D160956	厦门店	联营店	福建省	厦门
D260965	天津店	直营店	天津市	天津

商品信息表的ETL命名，如表6-10所示。

表6-10　商品信息表的ETL命名

路径	转换标题	转换代号	描述
ETL	商品信息表ETL	SPXXBETL	

商品信息表的ETL要求，如表6-11所示。

表6-11　商品信息表的ETL要求

组件名称	数据源连接	选择表
表输入组件	销售管理系统	YY_SPXXB
表输出组件	默认数据源连接	SPXXB_ODS

商品信息表的输出数据，如表6-12所示。

表6-12　商品信息表的输出数据

SPBM	SPMC	PP
1313	产品1	花样
1302	产品2	花样
1303	产品3	花样
1304	产品4	花样
0213	产品5	花蕊
0202	产品6	花蕊
0203	产品7	花蕊
0204	产品8	花蕊

销售明细表的ETL命名，如表6-13所示。

表6-13　销售明细表的ETL命名

路径	转换标题	转换代号	描述
ETL	销售明细表ETL	XSMXBETL	

销售明细表的ETL要求，如表6-14所示。

表6-14　销售明细表的ETL要求

组件名称	数据源连接	选择表
表输入组件	销售管理系统	YY_XSMXB
表输出组件	默认数据源连接	XSMXB_ODS

销售明细表的输出数据，如表6-15所示。

课中实训

课中实训

表6-15 销售明细表的输出数据

DJBM	RQ	MDBM	SPBM	XSSL	XSJE
SMDBJ213813130000013	21381313	D131313	1313	1	368
SMDBJ213802180002340	21380218	D021313	1302	2	428
SMDBJ213805210003562	21380521	D090537	1303	3	834
SMDBJ213807070007685	21380707	D120866	1304	1	228
SMDBJ213804030003852	21380403	D031307	0213	5	1070
SMDBJ213803140008549	21380314	D040703	0202	2	556
SMDBJ213813270003971	21381327	D180739	0203	2	672
SMDBJ213806180005259	21380618	D117854	0204	1	268
SMDBJ213809090002753	21380909	D160956	0203	2	656
SMDBJ213808150004728	21380815	D260965	0204	1	128

步骤3：在DW层创建表。

参照表6-16，在DMP"数据加工厂_设计区_工厂分层_DW数据仓库"路径下创建主题域和主题，通过"创建自定义模型（全部字段需要手动定义）"方式创建指定名称的表。

在DW层创建表的路径要求，如表6-16所示。

表6-16 在DW层创建表的路径要求

路径	标题 / 简称	代号	数据源连接	描述	数据库表
主题域	运营	YY	默认数据源连接	不填	
主题	销售分析	XSFX	默认数据源连接	不填	
维表	时间维度表	SJWDB	默认数据源连接	不填	SJWDB_DW
数据模型	销售明细整合表	XSMXZHB		不填	XSMXZHB_DW

时间维度表，如表6-17所示，其中，ID字段为SJID，文字字段为SJID。

表6-17 时间维度表

字段名	别名	数据类型	长度 / 字符	精度	描述
SJID	主键	字符型	10		
ND	年度	字符型	8		
YF	月份	字符型	8		
RQ	日期	日期型	10		

销售明细整合表，如表6-18所示。

表6-18 销售明细整合表

字段名	别名	数据类型	长度 / 字符	精度	是否为空	是否为主键	描述
DJBM	单据编码	字符型	20		否	是	
RQ	日期	日期型	10		否	否	
YF	月份	字符型	5		否	否	
MDBM	门店编码	字符型	10		否	否	
MDMC	门店名称	字符型	20		否	否	
MDLX	门店类型	字符型	10		否	否	
SF	省份	字符型	20		否	否	
CS	城市	字符型	20		否	否	

续表

字段名	别名	数据类型	长度/字符	精度	是否为空	是否为主键	描述
SPBM	商品编码	字符型	6		否	否	
SPMC	商品名称	字符型	10		否	否	
PP	品牌	字符型	6		否	否	
XSSL	销售数量	整型			否	否	
XSJE	销售金额	浮点型	20	2	否	否	

步骤4：在DW层转换数据。

参照表6-19，在DMP"数据加工厂_设计区_工厂分层_DW数据仓库_ETL"路径下创建指定名称的表。

要求把DW层系统预置的时间表中指定字段的数据抽取到时间维度表中。

时间维度表的ETL命名，如表6-19所示。

表6-19　时间维度表的ETL命名

路径	转换标题	转换代号	描述
ETL	时间维度表ETL	SJWDBETL	

时间维度表的ETL要求，如表6-20所示。

表6-20　时间维度表的ETL要求

组件名称	数据源连接	选择表
表输入组件	销售管理系统	SJB_DW
表输出组件	默认数据源连接	SJWDB_DW

要求把ODS层门店信息表、商品信息表、销售明细表及DW层时间维度表的数据整合到DW层销售明细整合表中。

销售明细整合表的ETL命名，如表6-21所示。

表6-21　销售明细整合表的ETL命名

路径	转换标题	转换代号	描述
ETL	销售明细整合表ETL	XSMXZHBETL	

销售明细整合表的ETL要求，如表6-22所示。

表6-22　销售明细整合表的ETL要求

组件名称	数据源连接	选择表
表输入1	默认数据源连接	XSMXB_ODS
排序组件1		排序字段：门店编码
表输入2	默认数据源连接	MDXXB_ODS
排序组件2		排序字段：门店编码
连接组件1		连接方式：左连接 连接字段：门店编码
排序组件4		排序字段：商品编码
表输入3	默认数据源连接	SPXXB_ODS
排序组件3		排序字段：商品编码

组件名称	数据源连接	选择表
连接组件2		连接方式：左连接 连接字段：商品编码
排序组件5		排序字段：日期
表输入4	默认数据源连接	SJWDB_DW
排序组件6		排序字段：日期
连接组件3		连接方式：左连接 连接字段：日期
表输出1	默认数据源连接	XSMXZHB_DW

销售明细整合表组件排列，如图6-8所示。

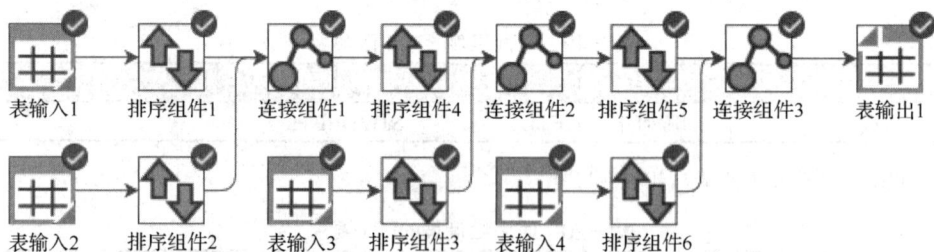

图6-8　销售明细整合表组件排列

销售明细整合表的输出数据，如表6-23所示。

表6-23　销售明细整合表的输出数据

DJBH	RQ	YF	MDBM	MDMC	MDLX	SF	CS	SPBM	SPLX	PP	XSSL	XSJE
SMDBJ213813130000013	21381313	1月	D131313	济南店	直营店	山东省	济南	1313	产品1	花样	1	368
SMDBJ213807070007685	21380707	7月	D120866	广州店	加盟店	广东省	广州	1302	产品2	花样	1	228
SMDBJ213813270003971	21381327	1月	D180739	合肥店	加盟店	安徽省	合肥	1303	产品3	花样	2	672
SMDBJ213809090002753	21380909	9月	D160956	厦门店	联营店	福建省	厦门	1304	产品4	花样	2	656
SMDBJ213802180002340	21380218	2月	D021313	西安店	加盟店	陕西省	西安	0213	产品5	花蕊	2	428
SMDBJ213805210003562	21380521	5月	D090537	杭州店	联营店	浙江省	杭州	0202	产品6	花蕊	3	834
SMDBJ213804030003852	21380403	4月	D031307	北京店	联营店	北京市	北京	0203	产品7	花蕊	5	1070
SMDBJ213803140008549	21380314	3月	D040703	上海店	直营店	上海市	上海	0204	产品8	花蕊	2	556
SMDBJ213806180005259	21380618	6月	D117854	南京店	直营店	江苏省	南京	0203	产品7	花蕊	1	268
SMDBJ213808150004728	21380815	8月	D260965	天津店	直营店	天津市	天津	0204	产品8	花蕊	1	128

操作说明如下。

（1）路径正确。

（2）ETL的标题、代号符合要求。

（3）ETL的组件名称、数量、数据源连接、选择表符合要求。

（4）能够区分连接类型中的左连接、右连接、内连接、全连接，熟练掌握左连接。能够正确选择连接字段，默认为表的主键。

步骤5：在DM层创建表。

参照表6-24，在DMP"数据加工厂_设计区_工厂分层_DM数据集市"路径下创建主题域和主题，通过"创建自定义模型（全部字段需要手动定义）"方式创建指定名称的表。在DM层创建表的路径要求，如表6-24所示。

表6-24　在DM层创建表的路径要求

路径	标题/简称	代号	数据源连接	描述	数据库表
主题域	运营	YY	默认数据源连接	不填	
主题	门店考核	MDKH	默认数据源连接	不填	
数据模型	门店业绩汇总表	MDYJHZB		不填	MDYJHZB_DM

门店业绩汇总表，如表6-25所示。

表6-25　门店业绩汇总表

字段名	别名	数据类型	长度/字符	精度	是否为空	是否为主键	描述
MDBM	门店编码	字符型	10		否	是	
MDMC	门店名称	字符型	20		否	否	
MDLX	门店类型	字符型	10		否	否	
SF	省份	字符型	20		否	否	
CS	城市	字符型	20		否	否	
XSSL	销售数量	字符型	4		否	否	

步骤6：在DM层转换数据。

参照表6-26，在DMP"数据加工厂_设计区_工厂分层_DM数据集市_ETL"路径下创建指定名称的表。

要求把销售明细整合表中指定字段的数据抽取到门店业绩汇总表中。

门店业绩汇总表的ETL命名，如表6-26所示。

表6-26　门店业绩汇总表的ETL命名

路径	转换标题	转换代号	描述
ETL	门店业绩汇总表ETL	MDYJHZBETL	

门店业绩汇总表的ETL要求，如表6-27所示。

表6-27　门店业绩汇总表的ETL要求

组件名称	数据源连接	选择表
表输入组件	默认数据源连接	XSMXZHB_DW
分组组件		请选择正确组件
表输出组件	默认数据源连接	MDYJHZB_DM

门店业绩汇总表的连接设置，如图6-9所示。

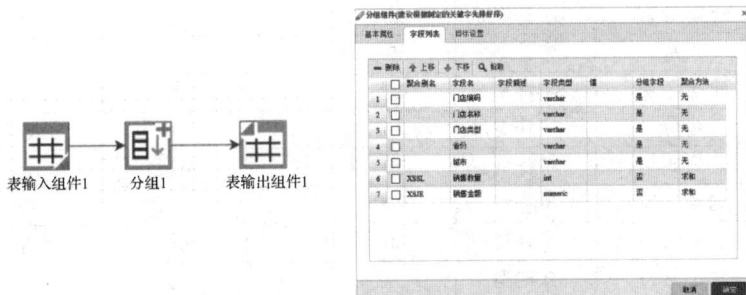

图6-9　门店业绩汇总表的连接设置

门店业绩汇总表的输出数据，如表6-28所示。

表6-28　门店业绩汇总表的输出数据

MDBM	MDMC	MDLX	SF	CS	XSSL	XSJE
D131313	济南店	直营店	山东省	济南	1	368
D120866	广州店	加盟店	广东省	广州	1	228
D180739	合肥店	加盟店	安徽省	合肥	2	672
D160956	厦门店	联营店	福建省	厦门	2	656
D021313	西安店	加盟店	陕西省	西安	2	428
D090537	杭州店	联营店	浙江省	杭州	3	834
D031307	北京店	联营店	北京市	北京	5	1070
D040703	上海店	直营店	上海市	上海	2	556
D117854	南京店	直营店	江苏省	南京	1	268
D260965	天津店	直营店	天津市	天津	1	128

任务二：客户数据分析

【任务描述】

市场部要分析本公司产品销售客户群体情况，以进行2019年年度广告方案设计和广告投放渠道的决策，要求客户分析专员根据数据分析师的要求从本公司会员管理系统抽取会员相关数据，用于客户群体分析，此外还需分析线上电商渠道的购买客户情况。

【操作步骤】

步骤1：在ODS层创建表。

参照表6-29，在DMP"数据加工厂_设计区_工厂分层_ODS操作数据"路径下创建主题域和主题，通过"创建自定义模型（全部字段需要手动定义）"方式创建指定名称的表。

在ODS层创建表的路径要求，如表6-29所示。

表6-29　在ODS层创建表的路径要求

路径	标题/简称	代号	数据源连接	描述	数据库表
主题域	客户	KH	默认数据源连接	不填	
主题	客户分析	KHFX	默认数据源连接	不填	
数据模型	会员信息表	HYXXB	不填		HYXXB_ODS

会员信息表，如表6-30所示。

表6-30　会员信息表

字段名	别名	数据类型	长度	精度	是否为空	是否为主键	描述
HYBH	会员编号	字符型	20		否	是	
HYXM	会员姓名	字符型	20		否	否	
XB	性别	字符型	5		是	否	
CSNF	出生年份	字符型	10		是	否	
SF	省份	字符型	20		是	否	
CS	城市	字符型	20		是	否	
GWXG	购物习惯	字符型	20		是	否	
ZY	职业	字符型	50		是	否	
ZCSJ	注册时间	日期型			否	否	
LXFS	联系方式	字符型	11		是	否	

步骤2：在ODS层转换数据。

参照表6-31，在DMP"数据加工厂_设计区_工厂分层_ODS操作数据_ETL"路径下创建指定名称的表。

会员信息表的ETL命名，如表6-31所示。

表6-31 会员信息表的ETL命名

路径	转换标题	转换代号	描述
ETL	会员信息表ETL	HYXXBETL	

会员信息表的ETL要求，如表6-32所示。

表6-32 会员信息表的ETL要求

组件名称	数据源连接	选择表
表输入组件	客户管理系统	KH_HYXXB
表输出组件	默认数据源连接	HYXXB_ODS

会员信息表的输出数据，如表6-33所示。

表6-33 会员信息表的输出数据

HYBH	HYXM	XB	CSNF	SF	CS	GWXG	ZY	ZCSJ	LXFS
ID000000013	李应	男	1996	山东省	济南市	线下门店	计算机互联网	21381303	186****6543
ID000000002	董平	男	1998	天津市	天津市	天猫	制造业	21380204	189****7654
ID000000003	石头	男	1992	河南省	洛阳市	京东	公务员	21380305	165****6781
ID000000004	刘英	男	2013	辽宁省	大连市	唯品会	商业贸易	21380406	112****0912
ID000000005	扈娟	女	1990	浙江省	杭州市	拼多多	科研教育	21380507	190****3476
ID000000006	阮阮	女	1994	福建省	福州市	天猫	自由职业	21380608	123****2564
ID000000007	花容	女	1984	上海市	上海市	京东	金融证券投资	21380709	178****3497
ID000000008	吴丽	女	1999	北京市	北京市	唯品会	房地产建筑业	21380810	165****5634
ID000000009	史雪	女	1991	北京市	北京市	微信商城	医疗健康	21380911	198****4325
ID000000130	蒋姝	女	1998	上海市	上海市	线下门店	文娱体育媒体	21381132	184****2345

步骤3：在DW层创建表。

参照表6-34，在DMP"数据加工厂_设计区_工厂分层_DW数据仓库"路径下创建主题域和主题，通过"创建自定义模型（全部字段需要手动定义）"方式创建指定名称的表。

在DW层创建表的路径要求，如表6-34所示。

表6-34 在DW层创建表的路径要求

路径	标题/简称	代号	数据源连接	描述	数据库表
主题域	客户	KH	默认数据源连接	不填	
主题	客户分析	KHFX	默认数据源连接	不填	
维表	城市划分维度表	CSHFWDB		不填	CSHFWDB_DW
维表	年龄区间维度表	NLQJWDB		不填	NLQJWDB_DW
数据模型	客户信息表	KHXXB		不填	KHXXB_DW

城市划分维度表，如表6-35所示，其中，ID字段为CS，文字字段为CS。

表6-35　城市划分维度表

字段名	别名	数据类型	长度	精度	是否为空	是否为主键	描述
CS	城市	字符型	20				
CSHF	城市划分	字符型	20				

年龄区间维度表，如表6-36所示，其中，ID字段为CSNF，文字字段为CSNF。

表6-36　年龄区间维度表

字段名	别名	数据类型	长度	精度	是否为空	是否为主键	描述
CSNF	出生年份	字符型	10				
NLQJ	年龄区间	字符型	5				

客户信息表，如表6-37所示。

表6-37　客户信息表

字段名	别名	数据类型	长度	精度	是否为空	是否为主键	描述
HYBH	会员编号	字符型	20		否	是	
HYXM	会员姓名	字符型	20		否	否	
XB	性别	字符型	5		是	否	
CSNF	出生年份	字符型	10		是	否	
NLQJ	年龄区间	字符型	5		是	否	
SF	省份	字符型	20		是	否	
CS	城市	字符型	20		是	否	
CSHF	城市划分	字符型	20		是	否	
GWXG	购物习惯	字符型	20		是	否	
ZY	职业	字符型	50		是	否	
ZCSJ	注册时间	日期型			否	否	
LXFS	联系方式	字符型	11		是	否	

步骤4：在DW层数据转换。

参照表6-38，在DMP"数据加工厂_设计区_工厂分层_DW数据仓库_ETL"路径下创建指定名称的表。

要求把DW层系统预置的城市划分表中指定字段的数据抽取到城市划分维度表中。

城市划分维度表的ETL命名，如表6-38所示。

表6-38　城市划分维度表的ETL命名

路径	转换标题	转换代号	描述
ETL	城市划分维度表ETL	CSHFWDBETL	

城市划分维度表的ETL要求，如表6-39所示。

表6-39　城市划分维度表的ETL要求

组件名称	数据源连接	选择表
表输入组件	客户管理系统	CSFCB_DW
表输出组件	默认数据源连接	CSHFWDB_DW

要求把DW层系统预置的年龄区间表中指定字段的数据抽取到年龄区间维度表中。

年龄区间维度表的ETL命名，如表6-40所示。

表6-40　年龄区间维度表的ETL命名

路径	转换标题	转换代号	描述
ETL	年龄区间维度表ETL	NLQJWDBETL	

年龄区间维度表的ETL要求，如表6-41所示。

表6-41　年龄区间维度表的ETL要求

组件名称	数据源连接	选择表
表输入组件	客户管理系统	NLQJB_DW
表输出组件	默认数据源连接	NLQJWDB_DW

要求把会员信息表中的数据抽取到客户信息表中。

客户信息表的ETL命名，如表6-42所示。

表6-42　客户信息表的ETL命名

路径	转换标题	转换代号	描述
ETL	客户信息表ETL	KHXXBETL	

客户信息表的ETL要求，如表6-43所示。

表6-43　客户信息表的ETL要求

组件名称	数据源连接	选择表
表输入1	默认数据源连接	HYXXB_ODS
排序组件1		排序字段：城市
表输入2	默认数据源连接	CSHFWDB_DW
排序组件2		排序字段：城市
连接组件1		连接方式：左连接 连接字段：城市
排序组件3		排序字段：出生年份
表输入3	默认数据源连接	NLQJWDB_DW
排序组件4		排序字段：出生年份
连接组件2		连接方式：左连接 连接字段：出生年份
表输出1	默认数据源连接	KHXXB_DW

客户信息表组件排列，如图6-10所示。

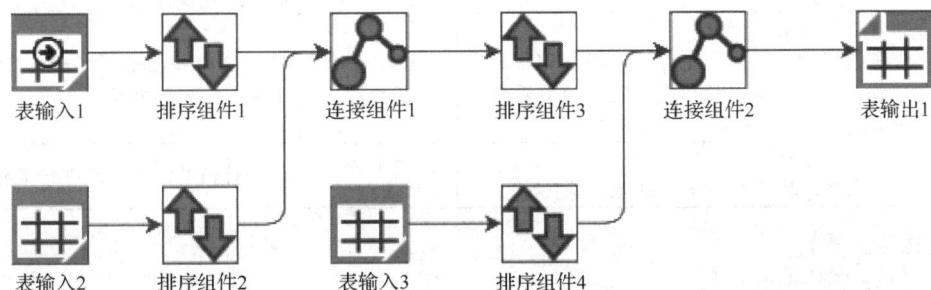

图6-10　客户信息表组件排列

客户信息表的输出数据，如表6-44所示。

表6-44　客户信息表的输出数据

会员编号	会员姓名	性别	出生年份	年龄区间	省份	城市	城市划分	购物习惯	职业	注册时间
ID000000013	李应	男	1996	90后	山东省	济南市	二线发达城市	线下门店	计算机互联网	21381303
ID000000002	董平	男	1998	90后	天津市	天津市	一线城市	天猫	制造业	21380204
ID000000003	石头	男	1992	90后	河南省	洛阳市	三线城市	京东	公务员	21380305
ID000000004	刘英	男	2013	00后	辽宁省	大连市	二线发达城市	唯品会	商业贸易	21380406
ID000000005	扈娟	女	1990	90后	浙江省	杭州市	二线发达城市	拼多多	科研教育	21380507
ID000000006	阮阮	女	1994	90后	福建省	福州市	二线中等发达城市	天猫	自由职业	21380608
ID000000007	花容	女	1984	80后	上海市	上海市	一线城市	京东	金融证券投资	21380709
ID000000008	吴丽	女	1999	90后	北京市	北京市	一线城市	唯品会	房地产建筑业	21380810
ID000000009	史雪	女	1991	90后	北京市	北京市	一线城市	微信商城	医疗健康	21380911
ID000000130	蒋妹	女	1998	90后	上海市	上海市	一线城市	线下门店	文娱体育媒体	21381132

实训二　数据可视化

任务一：运营分析专员

【任务描述】

销售部要进行综合销售分析，以了解2018年各销售渠道销售情况、各地域销售情况、各产品销售情况及2018年门店建设情况，并制订2019年销售目标和计划，要求运营分析专员根据分析需求进行销售数据分析。

根据上述需求，要求数据分析以图表结合的大屏看板形式展现。销售数据分析需求如表6-45所示。

表6-45　销售数据分析需求

序号	要求	展现形式	业务策略
1	销售渠道分析。 分析内容：按门店类型分析销售金额贡献占比，门店类型包括直营店、加盟店、联营店	饼图	根据不同销售渠道销售额，灵活进行广告投放、货物调配
2	销售地域分析。 分析内容：按门店所属地域分析销售金额情况	地图	分析各省份贡献及门店数量，重点关注业绩差的省份及该省份门店建设情况
3	销售趋势分析。 分析内容：按月度分析销售金额和销售数量趋势，销售金额以柱形图呈现，销售数量以折线图呈现	柱形图+折线图	按月度销售趋势灵活制订2019年销售计划和目标
4	产品排名分析。 分析内容：按产品销量，取排名前5的产品	条形图（从高到低）	计划对销量低的产品进行促销

【操作步骤】

步骤1：销售渠道分析。

（1）数据集定义

参照表6-46，在指定路径下完成数据集的定义，要求数据集来源选择"SQL语句"。

销售渠道分析的数据集定义路径要求及数据集来源选择，如表6-46、表6-47所示。

表6-46 销售渠道分析的数据集定义路径要求

路径	编号	名称
系统	BBD	商务大数据
模块	YY	运营
分组	XSFX	销售分析
数据集	XSQDFX	销售渠道分析

表6-47 销售渠道分析的数据集来源选择

操作	要求
配置数据集	select * from XSQD_DM;

销售渠道分析的数据集预览效果，如表6-48所示。

表6-48 销售渠道分析的数据集预览效果

字段名	字段说明	字段序号	动态列
MDLX	门店类型	1	
XSJE	销售金额	2	

（2）部件定义

参照表6-49，在指定路径下完成部件的定义，要求部件类型为"Echarts部件"。

销售渠道分析的部件定义路径要求，如表6-49所示。

表6-49 销售渠道分析的部件定义路径要求

路径	编号	名称	数据集
系统	BBD	商务大数据	
模块	YY	运营	
分组	XSFX	销售分析	
部件	XSQDFX	销售渠道分析	销售渠道分析

销售渠道分析的部件配置要求，如表6-50所示。

表6-50 销售渠道分析的部件配置要求

图形设置	图形类型	饼图
	颜色系列	星空黑
	图形分类	门店类型
	图形系列	销售金额
标题设置	主标题	销售渠道分析
	位置	中
	标题字体	微软雅黑，四号，加粗
图例设置	显示图例	是
	横向位置	中
	纵向位置	下
	图例字体	微软雅黑，小五，常规
系列设置	显示标签	是
	标签字体	微软雅黑，小五，常规，水绿色
	显示提示框	是
	显示百分比	是

销售渠道分析的部件预览效果，如图6-11所示。

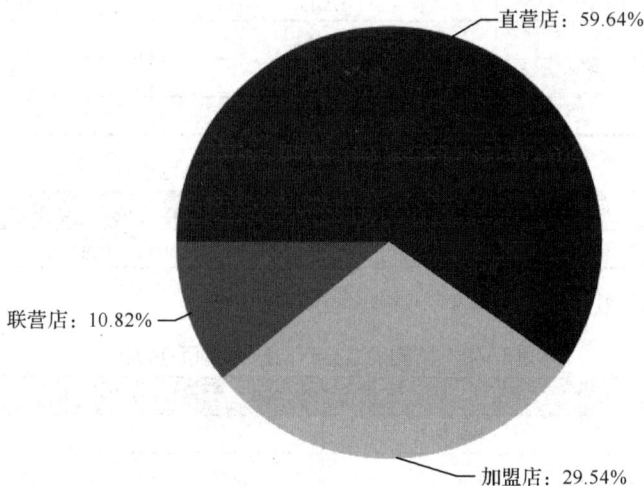

图6-11　销售渠道分析的部件预览效果

步骤2：销售趋势分析。

（1）数据集定义

参照表6-51，在指定路径下完成数据集的定义，要求数据集来源选择"SQL语句"。

销售趋势分析的数据集定义路径要求及数据集来源选择如表6-51和表6-52所示。

表6-51　销售趋势分析的数据集定义路径要求

路径	编号	名称
系统	BBD	商务大数据
模块	YY	运营
分组	XSFX	销售分析
数据集	XSQSFX	销售趋势分析

表6-52　销售趋势分析的数据集来源选择

操作	要求
配置数据集	select * from XSQS_DM;

销售趋势分析的数据集预览效果，如表6-53所示。

表6-53　销售趋势分析的数据集预览效果

字段名	字段说明	字段序号	动态列
YF	月份	1	
XSJE	销售金额	3	
XSSL	销售数量	2	

（2）部件定义

参照表6-54，在指定路径下完成部件的定义，要求部件类型为"Echarts部件"。

销售趋势分析的部件定义路径要求，如表6-54所示。

表6-54　销售趋势分析的部件定义路径要求

路径	编号	名称	数据集
系统	BBD	商务大数据	
模块	YY	运营	
分组	XSFX	销售分析	
部件	XSQSFX	销售趋势分析	销售趋势分析

销售趋势分析的部件配置要求，如表6-55所示。

表6-55　销售趋势分析的部件配置要求

	图形类型	柱形图、折线图、区域图
	颜色系列	星空黑
	图形分类	月份
	图形系列	销售数量、销售金额
标题	主标题	销售趋势分析
	位置	中
	标题字体	微软雅黑，四号，加粗
图例	显示图例	是
	横向位置	中
	纵向位置	下
	图例字体	微软雅黑，小五，常规
系列设置	系列	销售数量
系列设置	类型	折线形
	归属坐标轴	y_1轴
	显示标签	是
	标签字体	微软雅黑，小五，常规，水绿色
	系列	销售金额
系列设置	类型	柱形
	归属坐标轴	y_2轴
	显示标签	是
	标签字体	微软雅黑，小五，常规，水绿色

销售趋势分析的部件预览效果，如图6-12所示。

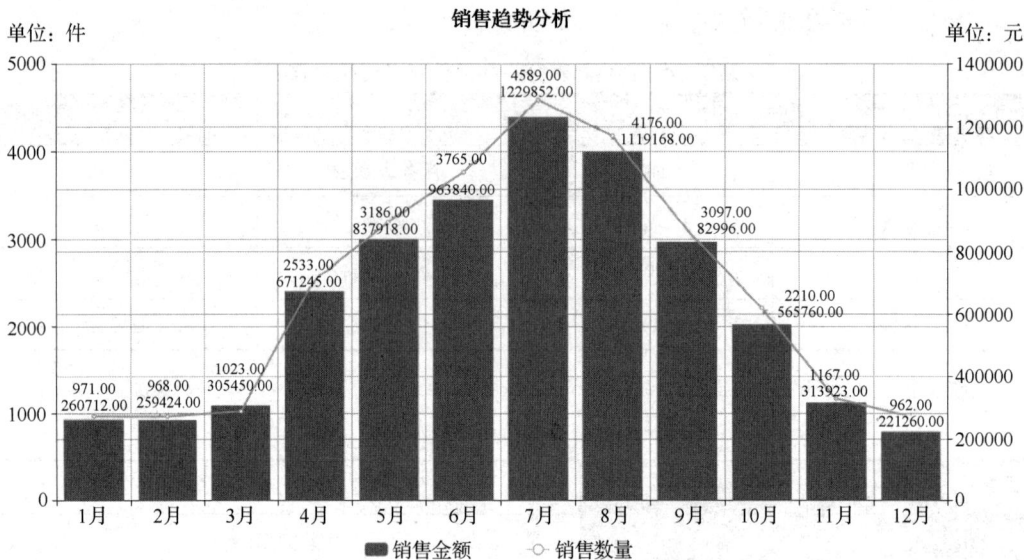

单位：件   销售趋势分析   单位：元

图6-12 销售趋势分析的部件预览效果

步骤3：产品排名分析。

（1）数据集定义

参照表6-56，在指定路径下完成数据集的定义，要求数据集来源选择"SQL语句"。

产品排名分析的数据集定义路径要求及数据集来源选择，如表6-56和表6-57所示。

表6-56　产品排名分析的数据集定义路径要求

路径	编号	名称
系统	BBD	商务大数据
模块	YY	运营
分组	XSFX	销售分析
数据集	CPPMFX	产品排名分析

表6-57　产品排名分析的数据集来源选择

操作	要求
配置数据集	select * from CPPM_DM;

产品排名分析的数据集预览效果，如图6-13所示。

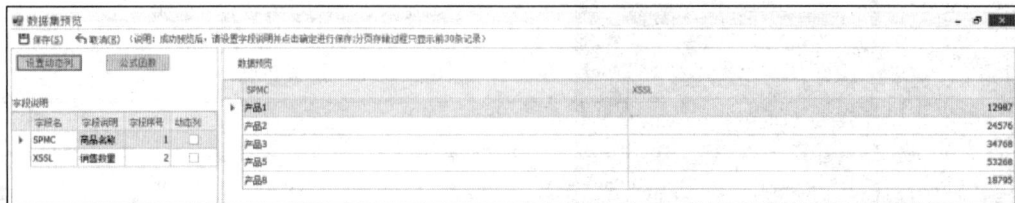

图6-13　产品排名分析的数据集预览效果

（2）部件定义

参照表6-58，在指定路径下完成部件的定义，要求部件类型为"Echarts部件"。

产品排名分析的部件定义路径要求，如表6-58所示。

表6-58 产品排名分析的部件定义路径要求

路径	编号	名称	数据集
系统	BBD	商务大数据	
模块	YY	运营	
分组	XSFX	销售分析	
部件	CPPMFX	产品排名分析	产品排名分析

产品排名分析的部件配置要求，如表6-59所示。

表6-59 产品排名分析的部件配置要求

图形设置	图形类型	水平条形图
	颜色系列	星空黑
	图形分类	商品名称
	图形系列	销售数量
标题设置	主标题	产品排名分析
	位置	中
	标题字体	微软雅黑，四号，加粗
x轴	x轴线粗细	2px
y轴	y轴线粗细	2px
图例设置	显示图例	是
	横向位置	中
	纵向位置	下
	图例字体	微软雅黑，小五，常规
系列设置	显示标签	是
	标签字体	微软雅黑，小五，常规，水绿色

产品排名分析的部件预览效果，如图6-14所示。

步骤4：销售地域分析。

（1）数据集定义

在指定路径下完成数据集的定义，数据集来源选择"SQL语句"。

销售地域分析的数据集定义路径要求及数据集来源选择，如表6-60和表6-61所示。

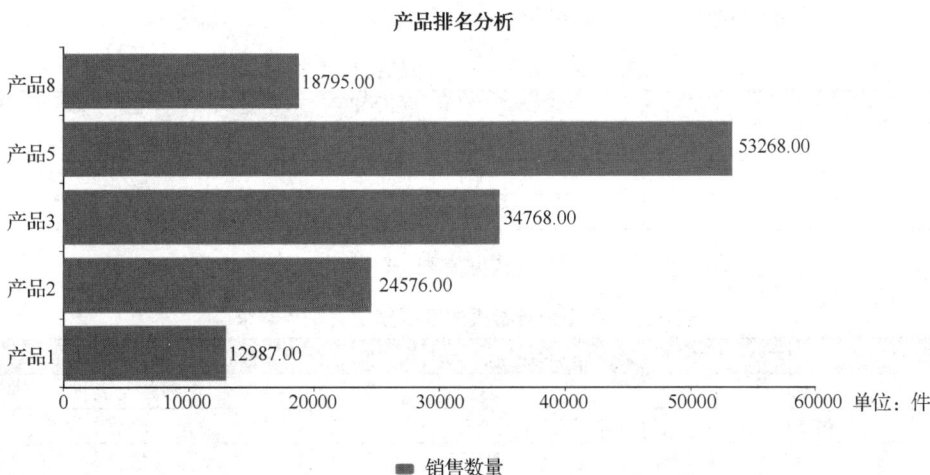

产品排名分析

产品8　18795.00
产品5　53268.00
产品3　34768.00
产品2　24576.00
产品1　12987.00

0　10000　20000　30000　40000　50000　60000 单位：件

■ 销售数量

图6-14 产品排名分析的部件预览效果

表6-60　销售地域分析的数据集定义路径要求

路径	编号	名称
系统	BBD	商务大数据
模块	YY	运营
分组	XSFX	销售分析
数据集	DTSJ	地图数据

表6-61　销售地域分析的数据集来源选择

操作	要求
配置数据集	select * from DTSJ_DM;

销售地域分析的数据集预览效果，如图6-15所示。

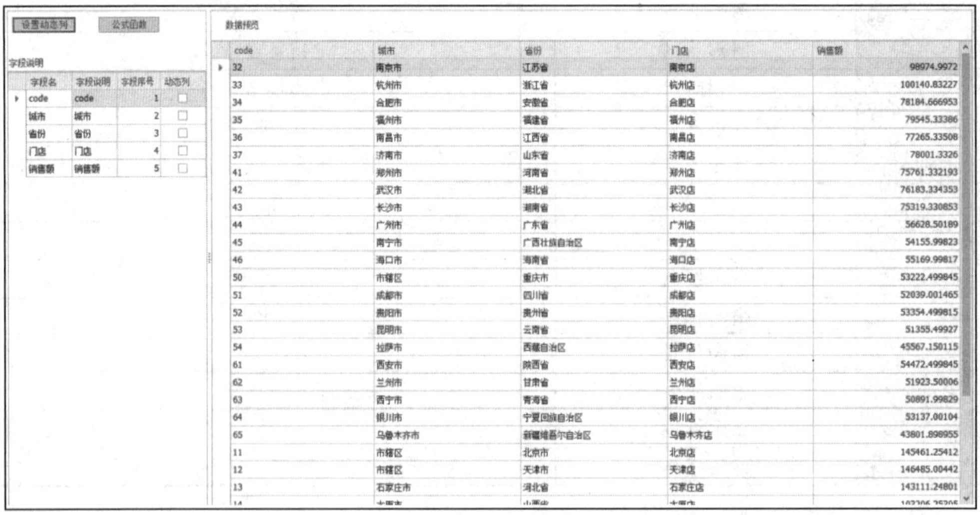

图6-15　销售地域分析的数据集预览效果

（2）部件定义

销售地域分析的部件定义在步骤5运营分析看板中完成。

步骤5：运营分析看板。

参照表6-62，在指定路径下完成看板的定义，页面类型为"大屏端"。

运营分析看板的路径要求，如表6-62所示。

表6-62　运营分析看板的路径要求

路径	编号	名称
一级目录	BBD	商务大数据
二级目录	YY	运营
页面	YYFXKB	运营分析看板

运营分析看板的数据集定义路径要求及数据集来源选择，如表6-63、表6-64所示。

表6-63　运营分析看板的数据集定义路径要求

路径	编号	名称
系统	BBD	商务大数据
模块	YY	运营
分组	XSFX	销售分析
数据集	05	地图数据集

表6-64　运营分析看板的数据集来源选择

操作	要求
配置数据集	select * from DTSJ_DM;

运营分析看板的要求包含销售渠道分析、销售趋势分析、产品排名分析。

运营分析看板预览效果，如图6-16所示。

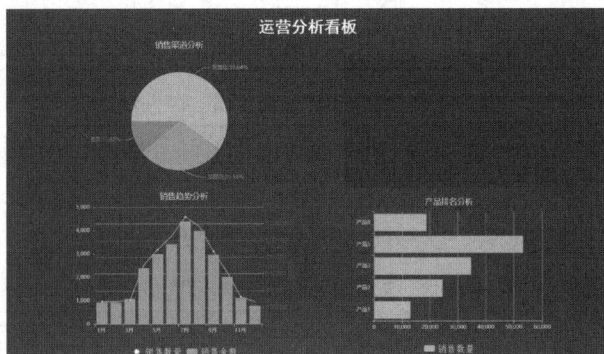

图6-16　运营分析看板预览效果

任务二：客户分析专员

【任务描述】

市场部要分析本公司产品销售客户群体情况，以进行2019年年度广告方案设计和广告投放渠道的决策，要求客户分析专员根据数据分析师的要求从客户年龄、客户地域、购物习惯等方面分析客户画像。

客户分析专员将会员管理系统中的会员信息表中的2018年的数据导入分析系统，请根据表6-65中的要求完成数据分析。

表6-65　客户分析要求

序号	要求	展现形式	业务策略
1	年龄分析。 年龄段："70前""70后"，出生年在1970年（含）至1979年（含）；"80后"，出生年在1980年（含）至1989年（含）；"90后"，出生年在1990年（含）至1999年（含）；"00后"，出生年在2000年（含）至2009年（含）	饼图	包括"70前""70后""80后""90后""00后"，根据目标客户群体年龄制定不同产品销售目标
2	地域分析。 城市分层：一线城市、二线发达城市、二线中等发达城市、二线发展较弱城市、三线城市、四线城市、五线城市	雷达图	根据客户集中度情况制定不同城市的销售目标
3	购物习惯分析。 购物习惯：天猫、京东、唯品会、拼多多、微信商城、线下实体店	词云图	根据目标客户购物习惯制定广告投放策略
4	职业分析。 职业分布：计算机互联网、制造业、公务员、商业贸易、科研教育、自由职业、金融证券投资、房地产建筑业、医疗健康、文娱体育媒体、餐饮旅游、其他	热力图	根据目标客户群体职业性质制定广告投放策略

【操作步骤】

步骤1：年龄分析。

（1）数据集定义

参照表6-66，在指定路径下完成数据集的定义，要求数据集来源选择"SQL语句"。

年龄分析的数据集定义路径要求及数据集来源选择，如表6-66和表6-67所示。

表6-66　年龄分析的数据集定义路径要求

路径	编号	名称
系统	BBD	商务大数据
模块	KH	客户
分组	KHFX	客户分析
数据集	NLFX	年龄分析

表6-67　年龄分析的数据集来源选择

操作	要求
配置数据集	select * from NLQJ_DM;

年龄分析的数据集预览效果，如表6-68所示。

表6-68　年龄分析的数据集预览效果

字段名	字段说明	字段序号	动态列
NLQJ	年龄区间	1	
RS	人数	2	

（2）部件定义

参照表6-69，在指定路径下完成部件的定义，要求部件类型为"Echarts部件"。

年龄分析的部件定义路径要求，如表6-69所示。

表6-69　年龄分析的部件定义路径要求

路径	编号	名称	数据集
系统	BBD	商务大数据	
模块	KH	客户	
分组	KHFX	客户分析	
部件	NLFX	年龄分析	年龄分析

年龄分析的部件配置要求，如表6-70所示。

表6-70　年龄分析的部件配置要求

图形设置	图形类型	饼图
	颜色系列	星空黑
	图形分类	年龄区间
	图形系列	人数
标题设置	主标题	年龄分析
	位置	中
	标题字体	微软雅黑，四号，加粗
图例设置	显示图例	是
	横向位置	中
	纵向位置	下
	图例字体	微软雅黑，小五，常规
系列设置	显示标签	是
	标签字体	微软雅黑，小五，常规，水绿色
	圆环比例	50%

年龄分析的部件预览效果，如图6-17所示。

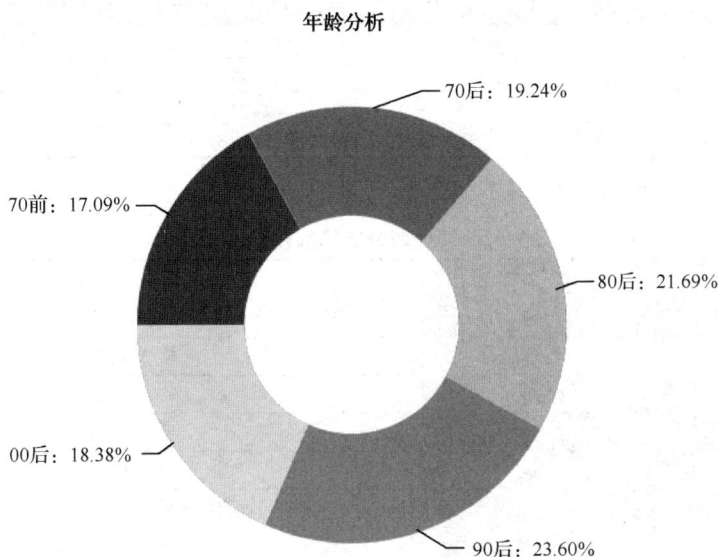

图6-17　年龄分析的部件预览效果

步骤2：地域分析。

（1）数据集定义

参照表6-71，在指定路径下完成数据集的定义，要求数据集来源选择"SQL语句"。

地域分析的数据集定义路径要求及数据集来源选择，如表6-71和表6-72所示。

表6-71　地域分析的数据集定义路径要求

路径	编号	名称
系统	BBD	商务大数据
模块	KH	客户
分组	KHFX	客户分析
数据集	DYFX	地域分析

表6-72　地域分析的数据集来源选择

操作	要求
配置数据集	select * from CSHF_DM;

地域分析的数据集预览效果，如表6-73所示。

表6-73　地域分析的数据集预览效果

字段名	字段说明	字段序号	动态列
CSHF	城市划分	1	
RS	人数	2	

（2）部件定义

参照表6-74，在指定路径下完成部件的定义，要求部件类型为"Echarts部件"。

地域分析的部件定义路径要求，如表6-74所示。

表6-74 地域分析的部件定义路径要求

路径	编号	名称	数据集
系统	BBD	商务大数据	
模块	KH	客户	
分组	KHFX	客户分析	
部件	DYFX	地域分析	地域分析

地域分析的部件配置要求，如表6-75所示。

表6-75 地域分析的部件配置要求

图形类型		雷达图
颜色系列		星空黑
图形分类		城市划分
图形系列		人数
标题	主标题	地域分析
	位置	中
	标题字体	微软雅黑，四号，加粗
图例	显示图例	是
	横向位置	中
	纵向位置	下
	图例字体	微软雅黑，小五，常规
系列设置	显示标签	是
	标签字体	微软雅黑，小五，常规，水绿色
	类型	蛛网形

地域分析的部件预览效果，如图6-18所示。

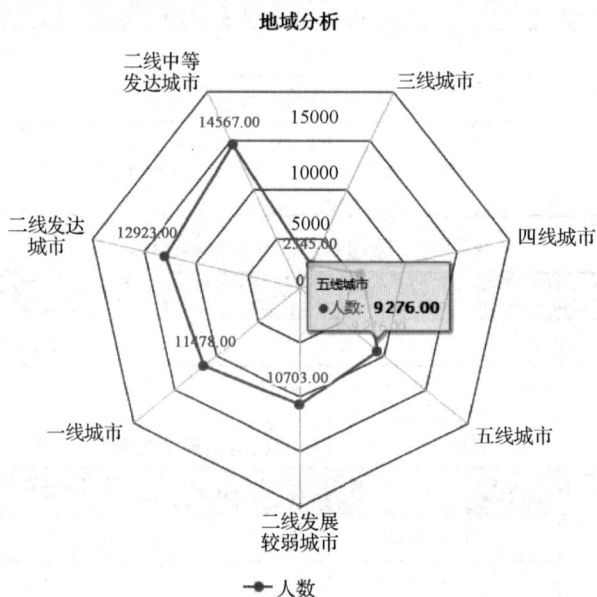

图6-18 地域分析的部件预览效果

步骤3：购物习惯分析。

（1）数据集定义

参照表6-76，在指定路径下完成数据集的定义，要求数据集来源选择"SQL语句"。

购物习惯分析的数据集定义路径要求及数据集来源选择，如表6-76和表6-77所示。

表6-76　购物习惯分析的数据集定义路径要求

路径	编号	名称
系统	BBD	商务大数据
模块	KH	客户
分组	KHFX	客户分析
数据集	GWXGFX	购物习惯分析

表6-77　购物习惯分析的数据集来源选择

操作	要求
配置数据集	select * from GWXG_DM;

购物习惯分析的数据集预览效果，如表6-78所示。

表6-78　购物习惯分析的数据集预览效果

字段名	字段说明	字段序号	动态列
GWXG	购物习惯	1	
RS	人数	2	

（2）部件定义

在指定路径下完成部件的定义，要求部件类型为"Echarts部件"。

购物习惯分析的部件定义路径要求，如表6-79所示。

表6-79　购物习惯分析的部件定义路径要求

路径	编号	名称	数据集
系统	BBD	商务大数据	
模块	KH	客户	
分组	KHFX	客户分析	
部件	GWXGFX	购物习惯分析	购物习惯分析

购物习惯分析的部件配置要求，如表6-80所示。

表6-80　购物习惯分析的部件配置要求

图形设置	图形类型	柱形图、折线图、区域图
	颜色系列	星空黑
	图形分类	购物习惯
	图形系列	人数
标题设置	主标题	购物习惯分析
	位置	中
	标题字体	微软雅黑，四号，加粗
图例设置	显示图例	是
	横向位置	中
	纵向位置	下
	图例字体	微软雅黑，小五，常规
系列设置	显示标签	是
	标签字体	微软雅黑，小五，常规，水绿色

购物习惯分析的部件预览效果，如图6-19所示。

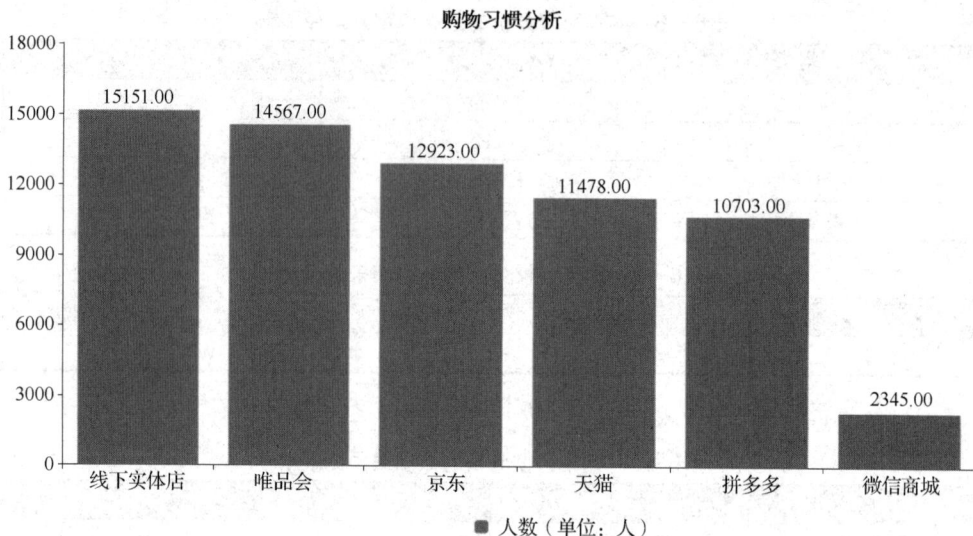

图6-19 购物习惯分析的部件预览效果

步骤4：职业分析。

（1）数据集定义

参照表6-81，在指定路径下完成数据集的定义，要求数据集来源选择"SQL语句"。

职业分析的数据集定义路径要求及数据集来源选择，如表6-81和表6-82所示。

表6-81 职业分析的数据集定义路径要求

路径	编号	名称
系统	BBD	商务大数据1组
模块	KH	客户
分组	KHFX	客户分析
数据集	ZYFX	职业分析

表6-82 职业分析的数据集来源选择

操作	要求
配置数据集	select * from ZYFB_DM;

职业分析的数据集预览效果，如表6-83所示。

表6-83 职业分析的数据集预览效果

字段名	字段说明	字段序号	动态列
ZYFB	职业分布	1	
RS	人数	2	

（2）部件定义

参照表6-84，在指定路径下完成部件的定义，要求部件类型为"Echarts部件"。

职业分析的部件定义路径要求，如表6-84所示。

表6-84　职业分析的部件定义路径要求

路径	编号	名称
系统	BBD	商务大数据1组
模块	KH	客户
分组	KHFX	客户分析
部件	ZYFX	职业分析

职业分析的部件配置要求，如表6-85所示。

表6-85　职业分析的部件配置要求

图形设置	图形类型	柱形图、折线图、区域图
	颜色系列	星空黑
	图形分类	职业分布
	图形系列	人数
标题设置	主标题	职业分析
	位置	中
	标题字体	微软雅黑，四号，加粗
x轴	标签旋转角度	-45°
图例设置	显示图例	是
	横向位置	中
	纵向位置	下
	图例字体	微软雅黑，小五，常规
系列设置	类型	面积折线形
	显示标签	是
	标签字体	微软雅黑，小五，常规，水绿色

职业分析的部件预览效果，如图6-20所示。

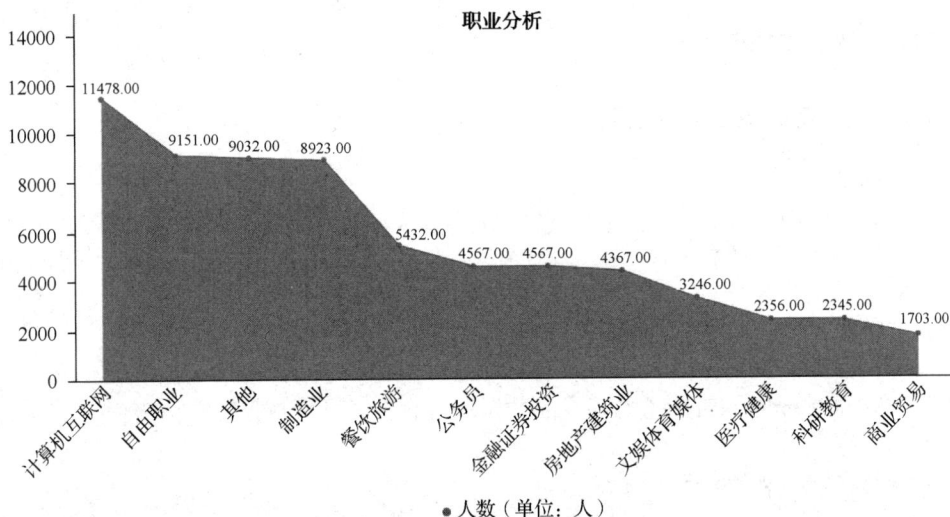

图6-20　职业分析的部件预览效果

步骤5：客户分析看板。

参照表6-86，在指定路径下完成看板的定义，页面类型为"大屏端"。

客户看板的路径要求，如表6-86所示。

表6-86　客户看板的路径要求

路径	编号	名称
一级目录	BBD	商务大数据1组
二级目录	KH	客户
页面	KHFXKB	客户分析看板

客户分析看板要求包含前4个部件，即年龄分析、地域分析、购物习惯分析及职业分析，并参照表6-87进行合理布局。

表6-87　客户分析看板的布局设置

主题风格	科技蓝
图表风格	选择第三个
页面类型	屏幕自适应
页面大小	1366px×768px

客户分析的看板预览效果，如图6-21所示。

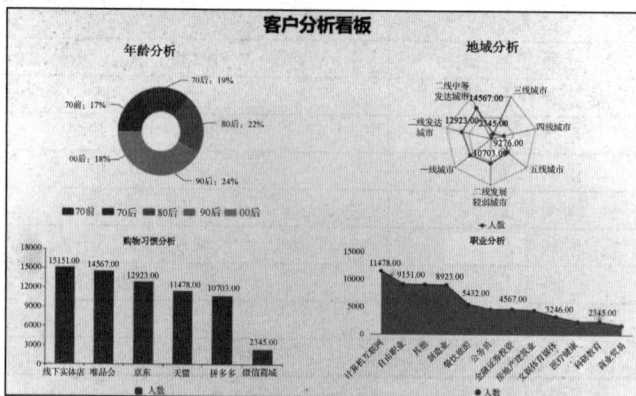

图6-21　客户分析的看板预览效果

实训三　综合分析

任务：生成数据分析报告

【任务描述】

通过实训一与实训二，应用浪潮可视化大数据工具，已对公司业务数据（运营数据与客户数据）进行了整理、分析和可视化呈现。现需数据分析师进行综合分析，形成综合性数据分析报告。

【操作步骤】

步骤1：装载报告模板。

在"商务智能-智能报告-装载智能报告"模块的指定路径下完成报告模板的定义，定义完成后保存并上传框架。

报告模板属性，如表6-88所示。

表6-88　报告模板属性

定义	编号
模板编号	FXBG
模板名称	分析报告

续表

定义	编号
模板周期	年
参数模板	无
模板类型	Word文档
数据源	当前默认
文件位置	默认路径下"智能报告模板"

步骤2：定义数据源。

数据源类型要求根据模板中的图表类型选择"仪表盘图形""仪表盘表格"，并选择所需的数据来源表达式。定义数据源路径要求，如表6-89所示。

表6-89　定义数据源路径要求

书签/图表名称	数据来源类型	数据来源表达式
现金净额	公式	SQL(select JE from CW_XJZE_DW where XJHDLX='现金净额')
经营活动现金净额	公式	SQL(select JE from CW_XJZE_DW where XJHDLX='经营活动现金净额')
投资活动现金净额	公式	SQL(select JE from CW_XJZE_DW where XJHDLX='投资活动现金净额')
筹资活动现金净额	公式	SQL(select JE from CW_XJZE_DW where XJHDLX='筹资活动现金净额')
销售趋势分析	仪表盘图形	XSQSFX
购物习惯分析	仪表盘图形	GWXGFX
行业趋势分析	仪表盘表格	YSDBFX

步骤3：单位选用模板。

将分析报告发给培训机构使用。

步骤4：生成分析报告。

单位类别选择"标准单位"，周期类型选择"年"。

单击"出报告"按钮，将其保存在指定文件夹。

注意

出报告时，Excel软件需为关闭状态。

综合分析报告，如图6-22所示。

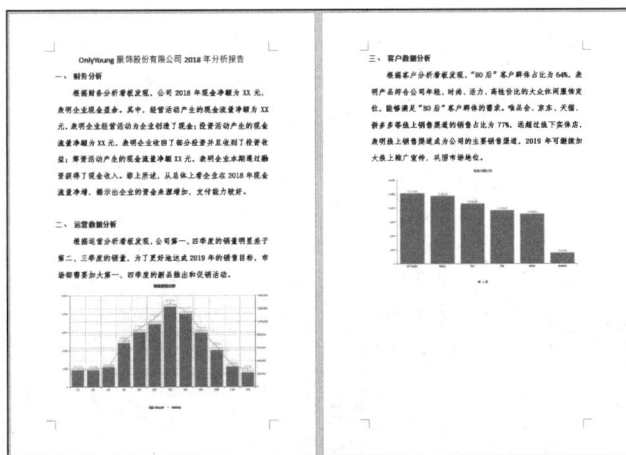

图6-22　综合分析报告

实训项目评价 ↓

表1　学生技能自评表

序号	技能	佐证	达标	未达标
1	使用DMP对数据进行清洗和整理	能够使用DMP在ODS层、DW层、DM层创建表及进行数据转换，正确输出表数据		
2	使用BA平台对数据进行可视化呈现	能够使用BA平台正确进行数据集定义、部件定义、配置及输出，形成可视化看板		
3	完成数据分析报告	能够正确制作、装载数据分析报告模板，定义数据源，生成分析报告		

表2　学生素质自评表

序号	素质	佐证	达标	未达标
1	创新意识	能够在ETL和可视化看板呈现阶段提出创新性方法		
2	协作精神	能够和团队成员协作，共同完成实训任务		
3	自我学习能力	能够借助网络资源自主学习数据清洗、整理、可视化呈现的方法		

课后提升

案例一 财务分析数据整理

服装行业属于快消行业，公司的现金流关乎公司的各个方面。为了对公司日常经营活动的现金流量进行分析，OnlyYoung服饰股份有限公司财务部要求数据分析师从公司财务管理系统抽取2018年度的经营活动现金流量数据，用于现金流量分析，完成2018年的资产负债表、利润表、现金流量表的编制，并对关键财务指标进行分析与可视化呈现，以进一步了解公司现金流量状况。

任务一：请根据以下要求，在ODS层创建现金流量表（简表），并进行数据转换，输出现金流量表（简表）数据。

（1）在ODS层创建表。

参照表6-90，在DMP"数据加工厂_设计区_工厂分层_ODS操作数据"路径下创建主题域及主题，通过"创建自定义模型（全部字段需要手动定义）"方式创建指定名称的表。

在ODS层创建表的路径要求，如表6-90所示。

表6-90 在ODS层创建表的路径要求

路径	标题/简称	代号	数据源连接	描述	数据库表
主题域	财务	CW	默认数据源连接	不填	
主题	现金流量	XJLL	默认数据源连接	不填	
数据模型	现金流量简表	XJLLJB		不填	XJLLJB_ODS

现金流量表，如表6-91所示。

表6-91 现金流量表

字段名	别名	数据类型	长度	精度	是否为空	是否为主键	描述
ID	ID	字符型	4		否	是	
ND	年度	字符型	4		否	否	
HDLX	活动类型	字符型	10		否	否	
XM	项目	字符型	200		否	否	
XJLFX	现金流方向	字符型	4		否	否	
JE	金额	浮点型	12	2	是	否	

（2）在ODS层转换数据。

参照表6-92，在DMP"数据加工厂_设计区_工厂分层_ODS操作数据_ETL"路径下创建指定名称的表。

现金流量表的ETL命名，如表6-92所示。

表6-92 现金流量表的ETL命名

路径	转换标题	转换代号	描述
ETL	现金流量简表ETL	XJLLJBETL	

现金流量表的ETL要求，如表6-93所示。

表6-93 现金流量表的ETL要求

组件名称	数据源连接	选择表
表输入组件	财务管理系统	CW_XJLLB
表输出组件	默认数据源连接	XJLLJB_ODS

任务二：请根据以下要求，在DM层创建经营活动现金流表（简表），并进行数据转换，要求把现金流量表中年份为"2018年"、活动类型为"经营活动"的数据抽取到经营活动现金流表中，输出经营活动现金流数据。

（1）在DM层创建表。

参照表6-94，在DMP"数据加工厂_设计区_工厂分层_DM数据集市"路径下创建主题域和主题，通过"创建自定义模型（全部字段需要手动定义）"方式创建指定名称的表。

在DM层创建表的路径要求，如表6-94所示。

表6-94   在DM层创建表的路径要求

路径	标题/简称	代号	数据源连接	描述	数据库表
主题域	财务	CW	默认数据源连接	不填	
主题	经营活动	JYHD	默认数据源连接	不填	
数据模型	经营活动现金流简表	JYHDXJL		不填	JYHDXJL_DM

经营活动现金流表，如表6-95所示。

表6-95   经营活动现金流表

字段名	别名	数据类型	长度	精度	是否为空	是否为主键	描述
ID	ID	字符型	4		否	是	
ND	年度	字符型	4		否	否	
HDLX	活动类型	字符型	10		否	否	
XM	项目	字符型	200		否	否	
XJLFX	现金流方向	字符型	8		否	否	
JE	金额	浮点型	12	2	是	否	

（2）在DM层转换数据。

经营活动现金流表的ETL命名，如表6-96所示。

表6-96   经营活动现金流表的ETL命名

路径	转换标题	转换代号	描述
ETL	经营活动现金流简表ETL	JYHDXJLJBETL	

经营活动现金流表的ETL要求，如表6-97所示。

表6-97   经营活动现金流表的ETL要求

组件名称	数据源连接	选择表
表输入组件	默认数据源连接	XJLLJB_ODS
表输出组件	默认数据源连接	JYHDXJL_DM

案例二　数据可视化呈现

现金流量表反映了企业经营活动、投资活动和筹资活动所引起的现金流入和流出的情况，说明了当前企业现金支付能力的形成过程，反映了企业通过经营活动形成的可用来支付的货币资金数额，揭示了企业在核算年度现金支付能力增减变化的原因、内容和结果。

要求根据DMP中已整理好的数据进行分析，并制作分析看板。财务数据分析要求如表6-98所示。

表6-98   财务数据分析要求

序号	要求	展现形式	业务策略
1	现金流量同比分析。 分析内容：2017年和2018年的经营活动现金流入、经营活动现金流出、投资活动现金流入、投资活动现金流出、筹资活动现金流入、筹资活动现金流出	表格	分析现金流量变动趋势
2	现金流量总体分析。 分析内容：2018年的经营活动现金流入、经营活动现金流出、投资活动现金流入、投资活动现金流出、筹资活动现金流入、筹资活动现金流出	柱形图	对比3种活动造成的现金流入及流出情况
3	现金流量贡献分析。 分析内容：2018年经营活动产生的现金流量净额、投资活动产生的现金流量净额、筹资活动产生的现金流量净额	饼图	分析3种活动的现金贡献占比